こぐま
ケフェウス
+80
+70
おおぐま
はくちょう
+60
りゅう
+50
りょうけん
+40
こと
うしかい
こぎつね
かんむり
+30
や
ヘルクレス
+20
わし
へび
へび
(尾)
てんびん
たて
-20
いて
-30
さそり
ケンタウルス
-40
みなみの
かんむり
おおかみ
20h
19h
16h
15h

夏のよい空

YAMADA TAKASHIの天文コンパクトブックス 1

星座につよくなる本

春の星座博物館

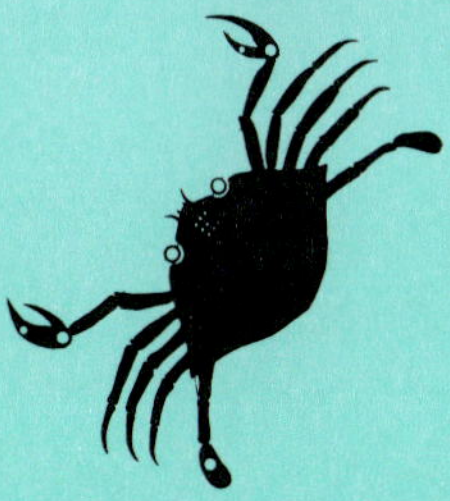

山田　卓

地人書館

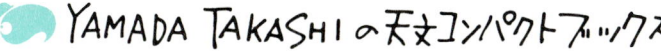

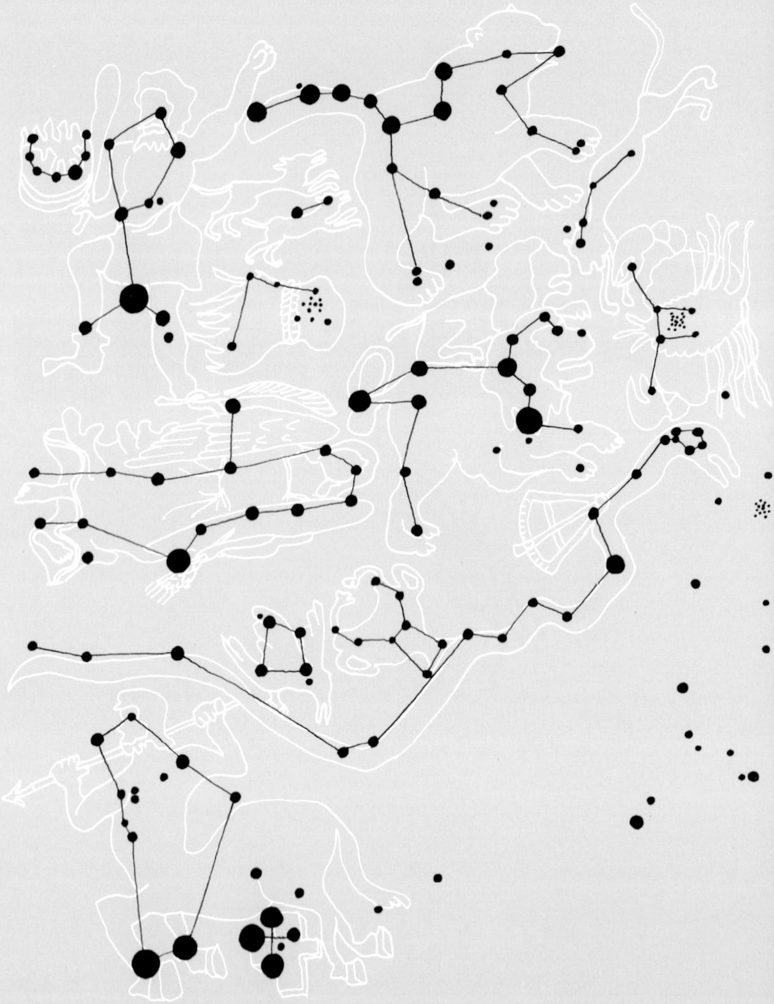

春の星座

まえがき

星はいい友

この本は，この本を手にしたあなたに，自分の星をみつけてもらおうともくろんだ本である．

だから，この本を手にしたあなたが，その気になって夜空をあおいでくれたら，この本のもくろみは達成され，著者は大満足．いい星がみつかるかどうかはあなたしだい．

この広い宇宙のかなたに，親しい友をもつことはわるくない．

そのことが楽しいだけではない．夜空の友は，ときには恋人となってあなたの心を焼きこがし，ときには師となって，この広い宇宙のなかでの人間の立場を考えさせてくれる．

それは，あなたがいかに生きるかをきめる，あなたの人生哲学の形成に，大いにいい影響をもたらすにちがいない．

人は日ごろ，つい自分の手が届くせまい世界だけで生きがいをさがしもとめてしまう．せまい世界に生きるものには，常にゆきづまりと絶望がたちふさがる．

人間が生きる宇宙は途方もなく大きく広い．それにくらべて人の一生は瞬間といえるほど短い．ゆき詰りとか絶望がたちふさがるなど，とうてい考えられない広大な宇宙で，それほど長くもない人生を，ありもしない絶望と失意でおくる手はないのに….

いい星の友がそれを教えてくれる．

星との友好関係を深めるために，星のことをより多く，より深く知ることは大切である．しかし，それがせまい世界で尊敬を獲得するための知識であったり，ライバルの足をひっぱる武器とするためであってはならない．その人の宇宙は，豊富な知識とは裏腹に，ますます小さく狭くなる．そういう人にとって，星はいい友にならない．

出会いは大切にしたい．

星との出会いもまた同じである．この本が星に出会うきっかけになれば幸いである．

簡単なことだ．まず名前を知って，胸をときめかせて今夜の出会いを待てばいい．

いい出会いをして，その星のことなら，なんでもいいからもっと知りたいと思うようになったら本物である．

星があなたのいい友になるか，ならないか，それはあなたの心しだい．

あとは，できれば小型の双眼鏡が１台あればいい．

●目次

●協力　磯貝文利／星座写真・星座絵　浅田英夫／星図　本多康夫／ミニミニ実験

星座の名前一覧表（ＡＢＣ順）

略符	学	名	日本名	面積（平方度）	20時ごろ中心が南中	掲載ページ
And	Andromeda	アンドロメダ	アンドロメダ	722.28	11月下旬	
Ant	Antlia	アントリア	ポンプ	238.90	4月中旬	
Aps	Apus	アプス	●ふうちょう	206.33		
Aql	Aquila	アクイラ	わし	652.47	9月上旬	
Aqr	Aquarius	アクアリウス	みずがめ	979.85	10月下旬	
Ara	Ara	アラ	※さいだん	237.06	8月上旬	
Ari	Aries	アリエス	おひつじ	441.40	12月下旬	
Aur	Auriga	アウリガ	ぎょしゃ	657.44	2月中旬	
Boo	Bootes	ボーテス	うしかい	906.83	6月下旬	206
Cae	Caelum	カエルム	ちょうこくぐ	124.87	1月下旬	
Cam	Camelopardalis	カメロパルダリス	きりん	756.83	2月上旬	
Cap	Capricornus	カプリコルヌス	やぎ	413.95	9月下旬	
Car	Carina	カリナ	※りゅうこつ	494.18	3月下旬	
Cas	Cassiopeia	カシオペイア	カシオペヤ	598.41	12月上旬	
Cen	Centaurus	ケンタウルス	※ケンタウルス	1060.42	6月上旬	192
Cep	Cepheus	ケフェウス	ケフェウス	587.79	10月中旬	
Cet	Cetus	ケトゥス	くじら	1231.41	12月中旬	
Cha	Chamaeleon	カマエレオン	●カメレオン	131.59		
Cir	Circinus	キルキヌス	●コンパス	93.35		
CMa	Canis Major	カニス・マヨル	おおいぬ	380.12	2月下旬	
CMi	Canis Minor	カニス・ミノル	こいぬ	183.37	3月中旬	
Cnc	Cancer	カンケル	かに	505.87	3月下旬	30
Col	Columba	コルンバ	はと	270.18	2月上旬	
Com	Coma	コマ	かみのけ	386.48	5月下旬	160
CrA	Corona Austrina	コロナ・アウストリナ	みなみのかんむり	127.70	8月下旬	
CrB	Corona Borealis	コロナ・ボレアリス	かんむり	178.71	7月中旬	218
Crt	Crater	クラテル	コップ	282.40	5月上旬	106
Cru	Crux	クルクス	●みなみじゅうじ	68.45		
Crv	Corvus	コルブス	からす	183.80	5月下旬	120
CVn	Canes Venatici	カネス・ベナティキ	りょうけん	465.19	6月上旬	148
Cyg	Cygnus	キグヌス	はくちょう	803.98	9月下旬	
Del	Delphinus	デルフィヌス	いるか	188.55	9月下旬	
Dor	Dorado	ドラド	※かじき	179.17	1月下旬	
Dra	Draco	ドラコ	りゅう	1082.95	8月上旬	
Equ	Equuleus	エクウレウス	こうま	71.64	10月上旬	
Eri	Eridanus	エリダヌス	※エリダヌス	1137.92	1月中旬	
For	Fornax	フォルナクス	ろ	397.50	12月下旬	
Gem	Gemini	ゲミニ	ふたご	513.76	3月上旬	
Gru	Grus	グルス	つる	365.51	10月下旬	
Her	Hercules	ヘルクレス	ヘルクレス	1225.15	8月上旬	
Hor	Horologium	ホロロギウム	※とけい	248.89	1月上旬	
Hya	Hydra	ヒドラ	うみへび	1302.84	4月下旬	130
Hyi	Hydrus	ヒドルス	●みずへび	243.04		
Ind	Indus	インドゥス	※インデアン	294.01	10月上旬	

❖太字の星座は本書でとりあげた春の星座

略符	学名		日本名	面積(平方度)	20時ごろ中心が南中	掲載ページ
Lac	Lacerta	ラケルタ	とかげ	200.69	10月下旬	
Leo	**Leo**	**レオ**	**しし**	**946.96**	**4月下旬**	**58**
Lep	Lepus	レプス	うさぎ	290.29	2月上旬	
Lib	Libra	リブラ	てんびん	538.05	7月上旬	
LMi	**Leo Minor**	**レオ・ミノル**	**こじし**	**231.96**	**4月下旬**	**48**
Lup	**Lupus**	**ルプス**	**おおかみ**	**333.68**	**7月上旬**	**192**
Lyn	**Lynx**	**リンクス**	**やまねこ**	**545.39**	**3月中旬**	**48**
Lyr	Lyra	リラ	こと	286.48	8月下旬	
Men	Mensa	メンサ	●テーブルさん	153.48		
Mic	Microscopium	ミクロスコピウム	けんびきょう	209.51	9月下旬	
Mon	Monoceros	モノケロス	いっかくじゅう	481.57	3月上旬	
Mus	Musca	ムスカ	●はい	138.36		
Nor	Norma	ノルマ	※じょうぎ	165.29	7月中旬	
Oct	Octans	オクタンス	●はちぶんぎ	291.05		
Oph	Ophiuchus	オフィウクス	へびつかい	948.34	8月上旬	
Ori	Orion	オリオン	オリオン	594.12	2月上旬	
Pav	Pavo	パボ	●くじゃく	377.67		
Peg	Pegasus	ペガスス	ペガスス	1120.79	10月下旬	
Per	Perseus	ペルセウス	ペルセウス	615.00	1月上旬	
Phe	Phoenix	フォエニクス	※ほうおう	469.32	12月上旬	
Pic	Pictor	ピクトル	※がか	246.74	2月上旬	
PsA	Piscis Austrinus	ピスキス・アウストリヌス	みなみのうお	245.38	10月中旬	
Psc	Pisces	ピスケス	うお	889.42	11月下旬	
Pup	Puppis	プピス	とも	673.43	3月中旬	
Pyx	Pyxis	ピクシス	らしんばん	220.83	3月下旬	
Ret	Reticulum	レチクルム	※レチクル	113.94	1月中旬	
Scl	Sculptor	スクルプトル	ちょうこくしつ	474.76	11月下旬	
Sco	Scorpius	スコルピウス	さそり	496.78	7月下旬	
Sct	Scutum	スクツム	たて	109.11	8月下旬	
Ser	Serpens	セルペンス	へび	636.93	7月中旬(頭)	
Sex	**Sextans**	**セクスタンス**	**ろくぶんぎ**	**313.52**	**4月中旬**	**106**
Sge	Sagitta	サギッタ	や	79.93	9月中旬	
Sgr	Sagittarius	サギッタリウス	いて	867.43	9月上旬	
Tau	Taurus	タウルス	おうし	797.25	1月下旬	
Tel	Telescopium	テレスコピウム	※ぼうえんきょう	251.51	9月上旬	
TrA	Triangulum Australe	トリアングルム・アウストラレ	●みなみのさんかく	109.98		
Tri	Triangulum	トリアングルム	さんかく	131.85	12月中旬	
Tuc	Tucana	ツカナ	●きょしちょう	294.56		
UMa	**Ursa Major**	**ウルサ・マヨル**	**おおぐま**	**1279.66**	**5月上旬**	**74**
UMi	Ursa Minor	ウルサ・ミノル	こぐま	255.86	7月中旬	
Vel	Vela	ベラ	※ほ	499.65	4月上旬	
Vir	**Virgo**	**ビルゴ**	**おとめ**	**1294.43**	**6月上旬**	**174**
Vol	Volans	ボランス	●とびうお	141.35		
Vul	Vulpecula	ブルペクラ	こぎつね	268.17	9月上旬	

●印は北緯35°(東京は35°.65)で見えない星座． ※印は一部見えない星座．

ギリシャ文字のアルファベット

α	*Alpha*	アルファ
β	*Beta*	ベータ
γ	*Gamma*	ガンマ
δ	*Delta*	デルタ
ε	*Epsilon*	エプシロン
ζ	*Zeta*	ゼータ
η	*Eta*	エータ
θ	*Theta*	セータ（シータ）
ι	*Iota*	イオタ
ϰ	*Kappa*	カッパ
λ	*Lambda*	ラムダ
μ	*Mu*	ミュー
ν	*Nu*	ニュー
ξ	*Xi*	クシ（クサイ）
ο	*Omicron*	オミクロン
π	*Pi*	ピー（パイ）
ρ	*Rho*	ロー
σ	*Sigma*	シグマ
τ	*Tau*	タウ
υ	*Upsilon*	ユプシロン（ウプシロン）
φ	*Phi*	フィー（ファイ）
χ	*Chi*	キー（カイ）
ψ	*Psi*	プシー（プサイ）
ω	*Omega*	オメガ

撮影・末永一彦

●これだけは知っておきたい 星座をさがす前に

星座や星をさがすとき，そして，その星座や星をより興味深くみるために，いくつかの天体のしくみや，天文学上の約束ごとなど，基礎的な知識はあったほうがいい．すくなくとも常識的なことがらについては，知っていてソンはない．

このシリーズは，春，夏，秋，冬と4分冊にしたので，基礎編も4分割することになった．したがって，いくつかの点については，あと先が逆になってしまうところもでるがお許しいただきたい．

さて，この春の星座編では

1. 星座考
2. だれが星座をつくったか
3. 星座は窓ぎわ族か
4. なぜ星座をさがすのか
   - ・現在・未来の星座の意義について
5. なぜ“さそり座”は夏の星座か
   - ・星座と四季のうつりかわりについて
   - ・宵に南中する星座はもっともさがしやすい
6. なぜ星は色がちがうのか？
   - ・星の色と温度について
   - ・星の色とスペクトル型について
7. 星の明るさはどのようにきめるのか
   - ・1等星は6等星の100倍明るい
   - ・測光いろいろ
8. 星の名前をだれがつけたか

以上の8編を掲載した．

星座考

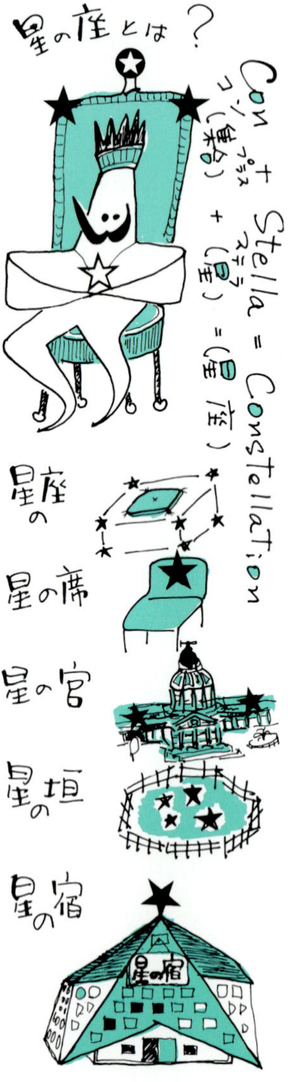

星座とは，ラテン語の “Constellatio／コンステラチオ（星のあつまり）” のこと．

ラテン語で “星” は Stella／ステラ．

Constellatio は，Con（いっしょに，統一する）と Stellatus（ちりばめた星／Starred)をドッキングさせたものだ．

Constellatio は，古代フランス語（9世紀～13世紀）の Constellation に，更に中世の英語（11世紀～15世紀）の Constellacioun，イスパニヤ語の Constelacion となった．そして，現代英語では “Constellation（星座，星宿，きら星のように卓越した人々の集合)” である．

＊

さて，日本語の “星座” だが，これは中国が生みの親だ．

中国の星座の起源は，かなり古く紀元前4世紀～5世紀にまでさかのぼる．組織的なものは，月の位置変化を知るために，天の赤道にそってつくられた28の星宿がはじめだったのだろう．

その後，全天にひろげられた中国の星座は，星空を朝廷（天子や君主が政治をするための役所）にみたて，天帝を中心にした朝廷の組織や官名（役所名）あるいは官職名で呼びわけたものだった．

星座というのは，おそらく王座と同じように，役職とか官職のイス（席とか，地位）といった意味もあったのだろう．

2世紀ごろにかかれた司馬遷(しばせん)の史記のなかの「天官書」に，はじめて星座という言葉がみられるのだが，28宿と70ほどの星名があらわれ，全部で100ちかくの星座が集録されている．

それらは5つのブロックにわけられ，それぞれ中官，東官，西官，南官，北官と呼び，黄，蒼，赤，白，黒の5帝が長官として統かつし，その下に各種の官属がある．

星座の数はさらに増して，3世紀にまとめられた陳卓（ちんとう）の星図には，283の星座がのせられた．お役所の組織はどこの国でも，役職をつくるためにどんどんふくれあがるものらしい．付随する施設，設備，器物，器具，使用人等，必要と思われるものはすべて用意されている．道路も，商店も，扉やかぎも，はてはトイレや墳墓までもが星座になっている．したがって，星のなかにさまざまな従属関係がある．

陳卓の星図は現在残っていないが，おもしろいのは，6～7世紀になってから，陳卓の星座のすべてがよみこまれた“歩天歌（星空の散策詩とでもいうのだろうか)”が丹元子によってかかれたことだ．

ギリシャのアラートスが，エウドクソスの天文書を詩の形にかきなおし“ファイノメナ（星空)”をあらわした（3世紀）こととパターンがそっくりである．

当時の中国の人々は，

「おれはいつかあの星の座につくんだぞ」と希望に胸をふくらませたのだろうか？　それとも「しょせん，星の座は天のものよ，おれたちのすわる座なんぞありゃしない」と，空をあおいでため息をついたのだろうか？

＊

日本には日本独特の星の名前があったが，組織的に空を分割した星座はなく，中国の星座をそっくりそのままつかった．

中国でつかわれた星座をあらわす星空の区分の名称は，星宿のほか，官，垣，宮，舎などいろいろつかわれたが，Constellation の日本語の訳語としては“星座”があてられた．

さて，中国の星座とちがって，西洋の星の座は，かなり重要なポストを動物にあたえている．

88のポストのうち，動物に41座をゆずり，人間の席はわずか14座（ケンタウルス座，いて座，かみのけ座を含む）しか確保されていない．

それにたいして，300ちかくの中国星座のなかに動物の座はわずか10そこそこ，それも神獣か，神へのいけにえか，家畜にかぎられている．

“星座”と“Constellation”の原意はかなりちがっていたようだ．

✪ だれが星座をつくったか

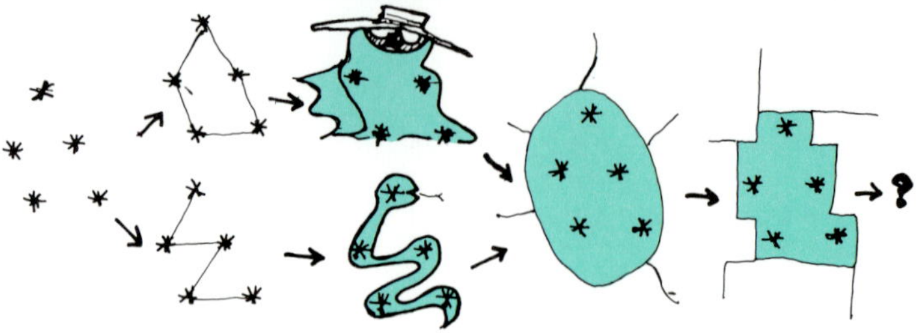

★生みの親と育ての親

人間はかなり古くから，めだつ星や星の配列に名前をつけて他の星と区別したり，星の動きをみて時刻や季節の移りかわりを知ったり，星空の変化を自分の身のまわりの異変と結びつけようとしたりしたようだ．

そういった星の文化は，多かれ少なかれ，どの民族の中でも生まれたにちがいない．

現在つかわれている星座は，その源流をたどると紀元前3000年にまでさかのぼり，古代文明発祥の地であるメソポタミアにたどりつく．

チグリス川とユーフラテス川の流域に栄えた古代オリエントの文明はいくつかの民族と，多くの王朝や都市国家にうけつがれて育った．

古代のシュメール人から，アッカド人，バビロニア人の王国，そして新バビロニア（カルデア）王国へと受けつがれてきた星の文化は，とくにカルデア人によって発達した．

メソポタミア地方（現在のイラン・イラク）へ旅をした友人の言葉をかりると，「広大な原野というか，砂ばくというか，どっちをみても地平線上の景色に変化がなく，あれじゃ海と同じだ．ここでもっとも変化にとんだ景色といえば，夜空の星なんだから，星空に目や心をうばわれないわけがない」という．カルデア人がもともと遊牧民族であったことを考えあわせると，なるほどとうなづける．

しかし，星座が現在の形で生き残ることに，もっとも大きな貢献をしたのはギリシャ人である．

星座はカルデア人が生んで，ギリシャ人に育てられたといっていい．

★フェニキア人の仲介

バビロニア（カルデア）の星座は天文学や占星術と共に，フェニキァ人によってギリシャに伝えられたという．

フェニキァ人は，当時，地中海貿易に活躍した海洋民族で，彼等にとって星は航海になくてはならない大切な道しるべであった．おそらく，彼等独自の星の知識ももっていたのだろう．

一方，ナイル川流域におこった古代エジプト文明も，独自の天文学をもち，星座もあった．

ギリシャ人は，フェニキァ人からだけでなく，おそらく直接バビロニア人からも，そして，エジプトの天文学の影響もうけたにちがいない．

★星座と神話のドッキング

星座はギリシャの詩人たちが，自分の作品のなかにとりあげ，神話や伝説とむすびつけたので，しだいに数をまし，まとまりをみせはじめた．

もっとも古い文献（紀元前8～9世紀）として，有名なホメロス（ホーマー）の二大叙事詩「イリアス」と「オデッセイア」がある．

その後，多くの詩人たちが星をとりあげた．ヘシオドスの「仕事の日々」も，星や星座の名が多く登場することで知られている．

当時のギリシャ星座のすべてをまとめたのは，紀元前3世紀のアラトス Aratosが書いた「ファイノメナ Phainomena（星空）」という長編の星座詩である．

すでに150年ほど前に，天文学者のエウドクソスがバビロニア時代の星座をまとめた天文書を，アラトスが詩の形にかきなおしたものといわれる．

ファイノメナにあらわれるギリシャ星座は44～47で，そのほとんどが現代の星座の中にそのまま生きのこっている．今とすこしちがっていたのは，プレアデス星団が一星座として独立していたり，みずがめ座がみずがめをかつぐ男と，水にわかれて独立していたといったていどだ．

★プトレマイオスの48星座は現代星座の古典?

ギリシャの天文学は，2世紀になってアレキサンドリアの天文学者プトレマイオス Ptolemaios Klaudios（トレミー）によって“メガレ・シンタクシス（天文学大系）”として

●プトレマイオスの48星座一覧●

北天星座(21)

アンドロメダ座／いるか座／うしかい座／おおぐま座／カシオペヤ座／ぎょしゃ座／かんむり座／ケフェウス座／こうま座／こぐま座／こと座／さんかく座／はくちょう座／ペガスス座／ペルセウス座／ヘルクレス座／へびつかい座／へび座／や座／りゅう座／わし座

黄道星座(12)

おひつじ座／おうし座／ふたご座／かに座／しし座／おとめ座／てんびん座／さそり座／いて座／やぎ座／みずがめ座／うお座

南天星座(15)

アルゴ座(現在は，りゅうこつ座／ほ座／とも座／らしんばん座　と四分割された)／うさぎ座／うみへび座／エリダヌス座／おおいぬ座／おおかみ座／オリオン座／からす座／くじら座／ケンタウルス座／こいぬ座／コップ座／さいだん座／みなみのかんむり座／みなみのうお座

集大成された．これはコペルニクスの地動説が世にうけいれられる16世紀まで，天文学のバイブルとして君臨した．

ギリシャの文化はアラビアにうけつがれたが，9世紀に天文のバイブルはアラビア語に翻訳されて“アルマゲスト Almagest” と呼ばれた．

アルマゲストには48星座と1028個の恒星カタログが集録された．ギリシャ星座の一部に手を加えたものでほとんどギリシャ星座そのものだ．

はっきりと天文学書にあらわされたプトレマイオスの48星座は，現代星座の主流となった．いうなれば星座の古典である．

プトレマイオスの48星座が現在の88星座におちつくまでには，およそ1800年という長い年月を要した．

★星座戦国時代

プトレマイオスの48星座は15世紀まで不動だったが，16世紀になって新しい星座が加えられはじめた．

当時は地理上の発見に血肉をおどらせた時代で，南半球への旅も可能となり，星座のない南天の星空を知ったことが火つけ役をかったのだろう．

新設星座は南天にかぎらず，北天でもぞくぞく生まれた．48星座にふくまれていないすき間を，すべて星座で埋めてしまうのが目的だった．

しかし，星座新設ブームはますますエスカレートして，ついに既成の星座の一部をもぎとってまで，無理にわりこませようとする天文学者があらわれるほどになった．

多くの星座が生まれたが，消えた星座も多い．

消えた星座のほとんどは，当時の権威者をたたえる“オベンチャラ用付届け星座”であったり，記念のためにと個人的な理由でつくった“落書星座”であった．フランスの天文学者であるラランドが，自分の愛するネコを星座にしてしまった話は，なかでも代表的なものだろう．

ラランドの言葉がふるっている．

「一生を天文学にささげてきた私が，ネコ一匹を星にするくらい許されてもいいじゃないか」といったとか….1805年のことだ．

新設ブームは19世紀のはじめに下火となった．最後は1808年にドイツの天文学者が，オリオン座を“ナポレオン座”にしようと提案したというあきれた話だ．もちろん採用はされなかった．

17世紀には，もっとおそろしい星座の危機ともいえる計画があった．

それは当時ヨーロッパでもっとも権力をにぎっていた教会の宗教家たちの陰ぼうともいえる計画だった．

星座や天体の名前をすべてキリスト教に関する名前にかえてしまおうというのだ．太陽はイエス・キリスト，月は聖母マリヤ，うお座はキリスト教徒マタイといったように….

むろん，これも多くの良識ある人々に受けいれられず計画は失敗におわった．

★星座は88で安定

星座新設ブームのせいで総数は南天を含めて100をこえてしまった.

星空を整理するための星座が，逆に混乱をまねくことになってしまった.

19世紀になると，この混乱に終止符をうとうという動きがみられるようになった.

ドイツのボーデ Bode は，1801年に星座を境界線（現在とちがって曲線でかこんだ）でくぎった星図を発表した．同じドイツのハールディング Harding は，これまでえがかれていた星図のなかの星座絵をはぶいてしまった．そして，ジョン・ハーシェルは，星座はすべて赤経・赤緯の線（天球上の経線・緯線）に平行な直線でかこんだ長方形に区ぎってしまおうという提案をした.

何人かの天文学者が境界線のある星図を発表したが，星座の範囲はすこしずつちがっていた.

20世紀になって，まちまちな星座名や境界線をはっきりさせて統一をはかろうという動きがおこった.

1922年，国際天文連合（IAU＝International Astronomical Union）の総会で，ベルギーのデルポルトを委員長とする，星座の統一案を作成する委員会が組織された．委員会が作成した案は，1930年の総会で採用を決定して発表された.

この案は，まず星座を88に整理した．新設星座中，30ちかくの星座ははっきり脱落が決定したわけである．ネコ座ももちろんその脱落組に含まれている.

星座の境界線は，赤経・赤緯の線に平行な直線をつかった．ただし長方形ではなく，古来からある星の結びになるべく忠実に，姿をそこねないようにすることを原則としてかこまれた．したがって，かなり複雑にいりくんだ境界線にかこまれた星座もある.

へびつかい座とへび座はいりくみすぎて分割がむずかしく，結局へび座が頭部と尾部に二分割されてしまった.

星座名はラテン名を整理して学名として採用した．さらに学名の所有格（属格）は略して3文字の略符号で書きあらわすこともきめた.

たとえば，さそり座の学名はスコルピオ Scorpio で，所有格はスコルピイ Scorpii，そして略符号は Sco である．さそり座の α（アルファ）は“α Sco”と書いて，アルファ・スコルピイと読む.

星座戦国時代は一応これで決着がつき，安定の時代をむかえた.

境界線でかこまれた星座は，星空の区域をあらわす地名，つまり星の住所としての役割を正式にあたえられたわけだ.

星座は88の区いきに

✪ 星座は窓ぎわ族か

安定した現在の星座の地位は，一見安泰にみえるが，けっして未来が保障されているわけではない．

現行の星座は完全なものではないからだ．

もっとも困るのは，地球の歳差によって，せっかく一致させた経線・緯線と境界線の平行は年々ずれてしまうことだ．

1930年に採用した境界線は，1875年の初めの赤経・赤緯線にあわせてあるので，以後どんどんずれているわけだ．やがては一致させた意味がまるでなくなってしまうだろう．1950.0年分点の星図（本書も）ですら，すでにわずかだがそのずれが認められる．

もう一つ大きな問題がある．

現代の天文学では，天体の位置をあらわすのに星座を必要としないという決定的な理由だ．星はすべて赤経・赤緯でその位置をあらわせばいい．だから星の住所表示としての星座の存在する意味がないのだ．

地図上でいう町名と同じような意味をもたせようにも，星座は大小，形もさまざまでいりくんでいる．自然に人があつまってできた町は，道が複雑にいりくんでいて，地図をもっていてもなかなか目的地にたどりつけない．新任の郵便屋さん泣かせだ．

それにくらべて，都市計画にもとづいて碁盤の目のように整理された町はわかりやすい．

現在の星座は前者で，赤経・赤緯による位置表示は後者にあたる．

近ごろ，都会では都市計画による町名変更が盛んだ．古い由緒ある町名が次々と消えて，○○何丁目何番地何号という呼名になる．数字による整理に重点がおかれているのだ．

味けないがこの方が新任の郵便屋さんにはだんぜんわかりやすい．

もちろん，味けないとか，我々の先輩たちが残した文化遺産をすててはいけないとか，便利より人の心を大切に，といった理由で各地にかなり強い反対運動も起っている．

さて，星座の場合はどうだろう．プトレマイオスの48星座プラスいくつかの星座については，おそらく反対運動がおこるだろう．たしかにこれらの星座には，古代の人々のロマンがそのまま現代の我々の心にふれてくるなにかがあるからだ．それにめだつ星の配列を重視した星座は，地上でいう地形の変化をみるのと同じで，計器をもたないで，空をあおぐものには，大へんわかりやすく，十分その役わりをはたしてくれる．

空をあおいで星をみるのは天文学者だけに許された特権ではないのだから，反対運動のスローガンとして十分の内容をもっている．

しかし，南天の星座となるとしまつがわるい．一部をのぞいて，ほとんどが星の配列を無視してつくられているので，そういった役わりすらはたしていないからだ．

いずれにしても，天文学の中で，すでに星座は窓ぎわ族として，いつ席がなくなるかも知れない不安な毎日をおくっている．しかし，私たちは星座を捨てることはできない．

✪なぜ星座をさがすのか

すでに，天文学の中で役割を失い閑職についた星座だが，天文学の外では大いに活躍の場があたえられている．そして，その活動の成果は，逆に天文学の発展にも十分貢献している．

亡くなられた星の大先輩，野尻抱影先生に生前お目にかかったとき，

「ぼくはね，この頃よくあの世からぼくをむかいにくる夢をみるんですよ．だからこのごろ死ということをよく考えるね．

ぼくは死んだらいくとこはきまってるんですよ．オリオン座の左肩のところに墓地があって，そこに番人がいる．それが女の衛兵なんです．アマゾンのね．（左肩の星はベラトリックスといって女戦士という意味をもつ）丸い盾をもって，槍をかまえて番をしてるんです．オリオン霊園っていうんですよ．ずいぶんおまいりしてないから草がぼうぼうかもしれないな．

星をみるときね，ぼくはときどき自分がずうっと遠い昔にきていると思うことがあるんです．遠いって10年とか20年というんじゃなくて，何千年も昔ね，そこにぼくがいるんですよ．ふとそう感じることがある．

ほら，一度もいったことのない土地で，なんだか昔一度きたことがあるように感じることがあるでしょ．おもいだそうとしても，どうしてもそれがわからない．でも確かに前にきたことがある．

それはね，昔の人間がずっと前にきてるんですよ．それはぼくじゃないけど，何十年か何百年か前にだれかがきてるんです．それがあとになってふとよびおこされるんです．

星をみると，もっと昔の人間が感じた記憶が，何千年もたってからよみがえるんですよ．だからぼくはそのときは，ずうっと昔の人間になって，古代の人間と同じことを感じるんです．不思議ですね」

星座をさがして，星をあおぐとき不思議ななつかしさをおぼえたら，何千年も昔，我々の先祖が記録した星への感性が，ふとあなたの頭の中でよみがえったのだろう．古代の祖先たちは，星をみて広い広い宇宙の中の自分を感じたにちがいない．

まわりが騒々しく，めまぐるしい現代人の宇宙は，ともすると小さくまとまってしまう．ときには，頭のコンピューターにつめこまれたメモリーを呼びだして大宇宙の中の人間であることを確認すべきだろう．

我々もまた，いいメモリーを何千年も未来の子孫たちに残したい．

なぜ人間は生きるのか？　もっと自分の世界をよく知りたい．なにを残すべきか？

星を見ることで，忘れていた人間の宇宙への感性がよみがえる．それは何千年も昔から祖先たちがたんねんに記録したものだからとどまることを知らない．友とそういう話がはじまると，知らぬ間に夜があける．

人間が何千年も，何万年もかかってつくりあげた宇宙観が，いまの人間の生きかたをきめ，芸術に，文学に，哲学に，科学に…，その意義，目標を決定するのだ．星座の役割は大きい．

✪なぜ さそり座は夏の星座か

★夏でも見える冬の星座

さそり座は夏の星座で，オリオン座は冬の星座といわれ，それはだれもが常識として知っている．

星座は四季の移りかわりと深いかかわりをもち，それぞれ姿をみせる季節がきまっている．さそり座をみるのは夏にかぎる，と多くの人は常識として知っている．

ところが，夏，山に登って早起きをしたとき，御来光をみようというのでまだ星が消えないうちに頂上へむかうと，なんと冬の星座たちがオリオン座を中心にひしめいている．

“なんだ冬の星座は夏でもみえるのか．　冬の星座などといかにも冬にしかみえないような顔をして，まるでサギじゃないか．”

それに，はくちょう座を夏の星座と呼ぶ人もいれば，秋の星座とする人もある．いったい星座をなぜ四季にわけなきゃいけないんだ，とまあこんな感想をもつ人もある．

★夏の星座とは夏のよいに見える星座

“夏の星座”という表現は，正しくは“夏の宵にみやすい星座”というべきだろう．

人が星をあおぐ時間帯は，夕方からねるまでの時間がほとんどで，夜明け前の星や真夜中の星をみることのほうが多いという人は，特別の事情のある人にかぎられる．

人がもっとも多く星をみる時間帯にみやすい星座を，それぞれその季節の星座という呼びかたをしているのだ．夕方からねるまでの時間帯のなかでも，夕方から間もない，つまり，宵のうちにながめる機会がもっとも多い．したがって，どの季節の宵にみやすいかということが星座の季節をきめている．

★よい空の星はみる機会が多い

宵（よい）と一口にいっても，夏は午後7時になってもまだ明るいのに，冬は5時を過ぎるともう暗くて星が見える．

星座はそんなことおかまいなく毎日おなじだけ位置をかえているのだから，統一をはかるために，宵空というのを“午後8時の空”とすることにしょう．

午後8時にみえる星座は全星座の

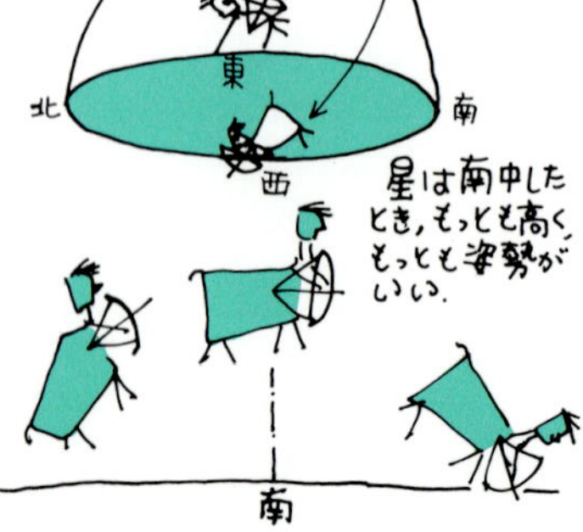
東
北
南
西
星は南中したとき，もっとも高く，もっとも姿勢がいい．
南

約半分あるわけだが，みやすい星座というのはそのうちどの星座をいうのだろう．

★南中した星座はみつけやすい

星は１日に１度（周極星は沈まないので２度）は，地平線上の子午線（ま南―天頂―ま北）を通過する．

星が子午線上にあるときを正中というが，星がもっとも高くのぼってみつけやすいのは，天の北極―天頂―ま南までの子午線に正中（極上正中という）するときだ．

極上正中は南中ともいう．

星や星座は南中時にもっともみつけやすい．もっとも高くのぼるし，方角も南からあおぐか，あるいは北からあおげばいい．

つまり，夏の星座というのは，夏の午後８時ごろ南中する星座というわけだ．

さそり座は７月下旬の午後８時ごろ南中するし，オリオン座は２月上旬に南中する．

はくちょう座は中心が南中するのは９月下旬だが，ひろげた翼は８月下旬に南中するし，主星のデネブは夏の三角星の一つなので夏のイメージも強い．だから夏の星座の仲間にいれても，秋の星座の仲間としてもおかしくはない．

★1日に4分すすむ星時計

星は１日に１回転と更に1/365回転する．つまり，星は約23時間56分４秒で１周する．

地球が太陽のまわりを１年で１公転するために，みかけの太陽は星空の中を１日に1/365ずつ東へ移動する．したがって，みかけの太陽が１回転（１日）するあいだに，星は１回転以上まわることになる．

星座が四季の移りかわりと共に，すこしずつ西にかたむくのはそのためだが，この１日に約４分間ずつのずれを知っていると便利だ．

つまり，今夜の午後８時の星空は明日の午後７時56分と同じで，１か月後の午後６時の星空（月や惑星をのぞく）と同じなのだ．

１日４分間ずつのずれを一目でみられるように工夫したのが星座早見盤だ．

さそり座は７月20日ごろの午後８時に南中するが，毎夜すこしずつ西に傾き，11月にはすっかり姿を消してしまう．11月下旬のさそり座は，太陽とかさなって，太陽と行動を共にするので，いつどこをさがしてもみつけることはできない．そして，２月の上旬には，日の出前の東の空にみつかるようになる．

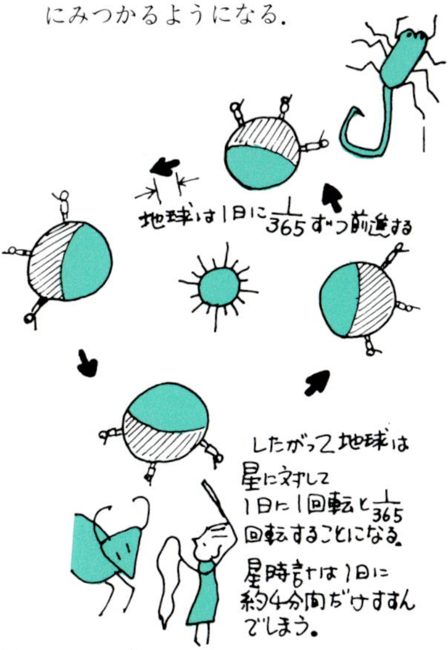
地球は1日に$\frac{1}{365}$ずつ前進する
したがって地球は
星に対して
1日に1回転と$\frac{1}{365}$
回転することになる。
星時計は1日に
約4分間だけすすんでしまう。

✪なぜ星は色がちがうのか？

★星の色と温度

みかけの星の色のちがいは，星の表面温度に大いに関係がある．

高温な星は青白く，低温の星は赤くみえる．こと座のベガが青白くみえ，さそり座のアンタレスが赤くみえるのは，ベガの 9500 K に対して，アンタレスは3500Kという表面温度のちがいである．

高温星ほど青白くみえるのは，放射するエネルギー分布の極大が，短い波長の青い領域にあり，低温星はそれが長波長の赤い領域にあるからだ．

★スペクトル型による分類

分光器をつかって星の連続スペクトルをみると，吸収線のみえかたに系統的な変化がみられるので，星はスペクトルのタイプによって分類することができる．

現在ひろくつかわれているのは，ピッカリングらによってきめられたハーバード方式によるものだ．

吸収線とは，恒星の大気中にある原子や分子が光子を吸収して内部エネルギーをたかめるために，連続スペクトルのところどころにできる暗線のこと．その原子や分子特有の波長の部分に吸収線があらわれる．

吸収線のでかたによるスペクトル型の分類は，星の大気の有効温度とのかかわりがもっとも大きく，スペクトル型は星の大気の有効温度，つまり星の色をあらわしているともいえる．

左から高温順にならべると

```
                        ／R－N
O－B－A－F－G－K－M
                        ＼S
```

O型星やB型星は青白くみえ，K型星やM型星は赤っぽくみえる．

O型からM型までの変化は，連続的なものだから，くわしくは，一つの型を0～9まで細かくわけることにしている．

M型星のなかでも，M１型星はK型にちかい星で，M９型はM１型より赤くみえるということだ．

図で枝わかれをしているR型やN型星は，M型やS型星にくらべて，炭素（C^2 や CN）を多く含む炭素星で，M型星とS型星のちがいは，含まれる重い酸化金属のちがいによるもの．

★星の色は青白－白－黄－オレンジ－赤

たしかにO型星よりM型星のほうが赤くみえるが，それは比較してそう感じるのであって，絵の具をぬった赤とはちがう．M型星が赤いといっても，表面温度 3000 K で輝いているのだから絵の具の赤と比べたら青白く感じるだろう．

星の色はちかくの別の型の星とくらべるとよくわかる．とくに双眼鏡や望遠鏡の視野の中で，近接してならんだ星は，はっきりその差が感じられる．

はくちょう座のアルビレオのようにちがったタイプの星が並ぶ二重星

(K1 型と B9 型）は，たがいに強調しあって実に美しい．

この本では，主な星のスペクトル型を記載したので参考にしてみくらべてほしい．

双眼鏡や望遠鏡でみるときは，すこしピントをはずして星像を大きくしてみるとより強調できる．

スペクトル型を色名で表現することはむずかしい．かなり主観的になるので人によってさまざまだ．

たとえば，ローエル天文台のバーナムは，O型とB型＝青白，A型＝白，F型とG型＝黄いろっぽい，K型＝オレンジ，M型＝赤，N型＝もっとも赤い，と表現しているのに対して，イギリスのロビンソンのデータブックは，O型＝緑がかった白，B型＝青白，A型＝白，F型＝薄黄色，G型＝黄色，K型＝オレンジ，M型とR型＝赤みがかったオレンジ，N型とS型＝赤色，となっている．

さて，あなたの目は，スペクトル型の色のちがいをどう感じるだろうか？

★スペクトル型記憶法

O型からM型まで，スペクトル型のおもしろい記憶法がある．

「Oh Be A Fine Girl Kiss Me Right Now, Sweetheart（オー ビー ア ファインガール キス ミイ ライト ナウ，スイートハート)」の頭文字をとればいい．“おー あなたは美しい女性，恋人よ，いますぐ私にキスをしておくれ”といった気持をこめて，2～3度声をだして練習したら，もう忘れない．

星の温度とスペクトル型

スペクトル型（主系列星）		有効温度
O 5 型	—	45000 K
B 0 型	—	29000 K
B 5 型	—	15000 K
A 0 型	—	9600 K
A 5 型	—	8300 K
F 0 型	—	7200 K
F 5 型	—	6600 K
G 0 型	—	6000 K
G 5 型	—	5600 K
K 0 型	—	5300 K
K 5 型	—	4400 K
M 0 型	—	3900 K
M 5 型	—	3300 K

＊Kをつけてあらわす温度は，絶対温度といって理論上の最低温度を0として計った温度．　絶対温度 0 Kは，セ氏のマイナス273.15°（－273.15℃）

★色指数とスペクトル

写真等級（有効波長427nmの青色に強いフィルムに感じた光度）から実視等級を引いたものを色指数といって，これも星の色をあらわすのにつかう．

色指数はA 0 型星で0にしてあるので，A 0 型星より青いO型，B型星はマイナス，赤い星はプラスの色指数であらわされる．

✪ 星の明るさはどのようにきめるのか

★星の明るさと等級

星の明るさにランクづけをしたのは，すでに2000年ほど昔，ギリシャの天文学者ヒッパルコスの星表（紀元前150年）にみられる.

とくに明るい星を1等星として，肉眼でみられるもっと暗い星を6等星とし，全天の星を6段階にわけたものだ.

当時は，等級ごとの明るさのちがいを，等差級数と考えていた．つまり，それぞれ等級ごとの明るさの差は同じということだ.

星の明るさを科学的に測定して，等級の基準をはっきりさせたのは，19世紀になってからだ.

ジョン・ハーシェルは，各等級の星の明るさを測定して，1等星の平均の明るさ（光量）は，6等星の平均の明るさの100倍であること，各等級ごとの明るさは，等比級数になることをみつけた.

★1等星は2等星の2.5118864倍明るい

1等星が6等星の100倍明るいのだから，5等級の明るさの比は100倍，1等級ごとの明るさの比は

$\sqrt[5]{100}=2.5118864\cdots$となる.

およそ2.5倍ずつちがう明るさの比（光比）は，もっと明るい天体の光度や，肉眼ではみられない暗い星の光度のランクづけにもつかえる明るさの物さしとなった.

1等星の約2.5倍明るい星は0等星で，更に約2.5倍明るい星は−1等星（マイナス1等星）とした.

等級差と光量比

各等級差	明るさの比(光量比)
1等級	2.512…(約2.5倍)
2	6.310…（約6倍)
3	15.849…（約16倍)
4	39.811…（約40倍)
5	100.000　（100倍)

1等級以下の等級差と光量比

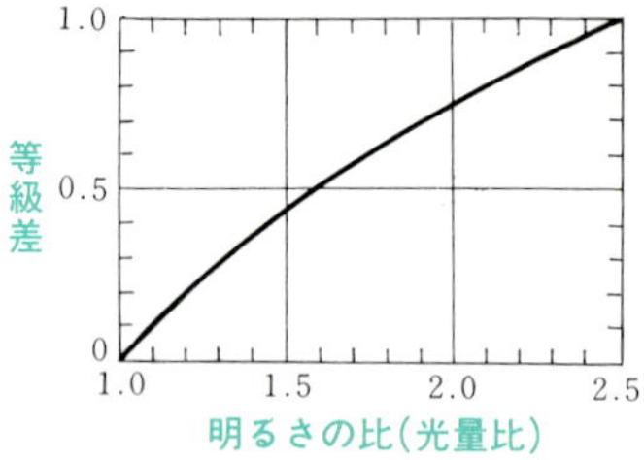

もっとも明るくなる金星が−4.6等で，満月は平均−12.7等，太陽は−26.8等になる.

満月と1等星の等級差は

$1-(-12.7)=13.7$（等級）

13.7等を5等級+5等級+3等級+0.7等級と考えて，上の表と図をつかえば，光量比は

$100\times100\times15.849\times1.9\fallingdotseq300000$

となる．1等星が30万個あると，満月の夜と同じ明るさになるというわけだ.

太陽と満月の等級差は

$-12.7-(-26.8)$

$=14.1=5+5+4+0.1$

したがって，光量比は

$100^2\times39.8\times1.1=437800$

となり，太陽は満月の約44万倍明るいことがわかる.

★測光標準星とは

スケールがきまっても，基準になる星の光度がきまらないと，正しい光度が決定できない．したがって，標準の光度についても，国際的なとりきめをしておく必要がある．

“肉眼でみえるもっとも暗い星の平均”などというあいまいな標準星ではなく，測定ずみのいくつかの測光標準星と比較決定するといった方法がとられた．

1922年の国際天文連合では，北極星付近の星の等級を高い精度で決定して標準等級とすることにした．

肉眼でみた光度（実視等級）はあいまいだから実視等級に近い“写真実視等級”と“写真等級”をきめ，それぞれの等級が，A０型の６等星で一致するようにした．

写真実視等級は，有効波長5430Å（オングストローム）のパンクロフィルムに黄色のフィルターをつけて撮影したもので，写真等級は有効波長4270Åのフィルム（青に強く感じるが赤には感度が低い）で撮影して測定する．

北半球の多くの天文台がこの方法（旧国際式）をとったが，最近は光電管を使用するようになった．

★三色測光と色指数

現在，もっとも多くもちいられる測光法は“三色測光”あるいはUBV方式といって，光電管とフィルターの組合せでU（紫外）とB（青）とV（実視）の三つの等級を測定し，V等級とB—V，U—Bの二種類の色指数であらわすことにしている．

もちろん，旧国際式の等級や色指数と一致するように基準を定めている．測光標準星も全天に分布されて南半球の天文台も同じ標準星をつかうことができるようにした．

私たちが空をあおいで星をみるときに必要な光度はV光度（Visual Magnitude）だが，色指数も星の色やスペクトル型との関連が強いので，まったく無関係ではない．

★写真等級と実視等級

三色測光は，もともと写真撮影したときの光度（昔の非整色乾板は青には強く感じるが赤の感度がひくかった）と，実視光度との差を利用して星の色を定義した(色指数)ことからはじまったのだが，現在市販されているパンクロフィルム（全整色フィルム）は，かなり赤にも感度があるので，黄色のフィルターをかけると，ほぼ実視等級にちかい写真がうつる．

したがって，三色測光はフィルムとフィルターの組合せでおこなうこともできる．

この本の星座写真は青色に強いXレイフィルムを使用している．赤い星が不自然に小さくうつっていることに注目してほしい．

肉眼で星をみるための本だから，当然パンクロフィルムに黄色のフィルターという組合せが理想だ．

Xレイフィルムを使用したのは，このフィルムはハレーション防止加工がしてないため，過剰露光となった輝星の像がにじんで大きくなる点を活用して，肉眼でみられる明るい星だけを大きな星像として目だたせたかったからだ．

残念なことは，明るい星でも赤い星は意図に反して小さくなってしまうこと．

星の名前はだれがつけたか

★固有名は自然発生

とくに目だつ星には，それぞれ固有名がある．

古くから多くの人々の注意をひいた星には，各民族がそれぞれ固有名をもっている．そのほとんどは，その星を眺めた人々のあいだで，自然発生的にうまれた呼名で，命名者がだれであるかはわからない．

固有名は多くの人々の共感をえて今日まで生きのこったものだけに，それぞれが星と人の心のふれあいを感じさせるいい名前が多い．

星をあおいで，その星の固有名をおもうとき，遠い昔，先祖たちが残してくれた星空への感情がよみがえる．このまま忘れてしまうにはおしい名前だ．

★アルマゲストの固有名

現在残ってつかわれている固有名のほとんどは，西暦150年頃，プトレマイオスがまとめた“アルマゲスト”の星表に記載されたものだ．

したがって，ギリシャ語，ラテン語，アラビア語がだんぜん多い．

“アンタレス”とか“シリウス”はギリシャ語．“ミラ”とか“カペラ”はラテン語．“アルデバラン”とか“アルゴル”はアラビア語名がのこったものだ．

固有名は，もちろんギリシャ，ラテン，アラビアだけのものではなく各国ごと民族特有の呼名があるのだが，残念なことは現代星座の主流と無縁であった国の星名は，その国でしか通用しないこともあって，しだいに忘れられて消えていく運命にあることだ．

★日本の星の名前

貴重な文化遺産を失ってはいけないと，日本では野尻抱影氏はじめ，多くの人々の努力で，かなりの日本名が採集された．喜ばしいことだ．

興味のある人には，野尻抱影著の“日本星名辞典”“日本の星”，内田武志著の“星の方言と民俗”，などがある．最近，北海道の末岡外美夫氏による“アイヌの星”が出版された．これまた貴重な資料となる労作である．

固有名は組織的に整とんをすることがむずかしい．まったく同じ呼名の星もいくつかあるし，数えきれないほどの多くの星の呼名としては適当ではない．

したがって，固有名は現在の天文学の中で，学名として生きのこることは不可能だ．

★学名は背番号か

バイエル記号，フラムスチード番号，その他の各種カタログ番号が，学名としてつかわれている．

学名を星の本名とすると，固有名はニックネームのようなものだ．

星の学名はすべて，その星を集録しているカタログ名（略符号をつかう）と，カタログ番号がつかわれている．学名はその星の名前というより，ユニホームの背番号のようなものだ．
味もそっけもなく，親しめないが数多くの星を整理するにはこの方がいい．しかし，ムードのない記号も長くつかう内に，だんだん個性をそなえてくるものだ．ニューヨークの五番街，銀座の四丁目というのと同じように….
名前から個性をうばっても，星自身がもつ個性を消すことはできないからだろう．

★バイエル記号

1603年，ドイツのバイエル Byer が，各星座ごと，原則として明るい星の順（ときには位置の順）にαβγδ…と，ギリシャ文字のアルファベット（小文字）をあてて整理をした．バイエル記号は，肉眼でみられる目ぼしい星のほとんどにつけられているので，現在でも一般にもっとも多くつかわれている呼名である．
バイエル記号は星座ごとにつけられたので，各星座に同記号の星があるわけだ．したがって，それを区別するために星座名（所有格）と共に呼ぶことにしている．
たとえば，アンタレスは“さそり座のα／アルファ・スコルピイ”でリゲルは“オリオン座のβ／ベータ・オリオニス”というわけだ．

書きあらわすときは略符号をつかって，それぞれ α Sco，β Ori，となる．
特に星が多い星座は，アルファベット24文字で不足するので，そのあとローマ字のアルファベットの小文字（a は α とまちがえやすいので A をつかう）をつかい，更に足りないときは，ローマ字の大文字を B から使う．
ただし，R 以後の文字は変光星につかわれることになっている．
星を楽しむためにも，ギリシャ文字のアルファベットだけは読めるようにしたほうがいい．使っているうちに自然におぼえられるはず．
本書の8ページに，日本で慣用されている読みかたの一覧表を記載した．

★フラムスチード番号

イギリスのグリニジ天文台初代台長フラムスチード Flamsteed は，当時イギリスからみえる52星座について，肉眼でみえる星のすべてに番号をつけて整理した．
フラムスチード番号は，星座ごと赤経の順に（星図の西から東へ）つけられたもので，やはりバイエル名と同じように，星座名（所有格）をつけることにしている．
現在，肉眼でみられる星のほとんどは，バイエル記号か，フラムスチード番号であらわすことができる．
アンタレスは，さそり座の α 星“α Sco”であり，さそり座の21番星“21 Sco”でもあるわけだ．

★各種恒星カタログ番号と名なしのゴンベー星

肉眼でみられない星々についてはさらに多くの星を整理した各種の恒星カタログをつかって，カタログ名と記載番号であらわすことにしている．しかし，星空の写真にみられる無数の星々のほとんどは，どのカタログにもない“名なしのゴンベイ”なのだ．それ等は写真上の位置を矢印でしめしたり，天球上の位置を経度と緯度（赤経・赤緯）であらわすことにしている．

昇る北斗七星（撮影・亀田

いもづる式 春の星座のみつけかた トラのまき

春は冬の星座にくらべると，かちっとまとまった星座がすくない．

冬の寒さから開放されて，でれーっとひろがってまとまりをなくしたようだ．あくびでもでそうな，春宵の一刻を，のんびりと春の星座めぐりで楽しみたい．

一見まとまりのないようにみえる星座たちだが，一つずつたどってみると，いくつか気のきいた工夫があって，味のある魅力的な星座が多いことに気がつくだろう．

●まず大三角形と大曲線を….

春の星座さがしのポイントは，しし座と春の大三角形，あるいは，北斗七星と春の大曲線だ．

● しし座は，冬のふたご座，かに座に続いて，春はやくから姿をみせる．

かに座は暗いので，まずしし座が目につくだろう．

しし座の主星レグルス(1.3等)が南中するときをねらうと，レグルスと，それを結ぶクエスチョンマーク風の星列はさがしやすい．

？マークの東に，小さな直角三角形がみつかったら，それがシシのおしり．おしりの先にあたる2等星がしっぽのデネボラだ．

レグルスも，デネボラも，南中高度が65°～70°(北緯35°の土地で)くらいになるので，首をいっぱい曲げてあおいだあたりにある．

● しし座のレグルスのま下に，一つだけポツンとさみしそうに輝く2等星がある．これはうみへび座の心臓に輝く主星アルファルドだ．

うみへび座はアルファルドから星図をたよりに一つ一つたどるよりしかたがない．

● かに座は，しし座のレグルスと，ふたご座にはさまれている．

レグルスとふたご座のポルックスを結んで，そのほぼ中心付近に目をこらすと，かに座の中心にあるプレセペ星団が発見できるだろう．

● 南中したデネボラの東側の空に目を向けると，南北に一つずつ，二つの1等星がみつかる．

デネボラと結んでできる正三角形が春の大三角形だ．

まだしし座が南中していない4月はじめの宵空では，二つが東の地平線上に並んでいる．

● 大三角星の北側の一つは，オレンジ色に輝いて，南中時はほとんど天頂を通る．うしかい座の主星アル

クトゥルスだ.

● うしかい座の上半身は，アルクトゥルスの北側の五角形だ．その五角形のすぐ東にならんでいる半円形の星列が**かんむり座**.

かんむり座は，梅雨あけの頃のよい空では天頂でみつかる.

● しし座が南中する頃，まわれ右をして，北からあおぐと，**おおぐま座**の**北斗七星**が南中している．北から首をいっぱい曲げてあおいだあたりにある.

● おおぐま座のしっぽ(北斗七星)のうしろにクマを追う**りょうけん座**がある．南中したおおぐま座は，北からあおぐと，背中を下にして北極星の上でのんびり昼ね？といった姿勢になるので，りょうけん座は北斗七星の上にある.

● 北斗七星のβ星からα星のほうにまっすぐのばすと**北極星**がみつかることはよく知られている．これを逆にα星からβ星の方向にのばすとしし座のおしりの三角形がある.

● 南中したデネボラのすぐ上(北)に，微光星のむれがみつかったら，そのあたりが**かみのけ座**.

りょうけん座は，北斗七星とかみのけ座にはさまれている.

● 大三角星の南側の1等星は，青白く輝く**おとめ座**の**スピカ**.

スピカを基点に，ローマ字のアルファベットのY字形にならんだ星列がおとめ座の中心 (175ページ上).

● おとめ座の南，南中したスピカの右下に，**からす座**の四辺形がみつかる．**ほかけ星**という呼名にふさわしい，小さな舟の帆の形をした四辺形だ.

● **コップ座**は，からす座のすぐ西どなりにあるのだが，微光星ばかりなので，そのつもりでさがしてみるといい．さらに西，やや北に**ろくぶんぎ座**がある．これはもっとめだたないのでみとめにくいが，うみへび座のアルファルドのすぐ東(左)のあたりの微光星をさがしてみよう.

● おおぐま座のしっぽ(北斗七星)の先をのばすと，アルクトゥルス，スピカ，からす座と，雄大な大曲線がえがける.

北の空から南の地平線をつなぐ**春の大曲線**だ.

● やっかいなのは，こじし座とやまねこ座だ.

しし座の？マークのすぐ上に**こじし座**がいる．おおぐま座の足と，しし座の頭にはさまれたあたりだ.

やまねこ座はこじし座の西から北の方へ，おおぐま座の鼻づらの前あたりまで，長くのびた暗黒の部分である.

星を結んでヤマネコの姿や，コジシの姿をえがこうという努力は，たぶん無駄骨に終るだろう.

● からす座が南中するころ，そのま下に，**南十字星**で有名な**みなみじゅうじ座**がある.

● **ケンタウルス座**は，からす座やコップ座を背中にのせたうみへび座と，みなみじゅうじ座にはさまれたあたり一帯をしめる大きな星座.

春のよい空

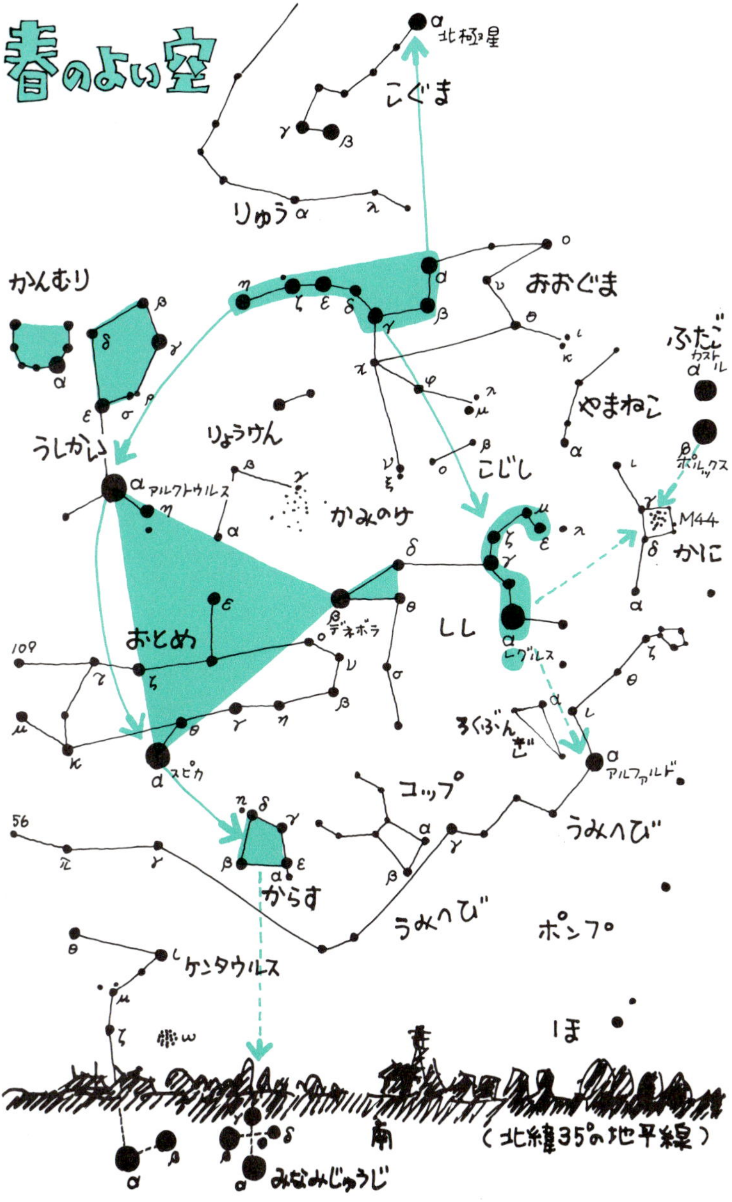

北極星
こぐま
りゅう
かんむり
おおぐま
ふたご
カストル
ポルックス
やまねこ
うしかい
アルクトゥルス
りょうけん
かみのけ
こじし
M44
かに
しし
デネボラ
レグルス
おとめ
ろくぶんぎ
アルファルド
コップ
うみへび
スピカ
からす
うみへび
ポンプ
ケンタウルス
ω
ほ
南
(北緯35°の地平線)
みなみじゅうじ

1 かに座〈日本名〉 CANCER〈学名〉 カンケル

かに座の みりょく

4月の宵空高くかに座がのぼる．のぼるというより，かに座は凧《たこ》のように舞上がるといった表現がふさわしい．

うすっぺらで軽いカニセンベイが春一番で舞上ったのだ．

すべてが4等星以下というかに座から，おいしそうにふとったカニはとうてい想像できないからだ．

かに座の中心にあるプレセペ星団(M44)は，双眼鏡でみたときもっとも美しい．

プレセペの星々は，黒ビロードの上にちりばめられた宝石．プレセペをとりかこむ四辺形は宝石箱がふさわしい．

かに座の学名は，もちろんカニサーとしゃれてみたいところだが，実はカンケル Cancer．

δ星とγ星がカニの目，M 44をかこむ四辺形はカニの甲ら，M 44はカニのノーミソ？ α星とι星がカニのはさみといったところだ．

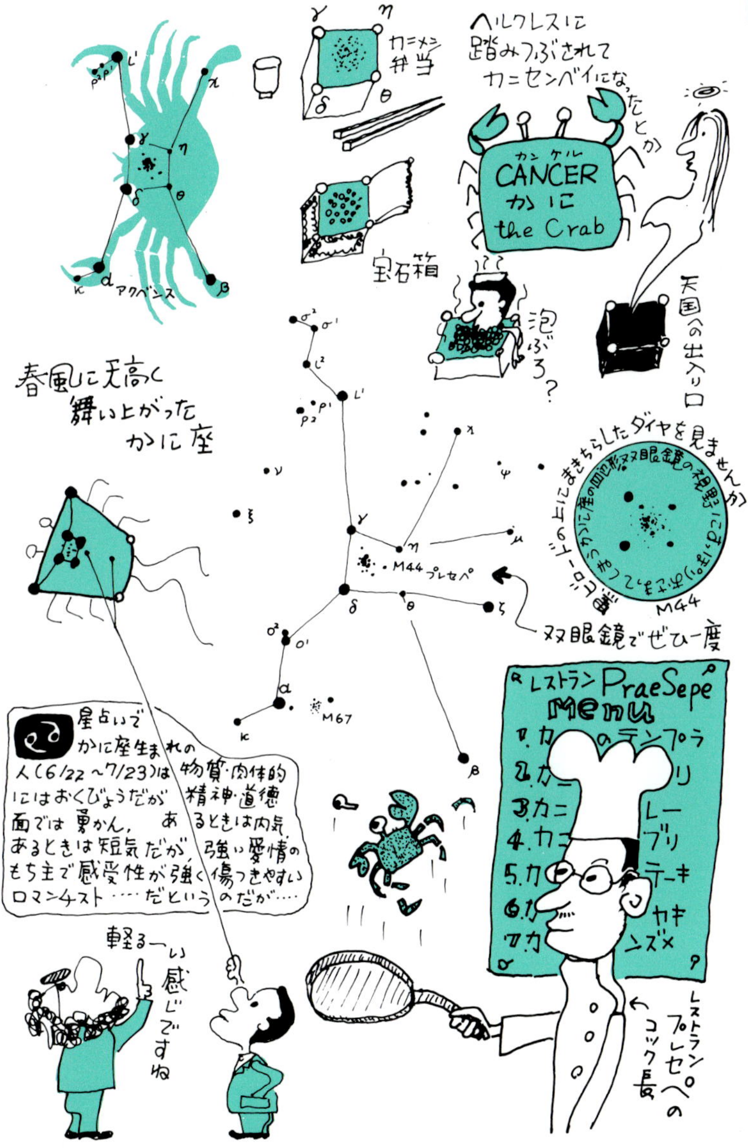

ι
ρ² ρ¹
χ
γ
η
δ
θ
κ α アクベンス β
γ η
δ θ
カニメシ弁当
宝石箱
ヘルクレスに踏みつぶされてカニセンベイになったとか
CANCER《カンケル》
かに
the Crab
泡ぶろ?
天国への出入り口
春風に天高く舞い上がったかに座
σ² σ¹
ι²
ι¹
ρ¹ ρ²
χ
ν
ψ
ξ
γ
η
μ
M44 プレセペ
δ θ ζ
σ² σ¹
α
M67
κ
β
黒ビロードの上にまきちらしたダイヤを見ませんか
双眼鏡の視野にすっぽりおさまってきらめくかに座の四辺形
M44
双眼鏡でぜひ一度
星占いでかに座生まれの人(6/22～7/23)は物質・肉体的にはおくびょうだが精神・道徳面では勇かん，あるときは内気あるときは短気だが強い愛情のもち主で感受性が強く傷つきやすいロマンチスト……だというのだが……
レストラン PraeSepe
Menu
1.カ のテンプラ
2.カ リ
3.カニ レー
4.カニ ブリ
5.カ テーキ
6.カ ヤキ
7.カ ンズメ
軽るーい感じですね
レストランプレセペのコック長

かに座の星々

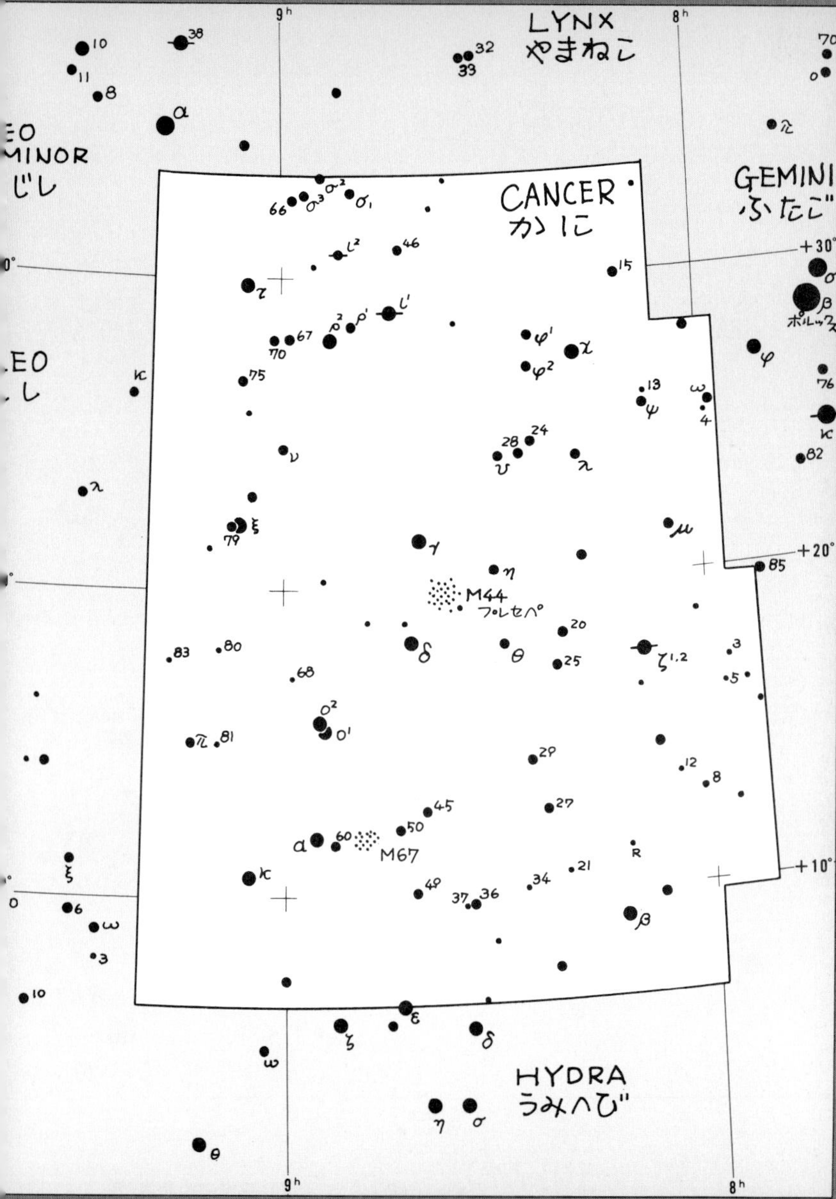

LYNX
やまねこ
CANCER
かに
GEMINI
ふたご
ポルックス
M44
プレセペ
M67
HYDRA
うみへび
+30°
+20°
+10°
9h
8h

かに座の星図

かに座のみつけかた

しし座とふたご座にはさまれた暗黒の空白(空黒というべきか?)に目をこらしてみよう.

5等星に近い微光星がつくる小さな四辺形と，その中に錯覚かと思うほど淡い光のかたまりが見つかったら，そのあたりがかに座である.

淡い光のかたまりはプレセペ星団で，双眼鏡をつかうと，かわいい星のむれがみつかる.

プレセペの位置は，しし座のレグルスとふたご座のポルックスを線で結び，その真中からほんの少しポルックスより，といった見当でみつけられる．もちろん，十分暗やみになれた目と，星のよくみえる夜空が必要であることはいうまでもない.

かに座の日周運動

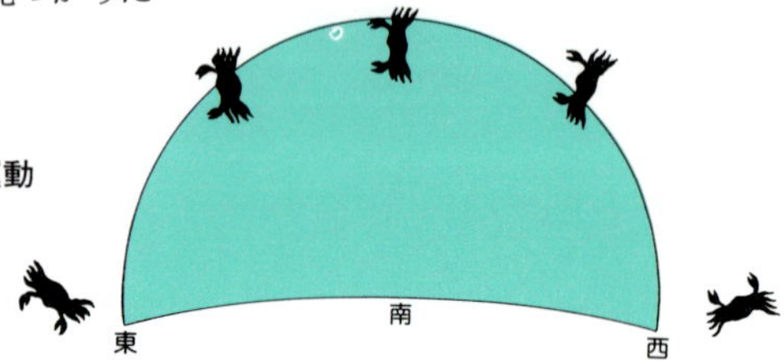

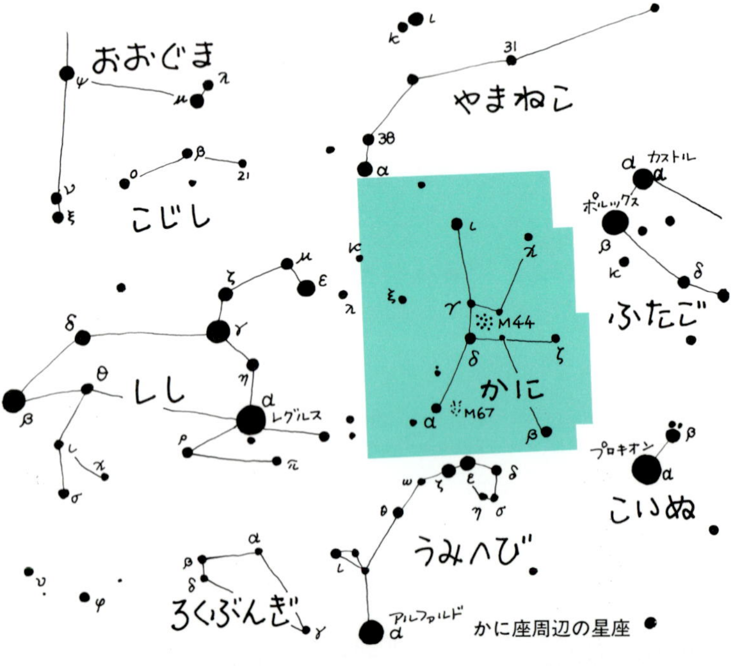

かに座周辺の星座

かに座を見るには（表対照）

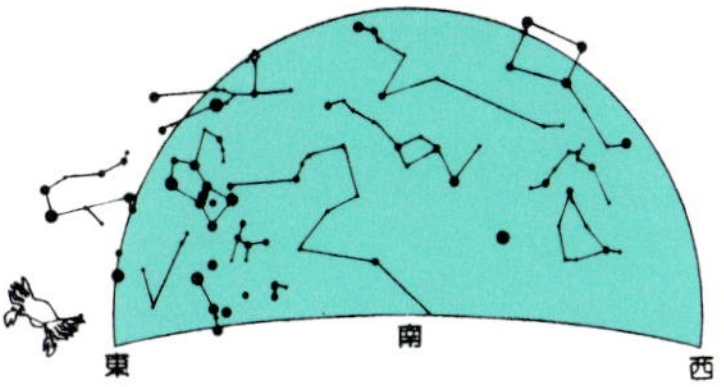

1月1日ごろ	20時	7月1日ごろ	8時
2月1日ごろ	18時	8月1日ごろ	6時
3月1日ごろ	16時	9月1日ごろ	4時
4月1日ごろ	14時	10月1日ごろ	2時
5月1日ごろ	12時	11月1日ごろ	0時
6月1日ごろ	10時	12月1日ごろ	22時

■は夜，■は薄明，□は昼．

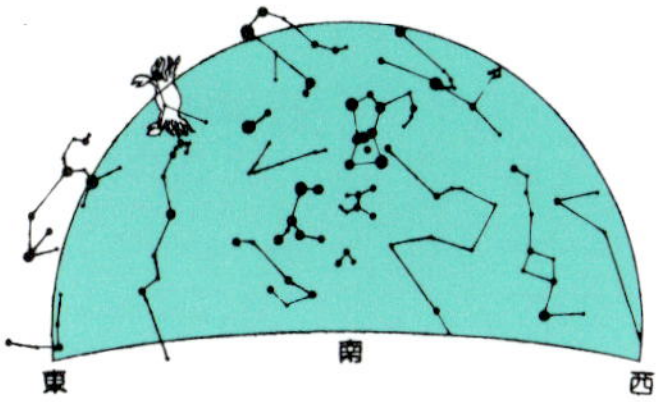

1月1日ごろ	23時	7月1日ごろ	11時
2月1日ごろ	21時	8月1日ごろ	9時
3月1日ごろ	19時	9月1日ごろ	7時
4月1日ごろ	17時	10月1日ごろ	5時
5月1日ごろ	15時	11月1日ごろ	3時
6月1日ごろ	13時	12月1日ごろ	1時

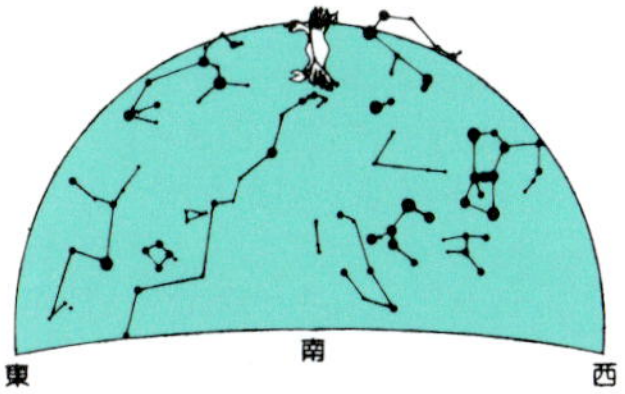

1月1日ごろ	2時	7月1日ごろ	14時
2月1日ごろ	0時	8月1日ごろ	12時
3月1日ごろ	22時	9月1日ごろ	10時
4月1日ごろ	20時	10月1日ごろ	8時
5月1日ごろ	18時	11月1日ごろ	6時
6月1日ごろ	16時	12月1日ごろ	4時

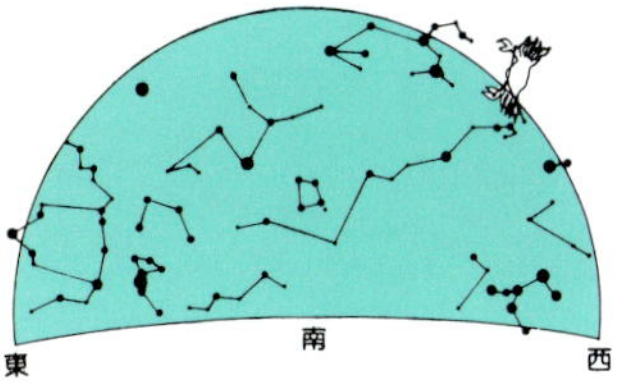

1月1日ごろ	5時	7月1日ごろ	17時
2月1日ごろ	3時	8月1日ごろ	15時
3月1日ごろ	1時	9月1日ごろ	13時
4月1日ごろ	23時	10月1日ごろ	11時
5月1日ごろ	21時	11月1日ごろ	9時
6月1日ごろ	19時	12月1日ごろ	7時

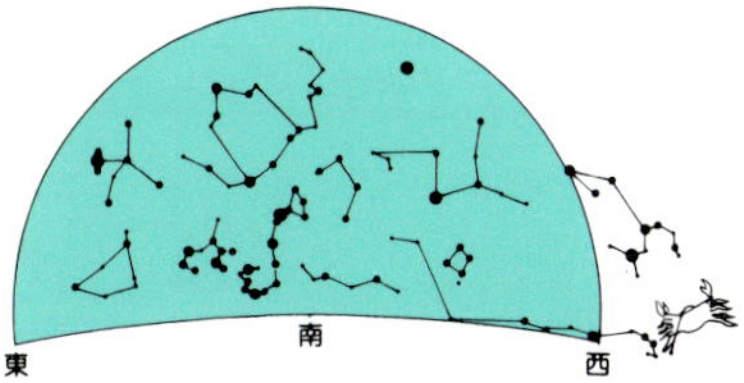

1月1日ごろ	8時	7月1日ごろ	20時
2月1日ごろ	6時	8月1日ごろ	18時
3月1日ごろ	4時	9月1日ごろ	16時
4月1日ごろ	2時	10月1日ごろ	14時
5月1日ごろ	0時	11月1日ごろ	12時
6月1日ごろ	22時	12月1日ごろ	10時

東経137°，北緯35°

かに座の 歴史

実際の空でかに座をみたことがある人は，この星座がいまから5千年も昔からあったとはとても信じられないだろう.

みすごされてしまうほど暗い星座だが，この星座にとって幸いだったのは，ここがみかけの太陽の通り道(黄道)で，古代の人々にとって重要な位置にあったことだ.

おひつじ座を出発した太陽は4番目にこのかに座を通る．当然，太陽をめぐる惑星たちも，入れかわりたちかわりこのあたりを通る.

かに座は，すでにバビロニアの星座に姿をみせた古典的星座のひとつである．もちろん，プトレマイオスの48星座に名をつらねている.

それにしても，あの目だたない星列から，どうしてカニが想像されたのだろう？　カニでなければならない理由がわからない.

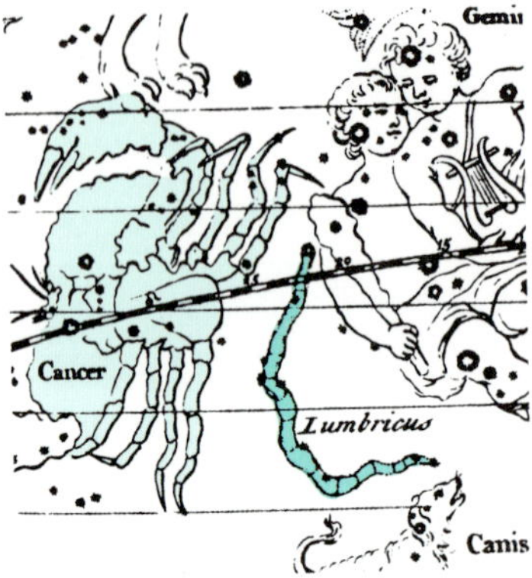

↑ヒルの星図にえがかれた「かに座」かに座の西(右)どなりに，なんと「みみず座」がある.

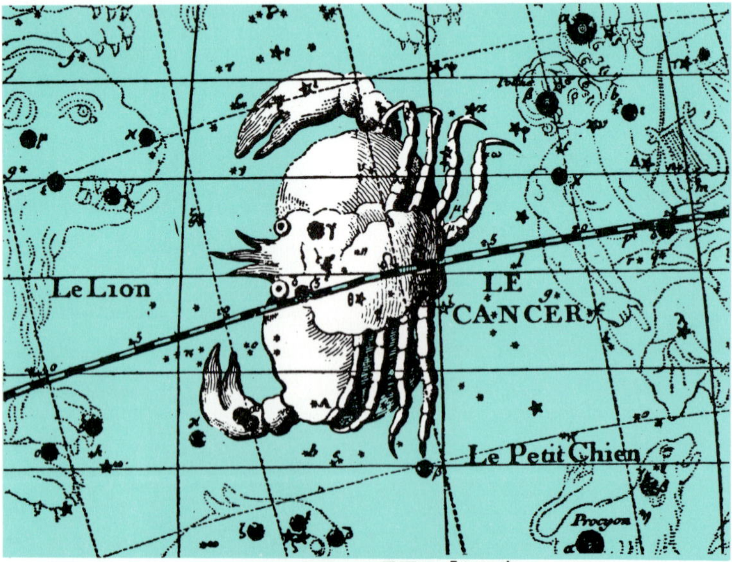

フラムスチード星図の「かに座」

かに座の星と名前

＊α アルファ

アクベンス（つめ）

アクベンス Acubens はつめ，つまり，カニのハサミのこと．

カニの南側のハサミに輝く4等星で，北側の4等星ι《イオタ》と共に一対のハサミをあらわす．

＜α　4.2等　A型　＞
＜ι　4.0等　G8＋A3型　＞

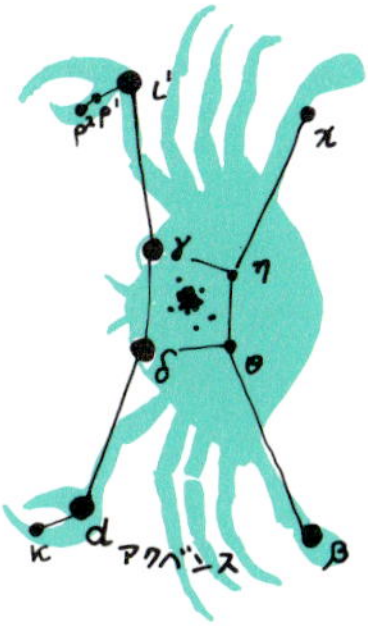

＊β ベータ

アルタルフ（足の先）

終りという意味の呼名をもらったアルタルフ Altarf は，カニの足の最先端に輝く，かに座の最輝星である．

プレセペ(M 44)をδ—γ—η—θ の四辺形でかこみ，それをさらにα—β—χ—ι でできる大きな四辺形がつつんでいる．

この2つの四辺形が肉眼で認められたら，あなたの目は優秀．

＜　3.5等　K4型　＞

＊γ ガンマ

アセルス・ボレアリス（北のロバ）

＊δ デルタ

アセルス・アウストラリス（南のロバ）

アラビアでは，γ星とδ星を南北2匹のロバにみたて，M44を銀のかいばおけ(プレセペ)とみた．

2匹のロバが，かいばおけより目だってよくみえると天気がくずれるという言い伝えもある．たしかに，空にうすいモヤがかかると，星はみえても M 44 のような淡い星雲状の光は極端にみえにくくなる．科学的な一理があっておもしろい．

ここにカニをえがくと，γ星とδ星はカニの目にあたる．小さな小さな可愛い目である．

＜γ *Asellus Borealis* 4.7等 A0型＞
＜δ *Asellus Australis* 4.2等 K0型＞

＊M44　NGC2632
プレセペ（かいばおけ）

M 44 は古くから星雲状の天体として認められていた．

ギリシャ時代には“小さな雲”とか“小さな霧”と呼ばれ，ラテン名はプレセペ Praesepe（プラエセペ）といい，かいばおけにみたてた．

中国名の積戸気《ししき》も，ぼんやりした得体の知れない見かけのようすをうまく表現している．なるほど，見方をかえれば不気味な妖気にも，鬼火の集団にもみえなくはない．

この鬼火の正体を見破ったのは，はじめて望遠鏡を天体にむけた，ガリレオ・ガリレイだった．

ガリレオは「プレセペという星雲は星雲ではない．およそ 40 個ほどの星の集団である」と発表した．

双眼鏡の視野の中の M 44 は，鬼火とは似ても似つかぬ可愛い散開星団となって，我々の目を楽しませてくれる．幽霊の正体みたり可れんボシ（枯れオバナ？）といったところだ．

NEBVLOSA PRAESEPE.
ガリレオのスケッチ
「プレセペ星団」

英名は Beehive ビーハイブ（ハチの巣）．陰気な中国名とは対照的な陽気でにぎやかな呼名である．望遠鏡の視野の中の M 44 はまさにそれ

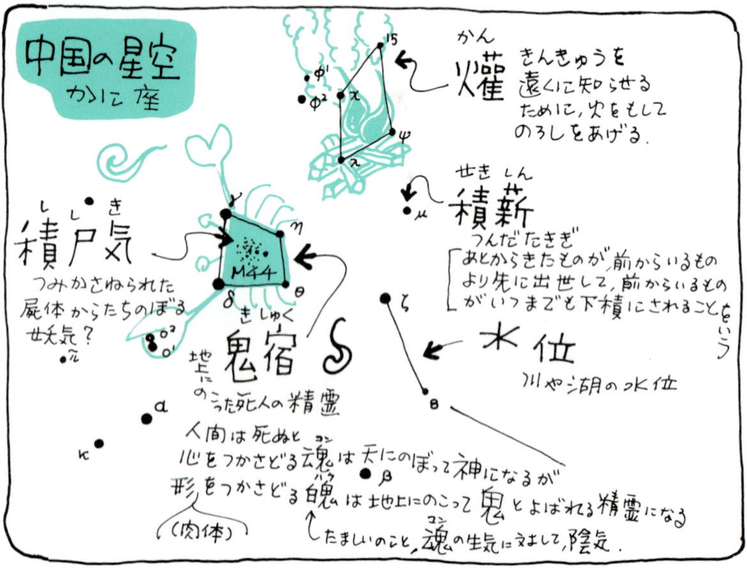
中国の星空
かに座
爟《かん》
きんきゅうを遠くに知らせるために，火をもしてのろしをあげる．
積薪《せきしん》
つんだたきぎ
あとからきたものが，前からいるものより先に出世して，前からいるものがいつまでも下積にされることをいう
積戸気《ししき》
つみかさねられた屍体からたちのぼる妖気？
M44
鬼宿《きしゅく》
地上にのこった死人の精霊
水位
川や湖の水位
人間は死ぬと
心をつかさどる魂《コン》は天にのぼって神になるが
形をつかさどる魄《ハク》は地上にのこって鬼とよばれる精霊になる
（肉体）
たましいのこと，魂《コン》の生気に対して，陰気．

だが，この名の出どころはおそらくプレセペの英訳だろう．羅和辞典によれば，(1)まぐさおけ，(2)家畜小舎，囲い，(3)蜂の巣箱とある．

プレセペと聞いて，バイキンみたいな名前だという人もいるし，フランス料理店の名前みたいだという人もいる．

ところで「レストラン・プレセペへどうぞ」とさそわれたら，小さな白いトビラのしゃれたレストランが想像できないだろうか．

星にはしゃれた名前をもつものが多い．プレセペもそのひとつだ．もっとも，レストラン・プレセペは日本訳すると“レストランまぐさおけ”ということになる．それもまたしゃれているのだが….

夜空の“レストランまぐさおけ”では，ロバのカップルが夕食を楽しんでいる．

プレセペ星団（撮影・山田久典）

かに座の伝説

ギリシャ神話のカニは，ヘルクレスの冒険物語に登場する化けガニである．

真説 ヘルクレスの化けガニ退治

ヘルクレス(ヘルクレス座)の冒険の第2番目は，レルネーの沼に住むヒュドラ Hydra 退治(うみへび座の伝説参照)だった．

ヒュドラ(うみへび座)は，ヘルクレスの力を試すために女神ヘラが育てた9本首の大蛇だ．

さて，ヘルクレスは，甥《おい》のイオラオスと力をあわせて，この怪物ヒュドラをやっつけるのだが，このとき突然大ガニ（カルキノス Karkinos)があらわれて，ヘルクレスの足を挟んだ．

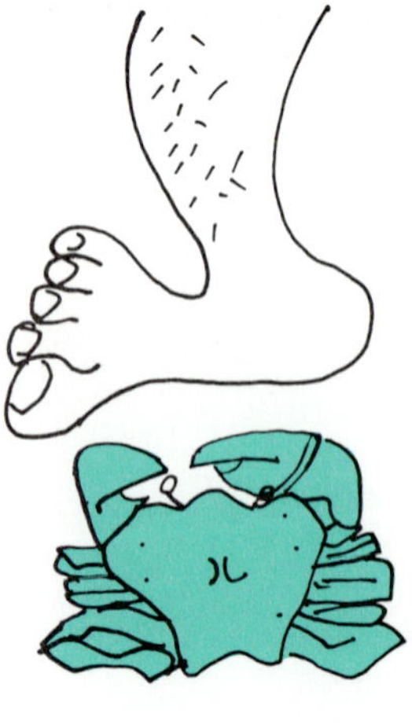

カルキノスは，ヒュドラあやうしとみた女神ヘラが，助太刀をさせようと放った化けガニである．

しかし，カニはひとたまりもなくヘルクレスの大きな足に踏みつぶされてしまった．

女神ヘラは，あわれなカニを天にあげて星にした．かに座になったカニは，期待にこたえなかったことがはずかしいのか，えんりょがちに輝いている．

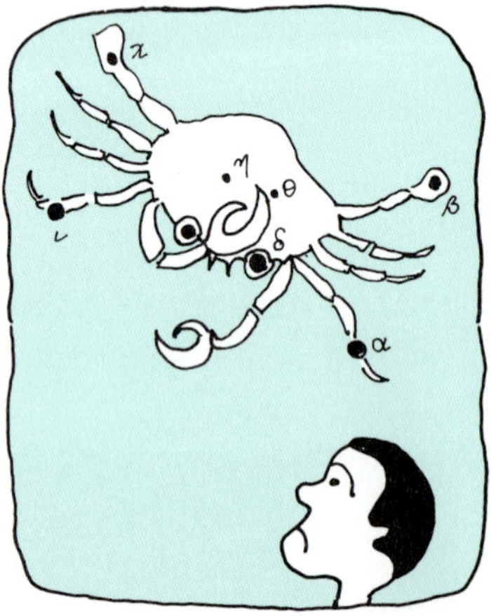

贋作 ヘルクレスの化けガニ退治

レルネーの沼に，ヒュドラという9本首の化けヘビと，カルキノスという大ガニが住んでいた．

ヒュドラは沼に水を求めてやってくる人や動物達をとらえて食べてしまう．カニは図体の大きいわりにおくびょうで，それほどの悪事はできなかったが，ヒュドラとはけっこう仲よくやっていた．カニはヒュドラの食べのこしをわけてもらって十分生きられた.

ある日，ヒュドラの悪事を聞いたヘルクレスがやってきた．ヒュドラはかなり奮闘してヘルクレスを手こずらせたが，おくびょうガニは岩かげに身をかくして，戦いがはやく終ることをただ願うのだった．もちろんヒュドラが勝つことをだ．

ところが，戦況はしだいに不利となり，ヒュドラの敗北は決定的と思えるほどになった．

岩かげのカニは苦しんだ．日ごろの友の危機を目前にしながら，それを助けられない我が身のふがいなさと闘ったからだ．彼は自分が助太刀にでてもなんの助けにもならないことを知っていた．

とうとう，カニは決心した．

負けることはわかっていたが，もしこのまま自分だけ助かったら，友を見殺しにしたひきょうな自分と一生を過さなければならない．その苦しみをおもうと，友のために力一杯たたかったほうがいいと考えた．

もちろん，カニは巨人ヘルクレスの敵ではなかった．大きな足で踏みつぶされてしまった．

カニはほとんど活躍の場をあたえられなかった．ちょっとでてきて，あっというまにぺちゃんこにされたカニのことは，ヘルクレスやヒュドラとちがって，人々はすぐ忘れてしまった．

しかし，この事件の一部始終を見ていた女神ヘラの判断はちがっていた．

ヘラはこのカニの勇気に驚いたのだ．

女神は，カニの勇気をほめたたえ天にあげて星にした．それも黄道12星座のひとつとして，重要な位置を彼にあたえた．真夏の太陽は毎年このかに座を通る．

おもってもみなかった栄誉に，カニはいささか照れくさいらしい．星がみな暗くてさがしにくいのはそのせいだろう．

星になったカニ将軍

ところでこの伝説，ヘルクレスがレルノス Lernos 王（ヒュドラ）と大勢の部下（ヒュドラの頭）を相手にたたかったことをあらわす，たとえ話だといううがった見かたもある．

カニは，王に味方をしてヘルクレスに殺された将軍だという．

カニ将軍は4月いっぱい，宵空の天頂に君臨する．

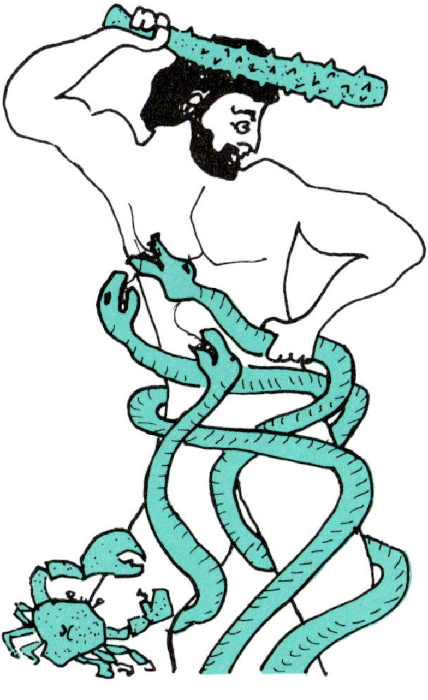

天国への出入口？

占星術では，かに座は人間の霊魂が天上へのぼったり，下ったりするところとされていた．

おそらく，当時(今から約3000年前)は夏至の太陽がこの星座で輝いたからだろう．

現在の夏至の太陽は，歳差のせいで西どなりのふたご座で輝くが，夏至点のあった当時のかに座は，数多くの星座のなかでもかなり重要なポストにあったわけだ．

かに座の中心にある小さな4辺形がいかにも天国への出入口といったふうにみえるのがおもしろい．なんと，中国でもこの四辺形を鬼宿と呼び，霊魂の入口としている．

それにしても，大昔の霊魂や神様はよほどスマートだったにちがいない．ちかごろの栄養がゆきとどいた神様なら，おそらく，この小さな入口が通り抜けられないだろう．

東向きのかに座の前に，西向きのしし座がある．むかいあったカニとシシは，まるでシシカニ合戦といったふうだがそういった伝説はない．

珍説

シシカニ合戦

むかしむかし，気の小さいカニと乱ぼうなシシがいた．

ある日，カニは人間がおき忘れたオニギリをひろった．オニギリをおいしそうにたべるカニをみて，力の強いシシは，そのオニギリをとりあげてしまった．

「友達なんだから，おれにもたべる権利がある．公平にわけようじゃないか，おれはおまえより何十倍も大きいんだから，当然それだけ余計もらっていいんだ」とシシはいった．

カニの手もとには，ほんのわずかのごはん粒がのこっただけだった．シシはカニがあんなにおいしそうに食べていたんだからと，さっそくとりあげたオニギリをほおばった．

ところが，日頃生きのいい生肉ばかり食べているシシにとって，ツブツブでボロボロなオニギリは，おいしいどころか，気味のわるい食べものであった．

「ウプッ」と，シシがはきだしたごはん粒は空にとびちった．

「こんなまずいものをおれ様に食わせようというのか」さかうらみをしたシシは大きな前足でカニを踏みつぶしてしまった．

このことを知った森の動物達は，力を合せてわがままなシシをやっつけて，カニの仇討ちをすることにした．

カラスは見張りと伝令の役をひきうけ，シシが草原にでてくるチャンスをまった．シシが草原に姿を見せると，カラスの合図で，ヤマイヌ達が一せいに吠えたて，草原のはずれにある樫の大木の下に追いつめるのだ．草の中にひそんだ大ヘビは，木の下を駆けぬけるシシの目前で，突然かま首をもたげて立ちふさがる役だ．最後は，樫の木に登って待っていた大グマが，シシの上にとびおりて，そのありあまる体重で押しつぶしてしまおうというわけだ．ことは手はず通りにはこんだ．

シシにつぶされたカニも，クマにつぶされたシシも，仇討ちをした動物たちもみんな星になった．

もちろんシシはしし座に，カニはかに座になった．カニは，手もとに残ったオニギリのかけらを大事そうににぎっている．

M44はプレセペ星団といわずオニギリ星団と呼ぶことにしよう．

シシがはきだしたご飯粒は，シシのおしりの上にたくさんこびりついた．肉眼でこのご飯粒群はよくみえる．実は散開星団で，このあたりは“かみのけ座”という．“ごはんつぶ座”と呼びたいところだ．

クマはシシの背中の上（北）で，おおぐま座になり，ヘビは，うみへび座になってシシの前でかま首をもたげる．

ヤマイヌはりょうけん座になってしし座を追い，カラスはからす座になってしし座の尾行をつづける．

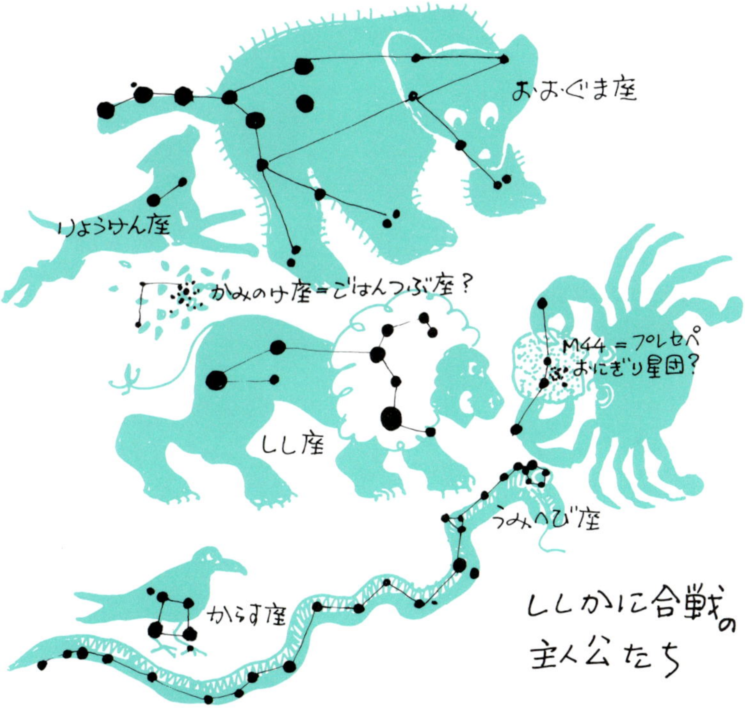

かに座の見どころガイド

＊可憐な散開星団 プレセペ

かに座のなかで，M 44(NGC 2632，プレセペ)はみのがせない．

双眼鏡でなら，パラパラとすこしまばらに散らばった微光星たちが美しい．黒ビロードの上のダイヤモンドといっても，けっしていいすぎではない．

春がすみの空ではちょっとつらいが，よく晴れた夜なら，肉眼で簡単にみつかるだろう．

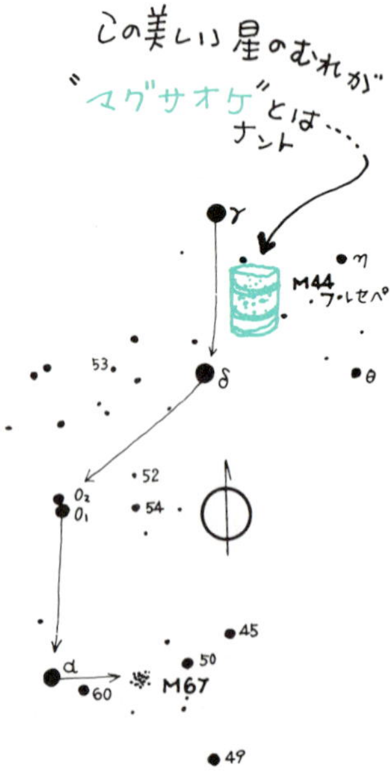

M67のさがしかた

肉眼では薄ぼんやり光る小さなかたまりとしかみえないが，オペラグラスのような小さな双眼鏡でも，虫眼鏡を組合せた手製の望遠鏡でも，可憐な星の群れが楽しめる．

月の直径の3倍くらいにひろがっているので，倍率の高い望遠鏡では視野をはみだしてしまう．双眼鏡にもっとも適した天体だといえる．

ところでこのM 44は，とくべつ目のいい人がその気になって目をこらすと，いくつかの星がかぞえられることもありうる？のだが，自信のある人はぜひ一度挑戦を．

＜M44　散開星団　3.1等
視直径90′　515光年＞

N

M44　口径 5 cm　×40

N

M67　口径 10 cm　×40

＊最古参の散開星団 M67

α 星のちかくに，美しい散開星団 M 67 がある．双眼鏡で δ 星から $o^2 o^1$ →α→M 67 とたどれば，簡単にみつかるだろう．

まるで王冠のようと表現する人がいるように，半円状にあつまってみえる美しい星のむれだ．残念ながら双眼鏡ではM 44 のように星に分解してみることはできない．にじんだ小さな光のかたまりにしかみえないだろう．望遠鏡を手に入れたときのために，位置の確認をしておくことにしょう．

M44 とのみえかたのちがいは，M44 の距離が 520 光年なのに対して，M67 が 2700 光年のかなたにあるせいだ．もうひとつ，M44と大きくちがうのは年齢である．M67は散開星団の中では最古参．つまり老齢の散開星団で，生まれてから 50 億年以上たった古老のあつまりなのだ．

散開星団は生まれて間もない星の集団で，一般にもっとうんと若いのが普通である．おうし座のプレアデス星団は 2000 万年ぐらいで，散開星団として老齢の部類にはいるM 44 でも 4 億年ぐらいだ．

＜M67　散開星団　6.9等
視直径17′　2710光年＞

α•M67•M44（撮影・本田　健）

話題

春宵の星座怪談

なまあったかーい風が顔をなでる春の宵，ふとあおいだ頭上に，おぼろにかすんだ青白い光のかたまりがみえる．

さて，この気味のわるい光はもちろん散開星団 M 44，目をこらすと 4 つの微光星が M 44 をとりかこんでいる．

中国では δ—γ—η—θ の小さな四辺形を鬼宿《きしゆく》と呼び，人が死ぬと，心をつかさどる魂は天にのぼって神となり，形をつかさどる死人の精霊は地上に残って鬼になると考えた．鬼宿の中央にある M 44 は，積尸気《ししき》といって，積みかさねられた屍体からたちのぼった妖気があつまってひかるのだそうだ．

ところで，この春宵の星座怪談にはおまけがある．

鬼宿の下のうみへび座（ヒドラ）の首にあたる星列を 柳宿《りゆうしゆく》 としていることだ．

オバケに柳はつきものだ…とはいうものの，いくらなんでも少々できすぎで考えすぎだが，このあたり，化けガニ，化けジシ，化けヘビ（うみへび座）と，おばけ星座があつまっていることと考えあわせるとおもしろい．

ギリシャの哲人たちは，かに座の四辺形を天国の出口，やぎ座の三角形を天国の入口と呼んだ．

天国に入口と出口があるというのも愉快である．出口でぼんやりひかる M 44 は，天国を追いだされた亡者どもの魂だろうか？

こういった不気味な想像が生まれた背景に，いったいなにがあったのだろう？　星のすくない春の暗黒の夜空が，その印象を強めるのに一役かっていることは確かだが….

黄道《こうどう》は獣道《けものみち》か?

地球が太陽のまわりを公転するために，みかけの太陽は星空の中を移動する．

星空の中での太陽の通り道を黄道（こうどう）ecliptic と呼ぶが，月や惑星たちもまた，この黄道付近を通る．したがって，黄道上の星空はもっとも古くから熱心に観測され，もっとも早く星座が生まれたのも黄道上の星空である．

星座は，定位置をもたない住所不定？の天体の現在位置をあらわすのに大へん便利である．黄道上には，うお，おひつじ，おうし，ふたご，かに，しし，おとめ，てんびん，さそり，いて，やぎ，みずがめ，と12の星座が生まれた．いずれも星座の古典といえる由緒ある星座ばかりである．

みかけの太陽は，うお座の中にある春分点をスタートして，１日に約１度ずつ東の方へ移動する．ふたご座の夏至点，おとめ座の秋分点，いて座の冬至点を通過して，ふたたび春分点へゴールインすると，ちょうど１年，季節も一巡りする．

大陰暦（月のこよみ）をつかった昔，暦と季節変化の狂いを修正するために，星空の中の太陽の位置を知る必要があったのだ．太陽は１か月に１星座ずつ移動する．

黄道12星座には獣（けもの）の星座が多い．だから，黄道を中心に南北9°ずつ，幅18° のベルトを　獣帯（じゅうたい）Zodiac ともいう．天秤はどうみても獣とはいえないし，水瓶を持つ美少年をはじめ，可愛い双子や，可憐な乙女までも獣あつかいするのは，少々抵抗を感じるところだが….

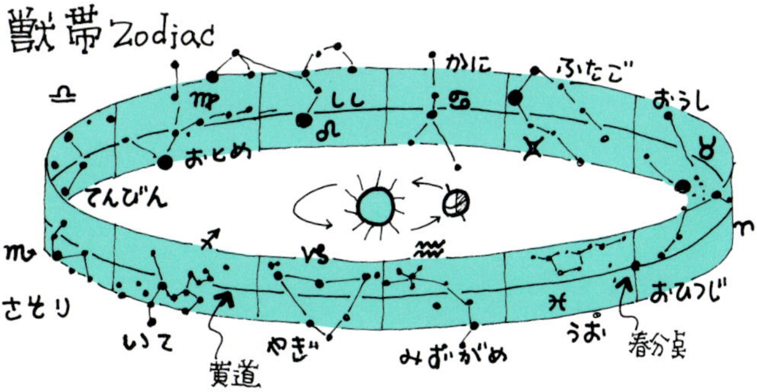

2 やまねこ座〈日本名〉

LYNX〈学名〉
リンクス

こじし座〈日本名〉

LEO MINOR〈学名〉
レオ・ミノル

やまねこ座 こじし座 の みりょく

しし座の頭の上に，かわいいこじし座がのっている．ちょうど，お父さんに肩ぐるまをしてもらって，はしゃぐ子ジシといったところだ．

コジシがカニにいじめられたので父親が加勢にでた，といったふうにもとれるし，父ジシの威《い》光を借りたコジシがヤマネコを追いたてるふうにもみえる．

獅子は，自分の子を千仞《せんじん》の谷に突きおとして鍛えるのだと，スパルタ教育の手本のようにいわれるが，星になったシシは，かなり過保護な親馬鹿ジシとみうけられる．

しし座の上にヤマネコがいる．

くらやみのジャングルで，突然ひくくうなり声が聞える．

「山猫かも知れない気をつけろ！」と，目をこらしても闇にまぎれて正体をみせない．すきをうかがうケモノの両眼だけがあやしくひかる….

この星座をつくったヘベリウスはこんな光景をおもいうかべたのだろうか．

しし座のひたいの右上に，たてに並んだ3等星（α星）と4等星（38番星）は，木にのぼって，上からえものをねらうヤマネコの目だ．

もっとも，ヘベリウスのえがいたヤマネコは，α星と38番星をしっぽにみたてている．

シシに襲われ，あわてて木に登ろうとするヤマネコといったところである．

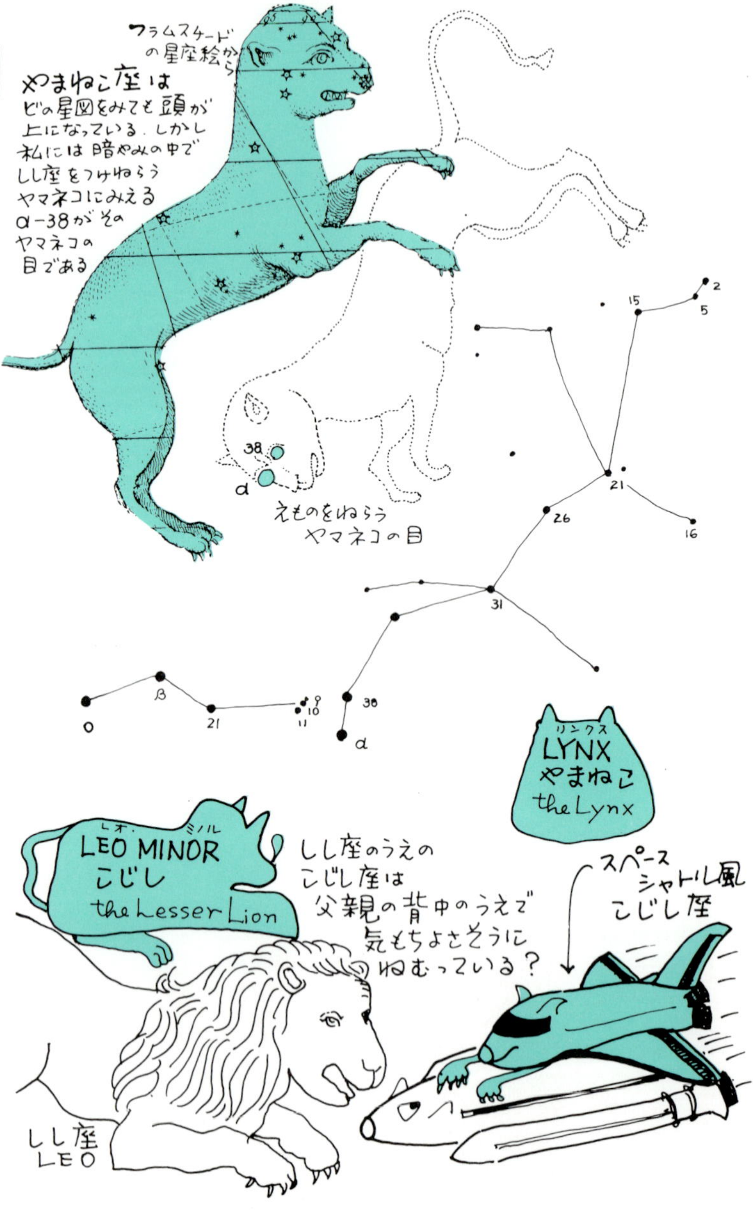
フラムスチードの星座絵から
やまねこ座は
どの星図をみても頭が
上になっている．しかし
私には暗やみの中で
しし座をつけねらう
ヤマネコにみえる
α−38がその
ヤマネコの
目である
38
α
えものをねらう
ヤマネコの目
2
15
5
21
26
16
31
38
α
β
21
ο
9
10
11
LYNX《リンクス》
やまねこ
the Lynx
LEO《レオ・》 MINOR《ミノル》
こじし
the Lesser Lion
しし座のうえの
こじし座は
父親の背中のうえで
気もちよさそうに
ねむっている？
スペース
シャトル風
こじし座
しし座
LEO

幻の星座シリーズ

ハーシェルのぼうえんきょう座
TELESCOPIUM《テレスコピウム》 HERSCHELII《・ハーシェリイ》

1781年，イギリスの天文学者ウイリアム・ハーシェル Herschel は天王星を発見した．

オーストリアの天文学者ヘルが，このことを記念して，現在のやまねこ座付近に「ハーシェルの望遠鏡」を設定(1800年)した．しかし，この個人名をつかった星座は，多くの人々の支持がえられなかったので，いつのまにか消えてしまった．

ハーシェルがつかった望遠鏡は，反射式の望遠鏡で，彼自身が自作したものであった．

当時の反射鏡は金属の表面をみがいたもので，現在つかわれているガラスの表面をメッキした反射鏡にくらべると，かなり性能は低いものであった．おまけに曇りやすく，曇ったら，また磨きなおさなければならないというやっかいなしろものである．

ニュートンがはじめて反射望遠鏡(1668年)をつくって以来，1800年代前半まで，金属鏡をつかった反射望遠鏡の全盛時代が続いた．

古典的大反射鏡時代ともいわれるこの時代に，ハーシェルは次々と大型望遠鏡をつくって，宇宙の構造に挑戦したのである．最後のものは，口径 122 cm，焦点距離 12 m という大砲をおもわせるようなオバケ望遠鏡であった．

1824年に，フラウンホーハーが色消しレンズをつかった屈折式望遠鏡をつくって，古典大反射時代の終りを告げたのだが，世界最大の金属式大反射望遠鏡は，そのあと 1845 年に，イギリスのロス卿が口径 180cm，焦点距離 16m というのをつくった．

その後，大屈折望遠鏡時代をむかえたが，それは1897年の口径 102cm (リック天文台)を最後に，再び大反射時代となった．もちろん，現在のメッキ鏡の性能は，金属鏡のそれをはるかにしのぐものである．

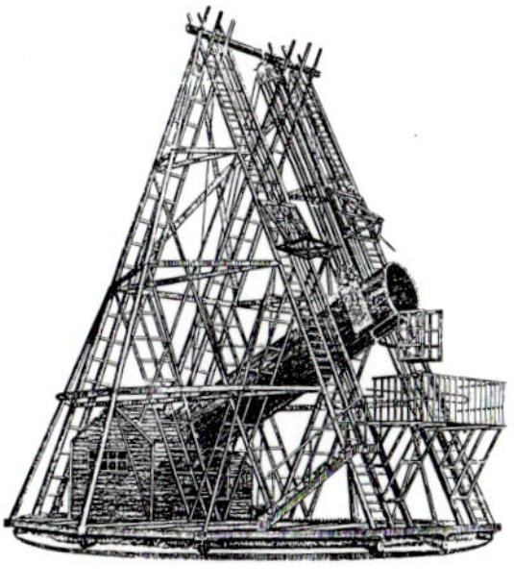

↑ヘル Hell (オーストリア・ウイーン)の星図にえがかれた「ハーシェルの大望遠鏡座」．この星図には，もうひとつ「ハーシェルの小望遠鏡」がおうし座の顔の下にえがかれている．

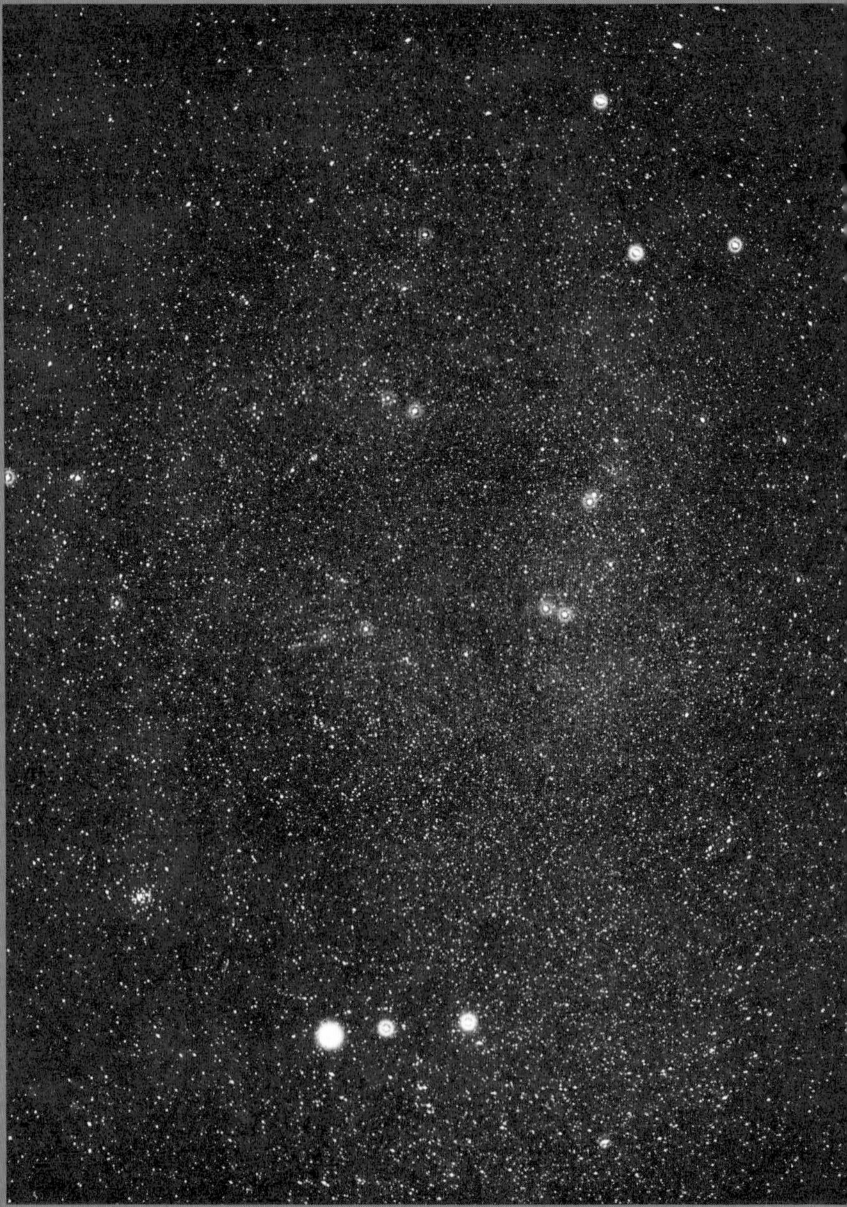

やまねこ座・こじし座の星々

やまねこ座・こじし座の星図

やまねこ座 こじし座のみつけかた

やまねこ座は，おおぐま座とぎょしゃ座にはさまれた空白をうめる星座だ．かなり広い範囲をしめるのだが輝星がないのではっきりしない．

主星αは3等星だが，あとはすべて4等星以下．

ふたご座のα(ポルックス)と，おおぐま座のうしろ足のつめ(λ, μ)のほぼ中間あたりに，約2.5°はなれて南北に並んだα，38番星がある．

さがしておもしろい星座ではないが，「あれがこじし座か」と確認したことがある人は，日本に何人もいないはずだ．だから，何人もいないこじし座をみつけた貴重な一人になることをおすすめする．

しし座の？マークの上，おおぐま座のうしろ足のツメにあたるν—ξとλ—μにはさまれたあたりに目をこらしてみよう．こじし座のo—β—21番星のつくるへの字がみつかるだろう．

o星の光度は3.9等，β星は4.4等，21番星は4.5等，あとはすべて5等星以下でめだたない．

やまねこ座・こじし座の日周運動

やまねこ・こじし座周辺の星座

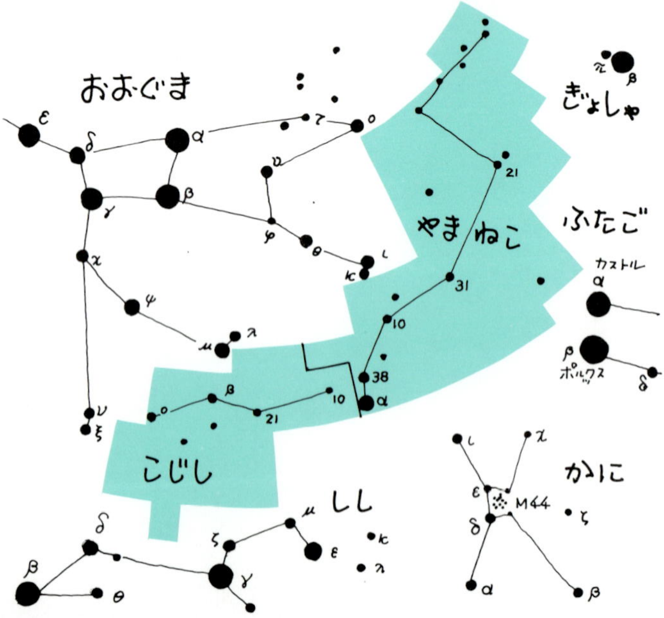

やまねこ座・こじし座を見るには（表対照）

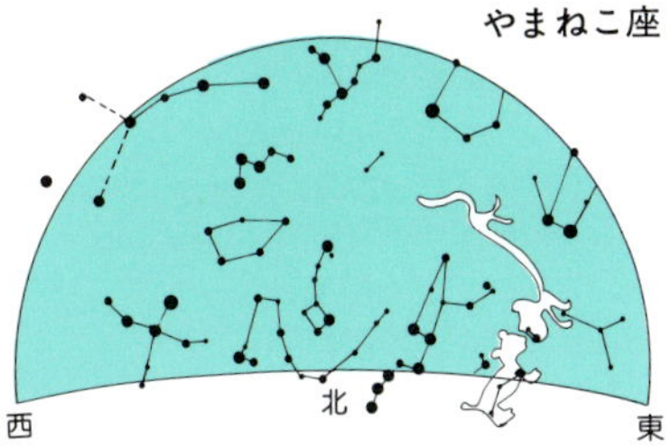

1月1日ごろ	19時	7月1日ごろ	7時
2月1日ごろ	17時	8月1日ごろ	5時
3月1日ごろ	15時	9月1日ごろ	3時
4月1日ごろ	13時	10月1日ごろ	1時
5月1日ごろ	11時	11月1日ごろ	23時
6月1日ごろ	9時	12月1日ごろ	21時

■は夜，▒は薄明，□は昼．

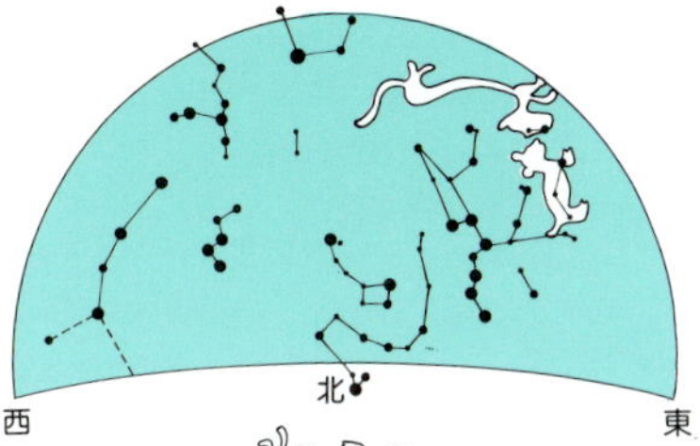

1月1日ごろ	23時	7月1日ごろ	11時
2月1日ごろ	21時	8月1日ごろ	9時
3月1日ごろ	19時	9月1日ごろ	7時
4月1日ごろ	17時	10月1日ごろ	5時
5月1日ごろ	15時	11月1日ごろ	3時
6月1日ごろ	13時	12月1日ごろ	1時

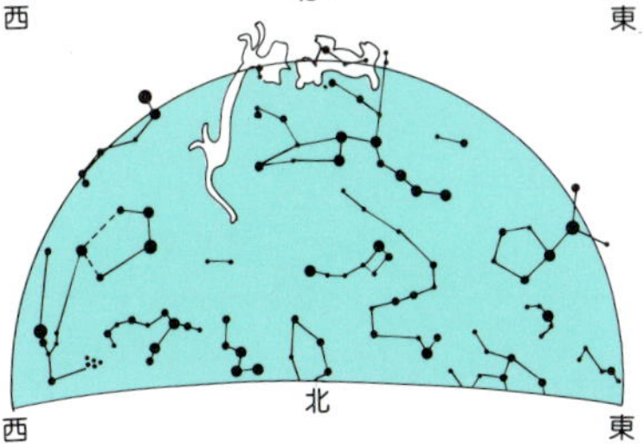

1月1日ごろ	3時	7月1日ごろ	15時
2月1日ごろ	1時	8月1日ごろ	13時
3月1日ごろ	23時	9月1日ごろ	11時
4月1日ごろ	21時	10月1日ごろ	9時
5月1日ごろ	19時	11月1日ごろ	7時
6月1日ごろ	17時	12月1日ごろ	5時

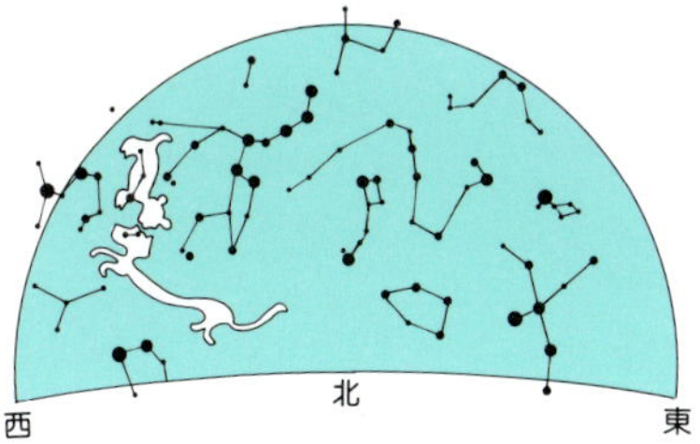

1月1日ごろ	7時	7月1日ごろ	19時
2月1日ごろ	5時	8月1日ごろ	17時
3月1日ごろ	3時	9月1日ごろ	15時
4月1日ごろ	1時	10月1日ごろ	13時
5月1日ごろ	23時	11月1日ごろ	11時
6月1日ごろ	21時	12月1日ごろ	9時

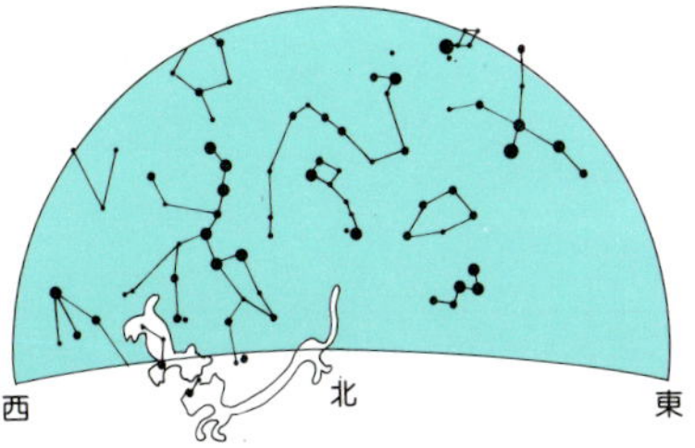

1月1日ごろ	11時	7月1日ごろ	23時
2月1日ごろ	9時	8月1日ごろ	21時
3月1日ごろ	7時	9月1日ごろ	19時
4月1日ごろ	5時	10月1日ごろ	17時
5月1日ごろ	3時	11月1日ごろ	15時
6月1日ごろ	1時	12月1日ごろ	13時

東経137°，北緯35°

こじし座の歴史

こじし座はヘベリウスの新設星座のひとつである.

すぐ前のやまねこ座，うしろのりょうけん座等と共に，ヘベリウスの星図（1687年）に登場した．いずれも既成の星座たちにはさまれた余白に，明るい星のない部分だから，余黒？ というべきかも知れないが，とにかく，その隙間をなくすための埋め草的星座で，空をあおげば誰にでも目につくという星座ではない.

ヘベリウスはこの時，10星座を新設した．そのうち3星座はいまはない．消えた星座は

①ケルベルス座 Cerberus
②小三角 Trianglum Minor
③マエナルス山 Mons Maenalus

生きのこった星座は

①やまねこ座 Lynx
②こじし座 Leo Minor
③りょうけん座 Canes Venatici
④ろくぶんぎ座 Sextans
⑤たて座 Scutum
⑥こぎつね座 Vulpecula
⑦とかげ座 Lacerta

あなたは上の7星座中いくつみつけられるだろうか？ 5つ以上みつけられたら，なかなかのベテランである.

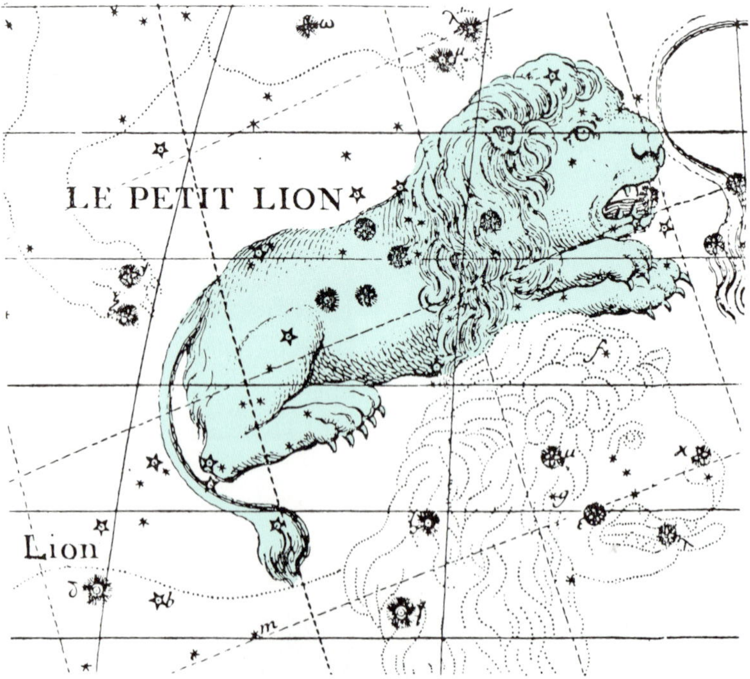

フラムスチード星図の「こじし座」

やまねこ座の歴史

やまねこ座は，ポーランドの天文学者ヘベリウス（1611—1687）の死後，1687年に出版された彼の星図に登場した新星座のひとつである．

ヘベリウスの新設した星座は，いずれも大星座にはさまれたすき間をうめるための星座で，輝星がなくてめだたない．

「やまねこ座をみつけるためにはヤマネコのような目が必要だ」とヘベリウス自身の言葉どおり，暗闇にまぎれて姿をみせない．ヘベリウスがえがいた当初のこの星座はヤマネコ，またはトラとされている．まさか，よく見えなくてヤマネコなのかトラなのか見わけもつかない，という洒落のつもりでもあるまいが….

ヘベリウス星図のやまねこ座（逆版）

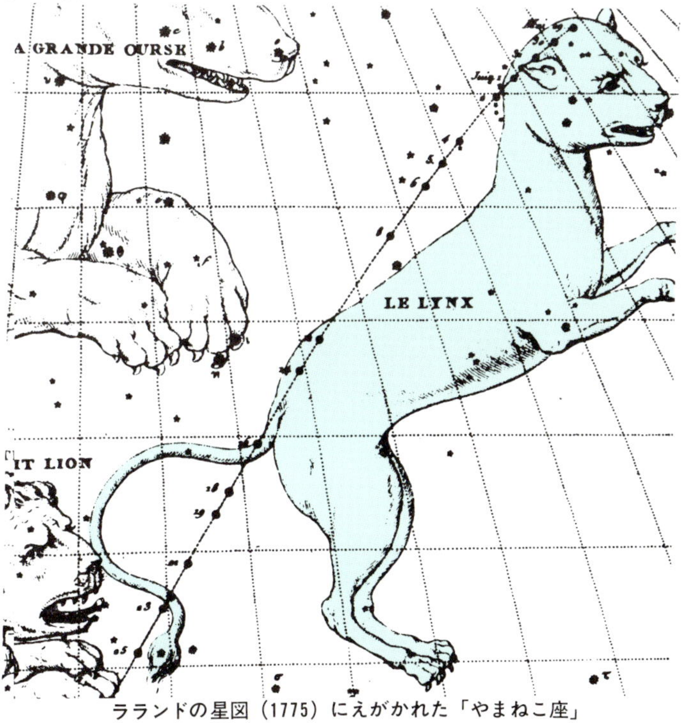

ラランドの星図（1775）にえがかれた「やまねこ座」

3 しし座〈日本名〉 LEO〈学名〉 レオ

しし座のみりょく

ウメが散ってモモが咲き，そして4月，サクラが散ってツツジが咲くように，ふたご座がかたむいてかに座がのぼり，4月も終りにちかづくと，しし座がかに座を追いたてるようにのぼる.

ごくあたりまえな，星や花の季節変化の妙を，知識の裏付けとしてではなく，自然の驚異として受けとめられる人は，きっと生きる喜びに対する感度がすばらしい人にちがいない.

しし座は春の星座の王者.

王者はシンボルマーク？を先頭に春の星座たちをしたがえ，胸をはってのぼる.

よい空のしし座が西に傾くころ，地上に夏がやってくる.

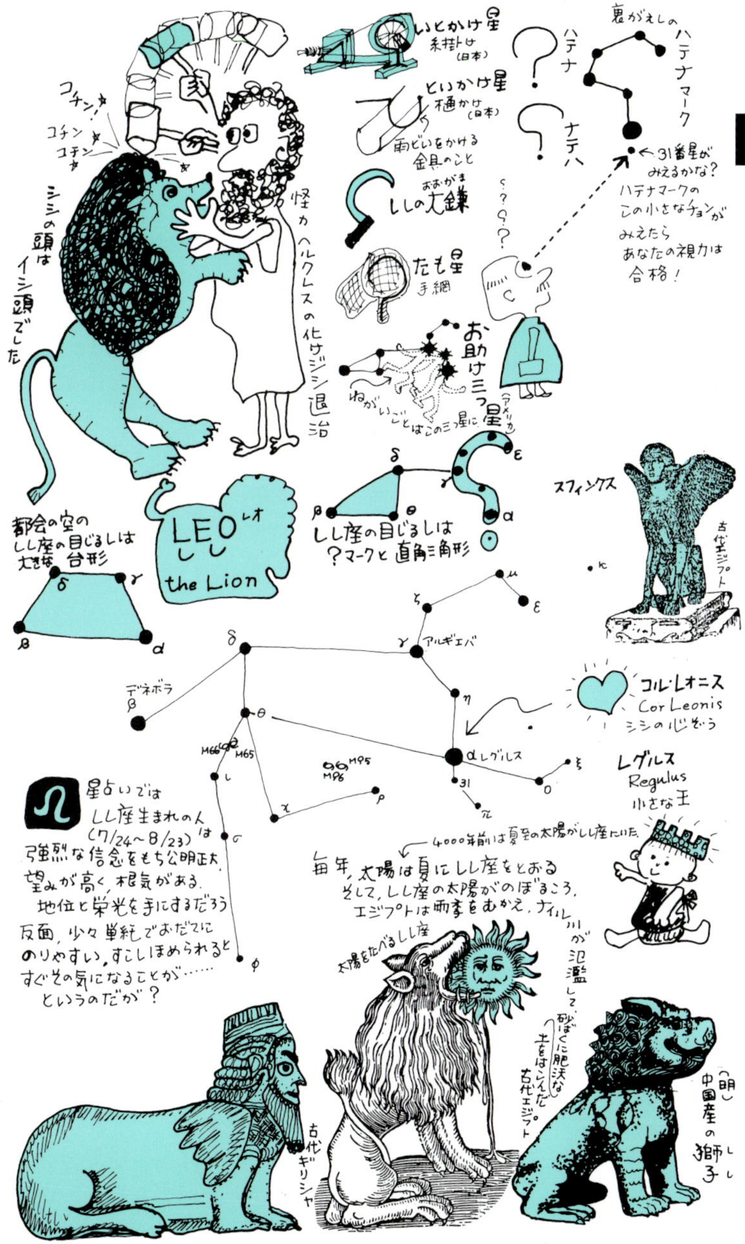
コチン！☆
コチン☆
コチン☆
シシの頭はイシ頭でした
怪力ヘルクレスの化けジシ退治
いとかけ星
糸掛け
(日本)
とい
かけ星
樋かけ
(日本)
雨どいをかける
金具のこと
ししの大鎌《おおがま》
たも星
手網
お助け三つ星
(アメリカ)
ねがいごとはこの三つ星に
ハテナ
ナテハ
裏がえしの
ハテナマーク
←31番星が
みえるかな？
ハテナマークの
この小さなチョンが
みえたら
あなたの視力は
合格！
?
?
?
δ
γ
ε
β
θ
α
しし座の目じるしは
？マークと直角三角形
スフィンクス
古代エジプト
κ
都会の空の
しし座の目じるしは
大きな台形
δ
γ
β
α
LEO レオ
しし
the Lion
μ
ζ
ε
γ アルギエバ
δ
デネボラ
β
η
θ
コル・レオニス
Cor Leonis
シシの心ぞう
M66
M65
α レグルス
ξ
M95
M96
ι
31
ο
ρ
χ
π
レグルス
Regulus
小さな王
星占いでは
しし座生まれの人
(7/24～8/23)は
強烈な信念をもち公明正大
望みが高く、根気がある
地位と栄光を手にするだろう
反面、少々単純でおだてに
のりやすい、すこしほめられると
すぐその気になることが……
というのだが？
σ
φ
4000年前は夏至の太陽がしし座にいた
毎年、太陽は夏にしし座をとおる
そして、しし座の太陽がのぼるころ、
エジプトは雨季をむかえ、ナイル川が氾濫して、
砂ばくに肥沃な土をはこんだ
古代エジプト
太陽をたべるしし座
古代ギリシャ
(明)
中国産の
獅子《しし》

ししの星々

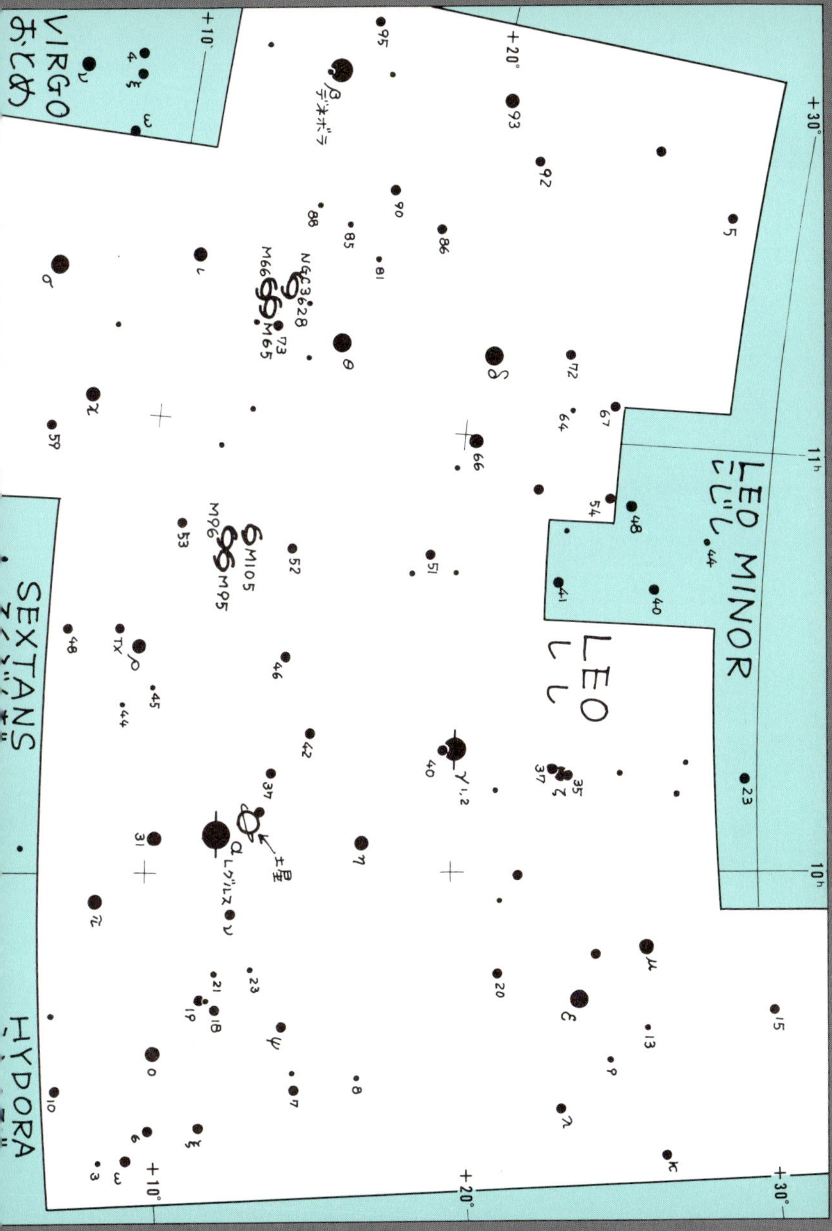
LEO
しし
LEO MINOR
こじし
VIRGO
おとめ
SEXTANS
HYDORA
デネボラ
レグルス
土星
NGC3628
M66
M65
M96
M105
M95

しし座の星図

しし座のみつけかた

南中したしし座は，南から70°ほどあおぐと，主星レグルスを含むハテナのマークを裏がえしにした星列がみつかる．

？マークはシシの頭と胸をあらわし，さらに東（左）に直角三角形がみつかったら，その三角がシシのオシリ．主星レグルス(α)はもちろんシシの胸に輝き，威風堂々胸をはる西むきの大ジシがえがける．

光害の大都会の空では，さすがの大ジシも$\alpha, \beta, \delta, \gamma$でつくる1.3等—2.2等—2.6等—2.3等の台形をのこしてあとは消えてしまう．

シッポのβ星は，アルクトゥルスとスピカにつないで春の大三角をつくる．レグルス(α星)と共に春の夜空に欠かせない大切な星である．

しし座の日周運動

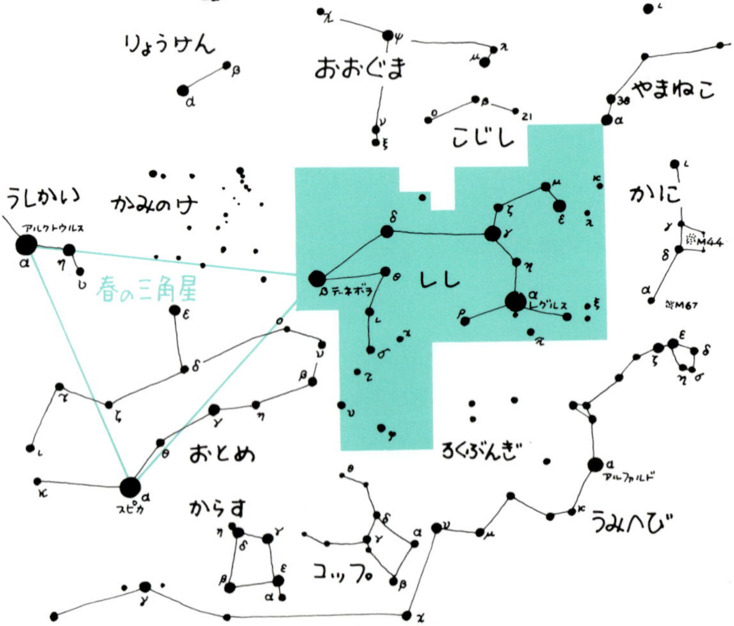

しし座周辺の星座

しし座を見るには（表対照）

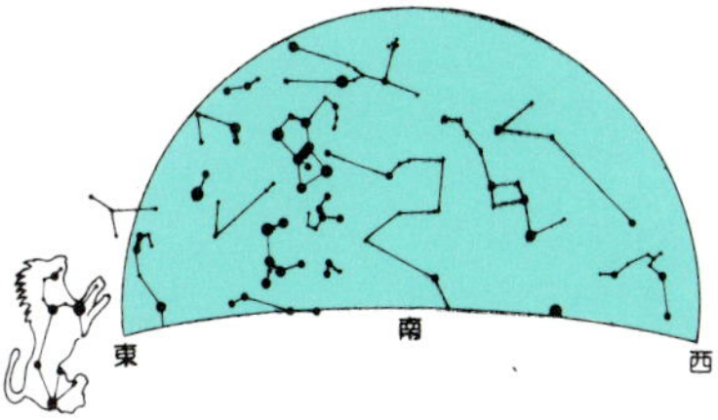

1月1日ごろ	22時	7月1日ごろ	10時
2月1日ごろ	20時	8月1日ごろ	8時
3月1日ごろ	18時	9月1日ごろ	6時
4月1日ごろ	16時	10月1日ごろ	4時
5月1日ごろ	14時	11月1日ごろ	2時
6月1日ごろ	12時	12月1日ごろ	0時

は夜，　は薄明，　は昼．

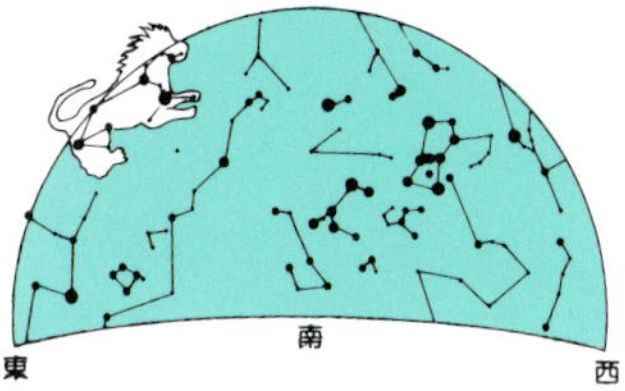

1月1日ごろ	1時	7月1日ごろ	13時
2月1日ごろ	23時	8月1日ごろ	11時
3月1日ごろ	21時	9月1日ごろ	9時
4月1日ごろ	19時	10月1日ごろ	7時
5月1日ごろ	17時	11月1日ごろ	5時
6月1日ごろ	15時	12月1日ごろ	3時

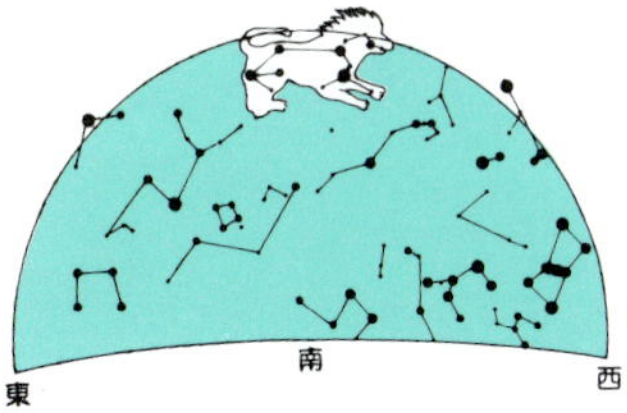

1月1日ごろ	4時	7月1日ごろ	16時
2月1日ごろ	2時	8月1日ごろ	14時
3月1日ごろ	0時	9月1日ごろ	12時
4月1日ごろ	22時	10月1日ごろ	10時
5月1日ごろ	20時	11月1日ごろ	8時
6月1日ごろ	18時	12月1日ごろ	6時

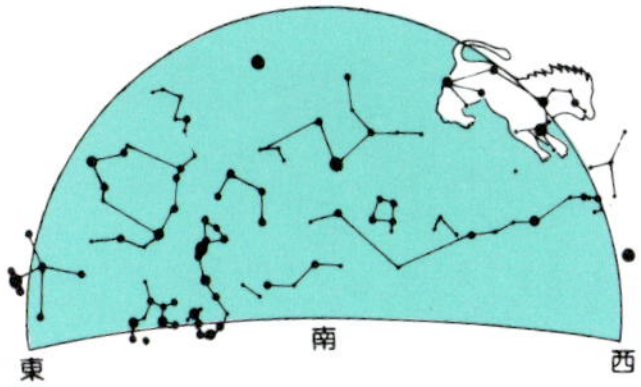

1月1日ごろ	7時	7月1日ごろ	19時
2月1日ごろ	5時	8月1日ごろ	17時
3月1日ごろ	3時	9月1日ごろ	15時
4月1日ごろ	1時	10月1日ごろ	13時
5月1日ごろ	23時	11月1日ごろ	11時
6月1日ごろ	21時	12月1日ごろ	9時

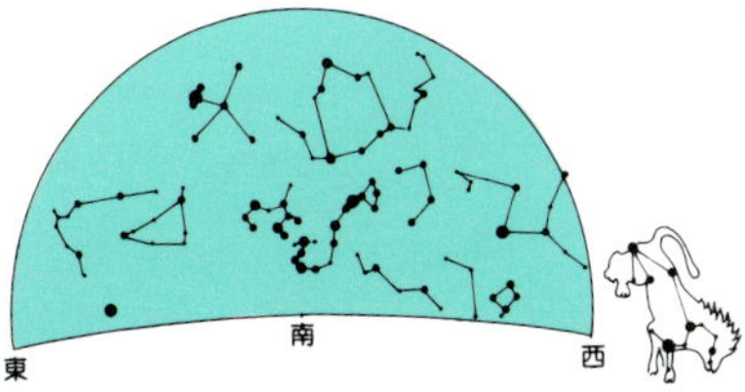

1月1日ごろ	10時	7月1日ごろ	22時
2月1日ごろ	8時	8月1日ごろ	20時
3月1日ごろ	6時	9月1日ごろ	18時
4月1日ごろ	4時	10月1日ごろ	16時
5月1日ごろ	2時	11月1日ごろ	14時
6月1日ごろ	0時	12月1日ごろ	12時

東経137°，北緯35°

しし座の歴史

しし座は，黄道12星座の第5番目にあって，夏の太陽がここで輝く．当然古くから重要な星座であった．

古代バビロニアのしし座は，大きく長い化けヘビ(うみへび座)の上にえがかれた犬であった．どうやら，大イヌが，いつのまにかシシに変身したらしい．

胸に輝くレグルスは，ほぼ黄道上で輝く珍しい1等星だ．バビロニアの時代から占星術では王の運命をつかさどる大切な星とされていた．

プトレマイオスの48星座に含まれる古典星座である．

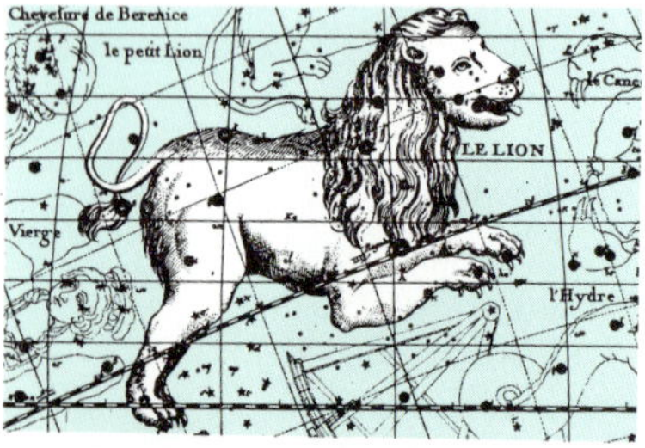

フラムスチード星図の「しし座」

昔アラビアでは かみのけ座と かに座の星をふくんだ 大ジジをえがいていた.

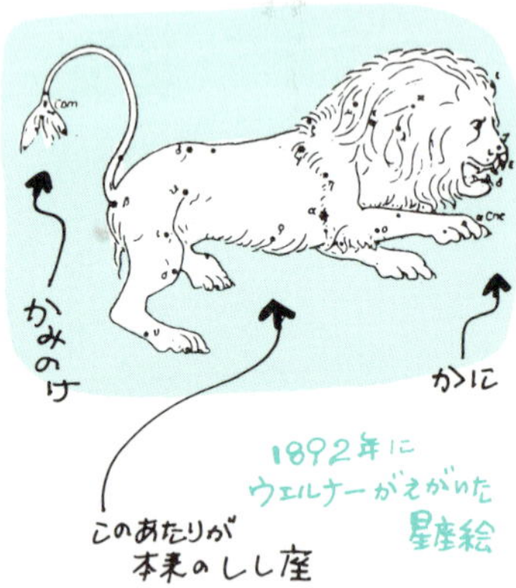

1892年に ウェルナーがえがいた 星座絵

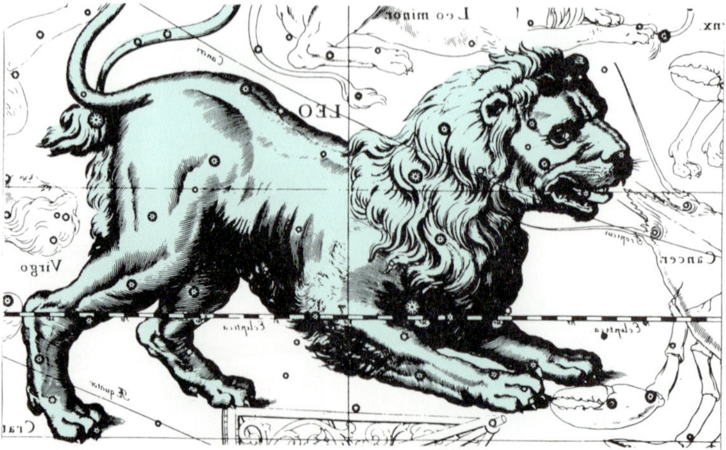

ヘベリウス星図の「しし座」(逆版)

しし座の 星と名前

＊α アルファ

レグルス（小さな王）

レグルス Regulus は，コペルニクスが命名したといわれるが，この星はかなり古くから王の星と呼ばれていた．コペルニクスはなぜ“小さな王の星”と呼んだのだろう？

レグルスが百獣の王の胸に輝くこと，ほぼ黄道上にあって，毎年夏の太陽がここを通ること，純白に輝くこと，いずれも王の星と呼ばれるのにふさわしい．

別名“シシの心臓／コル・レオニス(Cor･Leonis)”というのもこの星らしい，いい呼名だ．

胸に輝くレグルスの光度は 1.3 等で，1 等星仲間の中では明るいほうではないが，B 型の高温星で気品のある純白に輝く．王者を象徴する銀バッチといったところだ．

春のしし座は，これみよがしに胸をはって銀バッチをみせびらかす．

レグルスは，古代バビロニアでは国王の星．インドでは偉大なもの，ペルシャでは王の星，アラビアでは王者の星と呼ばれた．この星はみかけ以上の血統のよさをほこっている．

黄道上にあるので，これまでに太陽や月や惑星たちが何度も何度もこの星の近くを通っただろうし，4000 年ほど昔，歳差のせいで夏至点がこの星のちかくにあったことと考えあわせると，どうやらこのあたりに，この星の血すじのよさの秘密があるようだ．

この純白星のちかくに，赤い不気味な輝きをみせる火星がちかづくことがある．

「王様，お気をつけください．王の身になにやら不吉な運命がせまっておりますぞ．軽はずみな行動は厳におつつしみくださいますように」当時の占星術師はきっとこんなことをいったのだろう．

< 1.3等　B7型 >

銀バッチをむねに
むねをはる　しし座

＊β ベータ

デネボラ（ししの尾）

その名のとおりシシのしっぽにある2等星.

全天に数ある“しっぽの星”のなかで，もっとも明るく有名なのは1等星のデネブ(はくちょう座)，つづいて2等星のデネボラ(しし座)とデネブ・カイトス(くじら座)がある.

しし座の β—δ—θ でつくる直角三角形がシシのおしりで，デネボラはそのもっとも先にある.

デネボラ Denebola —うしかい座α—おとめ座α と結んでできる正三角形は，有名な春の大三角星だ.

＜ 2.1等 A3型 ＞

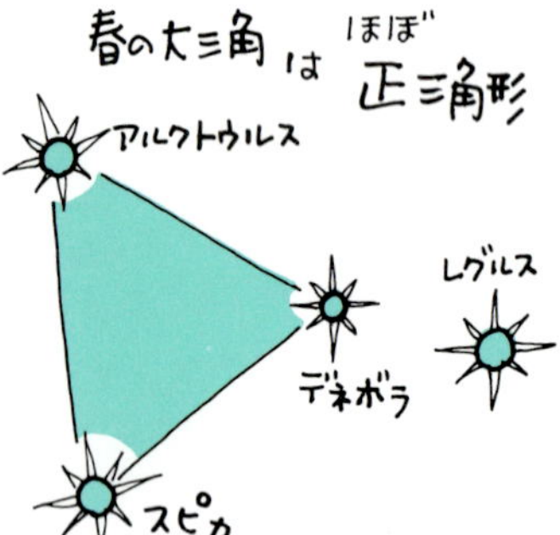

春の大三角は
ほぼ
正三角形
アルクトゥルス
レグルス
デネボラ
スピカ

＊$\gamma^{1,2}$ ガンマ

アルギエバ（ししのひたい）

この星をひたいにみたてると，シシがうしろをふりかえっていることになってしまう．シシの首のつけねのあたりとみるほうが自然だと思うがいかが？ むしろ，この固有名は ε 星にゆずりたい.

このアルギエバ Algieba を，もし望遠鏡でのぞくチャンスがあったら，ぜひ色の美しい二重星を楽しんでほしい. K0型(オレンジ色)の2.6等星のすぐとなりに, G5型(黄色)の3.8等星がよりそっている.

＜$\gamma^1+\gamma^2$, 2.6等＋3.8等, K0＋G5, 周期700年, 視距離4″.3(1957)＞

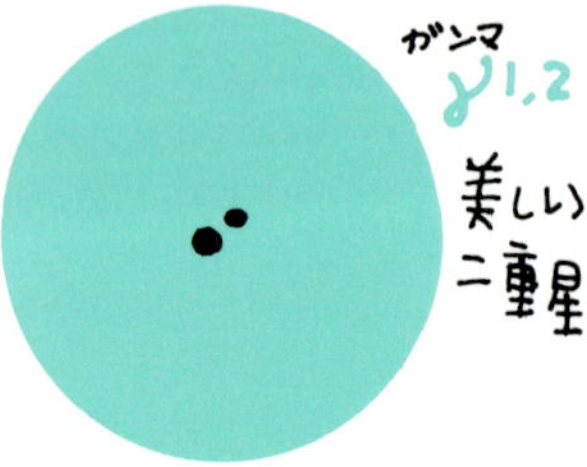

γ《ガンマ》1,2
美しい
二重星

＊δ デルタ

ゾスマ（腰）

ズールといって背中をあらわす呼名もあるが，どちらの呼名にもふさわしい位置にある.

γ—δ を結んだ線がシシの背をあらわし，背骨のもっとも下半身に近いところにあるゾスマ Zosma は，シシの腰といえば正にそのとおりである.

＜ 2.6等 A4型 ＞

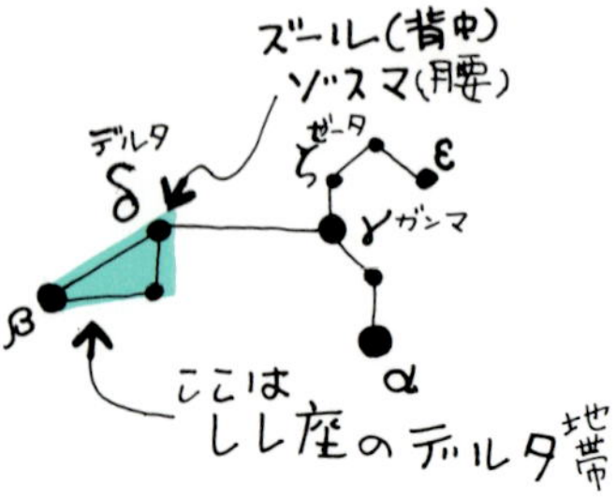

ズール(背中)
ゾスマ(腰)
δ《デルタ》
ζ《ゼータ》
ε
γ ガンマ
β
α
ここは
しし座のデルタ地帯

*ζ ゼータ

アダフェラ
（まゆ毛，たてがみ）

まゆ毛ならμ星のほうが適した位置にある．アダフェラ Adhafera はシシのたてがみがもっともふさわしい．

< 3.4等 F0型 >

*α-η-γ-ζ-μ-ε

クイズ星・問いかけ星？

しし座のシンボルマークは，主星αをキーステーションに，α―η―γ―ζ―μ―εと結んでできる大きな？（Question mark）だ．

？マークの下の“チョボ”にあたる星は，α星の下に光度4.6等の31番星がある．視力に自信のある人はさがしてみてほしい．

ところでこのハテナのマーク，よくみるとハテナ？　ヘンダナ？と気がつくはず．実は裏がえしで，ハテナではなくてナテハのマークなのである．

この形を草刈鎌にみたててシシの大鎌《おおがま》という呼名がある．旧ソ連の国旗のシンボルマークにもつかわれている，西洋の大鎌を想像したものだ．

日本には，雨どいをかける金具に似ているところから“樋《とい》かけ星”という呼名があった．ユニークなみかたである．私は“？マーク”にひっかけて“問いかけ星”としたいのだがいかが？

さて，このクイズ星いったいわれわれに何を問いかけるつもりなのだろう？　そう思ってしし座の星列をあらためて眺めると，なんと怪物スフィンクスの姿がみえてくる．

スフィンクスは上半身が女性で，下半身は獅子というエジプト生まれの怪物である．自分の前を通る砂ばくの旅人をつかまえては難問をふっかけて「答えられなければ食べてしまうぞっ！」と困らせたという．クイズ狂のヘンな怪物だ．

スフィンクスのうしろにできる春の大三角は，さしずめ巨大なピラミッドといったところ．

<ε 3.0等 G0型 >
<η 3.5等 A0型 >
<μ 3.9等 K2型 >

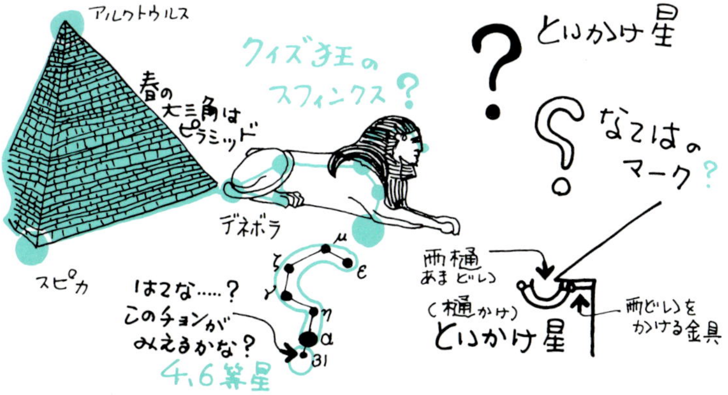

しし座の伝説

ネメヤの化けジシ退治

ギリシャ神話のしし座は，ヘルクレスに退治された化けジシである．ヘルクレスの冒険の第1番目の相手は，ネメア Nemea の谷にすむ人食いライオンであった．

ネメアに向かう途中，ヘルクレスはモロルコス Molorchos という貧乏な羊飼いの家で一夜を過した．

モロルコスは，自分の子どもを人食いライオンにとられたあわれな男だった．しかし，彼はそのことはおくびにもださず，遠来の客を歓待した．そして，彼に残されたたった一頭のオヒツジをヘルクレスにたべさせようとした．

それを知ったヘルクレスは，モロルコスに30日待つように命じた．「もし私がネメアのライオン退治に失敗して，30日待ってもかえらなかったら，死者になった私にこのヒツジをささげてほしい．もし生きてかえったら，このヒツジは大神ゼウスに捧げてほしい」といって，ヘルクレスはライオン退治に出発した．

＊

ネメアのライオンは，からだ全体にかたいウロコをつけて，どんな矢も刃物もうけつけない不死身の化けジシである．

このシシの両親がまたすごい化け物だ．

父親は怪物テュフォン Typhon だ．頭が100もあって，からだは羽毛でつつまれ，下半身はヘビ，全体は山より大きく，目から火を噴きだすというものすごさ．

母親のエキドナ Echidna は蛇女で，九頭のヘビの怪物ヒドラ（うみへび座），地ごくの番犬ケルベルス，金毛の羊を守る竜（りゅう座）といった怪物たちをつぎつぎと生んだ怪女？である．

実はスフィンクスもこのエキドナの子どもらしい．スフィンクスはしし座のシシとは兄弟ジシにあたるわけだ．

エキドナの上半身は女性，下半身はヘビという不気味な姿をしている．

それにしても，両親共にヘビの怪物なのに，その子がなぜシシの怪物になったのだろう？

＊

ネメアで化けジシを発見したヘルクレスは，まず弓でたたかったが歯がたたない．かたいウロコが矢をことごとくはねかえしてしまう．

弓をあきらめたヘルクレスは，かたわらのオリーブの大木をひきぬいて，こん棒がわりにふりかざしてせまった．しかし，これもまた失敗だった．シシの石頭でこん棒は折れてしまった．

素手になったヘルクレスは，大格闘のすえ大ジシの首をしめつけた．なんと3日3晩しめつづけて，やっと怪物をしとめることができた．

シシを肩にかついだヘルクレスがモロルコスのところへかえりついたのは，出発してからちょうど30日目であった．

羊は，約束どおりヘルクレスの無事を感謝して，天のゼウスにささげられた．

＊

大神ゼウスは，彼の武勇をたたえた．シシは記念に天に上げて星にした．現代ならさしずめ「記念写真を一枚」といったところだ．

このあたり，しし座，かに座，うみへび座と，ヘルクレスに退治された怪獣どもがわいわいあつまっている．

ヘルクレス（ヘルクレス座）がのぼるまでの，みじかい春を楽しもうというのだろうか，おぼろにかすんだ春の宵のしし座に，怪獣としてのキビシサもオソロシサも感じられない．

軒轅天にのぼる

しし座のρ—31—oからα—η—γ—μ—ε—λ—κ—15—やまねこ座α—38—35と結ぶ，えんえんと長い星列を中国では軒轅(けんえん)といった．

軒轅《けんえん》というのは古代中国の天子黄《こう》帝の異名である．黄帝は軒轅の丘の上に住んでいたことからそう呼ばれたのだ．

黄帝は幼少のころからたいへん聡明で，未来を予知する不思議な能力の持主であった．

ながく天下をとって年老いた黄帝は，銅をつかって立派なかなえ（帝位の象徴)をつくらせた．

かなえが完成した時，突然，天から一匹の竜がおりてきた．

竜をみた黄帝は「ついにわしも天にのぼって，天帝のところへ行くことができる」と感激した．

黄帝は竜の長いひげにつかまって竜の背中にまたがった．黄帝をした

う家臣たちもあらそって竜のひげにつかまった.

やがて竜は身をくねらせて天にのぼりはじめた. 途中, あまりの重さに, 家臣たちがぶらさがった竜のひげが抜けてしまった.

竜はかまわずぐんぐんのぼり, 黄帝はたった一人で昇天した.

地上に残された家臣たちはそれをみて泣いた.

＊

長い長い星列は, 黄帝をのせた竜で黄竜ともいう. 黄帝はそのなかでもっと明るい大星 (レグルス) だとみるべきだろう.

天にのぼったのは黄帝一人ではなく, 一部の家臣たちと后《きさき》もいっしょだったというみかたもある. 純白の大星(レグルス)は黄帝の后だともいわれる.

中国の星空
しし座
鼎《かなえ》は皇帝の象徴
黄《こう》帝天にのぼる
軒轅、天にのぼる
軒轅《けんえん》
伝説の黄帝《こうてい》の異名
軒轅の丘に住んでいた皇帝.
やまねこ

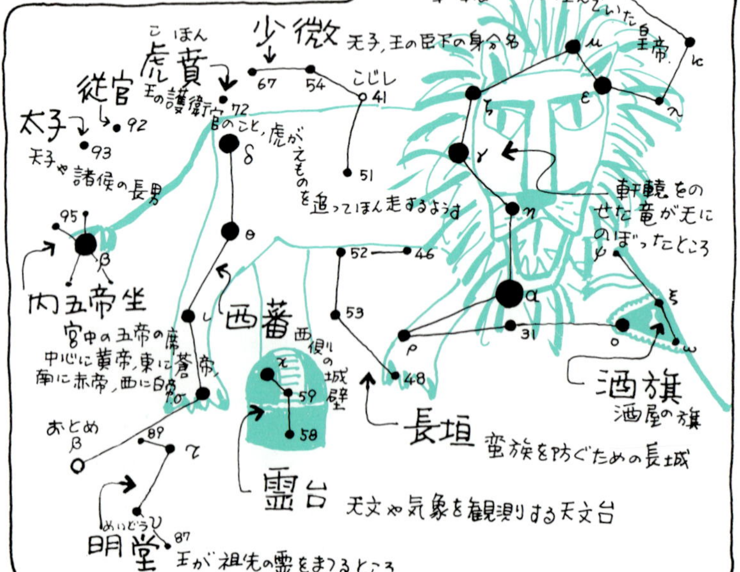

少微 天子, 王の臣下の身分名
こじし
虎賁《こほん》
王の護衛官のこと, 虎がえものを追ってほん走するようす
従官
太子
天子や諸侯の長男
内五帝坐
宮中の五帝の席
中心に黄帝, 東に蒼帝,
南に赤帝, 西に白帝など
西蕃
西側の城壁
軒轅をのせた竜が天にのぼったところ
酒旗
酒屋の旗
長垣
蛮族を防ぐための長城
霊台
天文や気象を観測する天文台
おとめ
明堂《めいどう》
王が祖先の霊をまつるところ

黄道12星座のオボエ歌?

黄道12星座をおぼえましょう.

オヒツジ，オウシ，その次に，
並ぶはフタゴ，カニの宿，
狂えるシシとオトメゴに，
傾くテンビン，はうサソリ，
弓持つイテに，ヤギ叫び，
ミズガメの水にウオぞ住む

黄道12星座をよみこんだ詩だ．太陽はこの詩にあらわれる順に，12の星座を１年間で１巡する．

英語のほうが得意という人には

The Ram, the Bull, the heavenly Twins, and next the Crab, the Lion shines.
The Virgin and the Scales,
The Scorpion, Archer, and the Goat.
The Man who pours the water out, and Fish with glittering tails.

というのはいかがだろう？

Aries

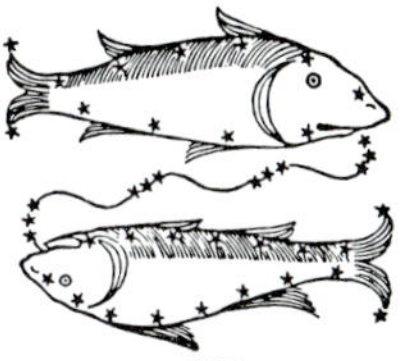

Pikes

Thaurus

Aquarius

Gemini

Capricornus

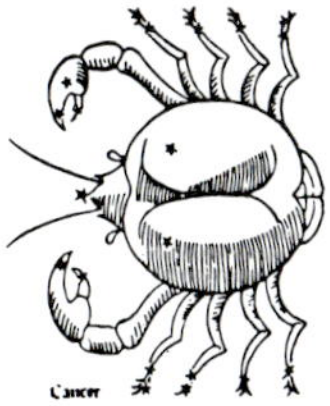

Cancer

Sagittarius

Leo

Virgo

Libra

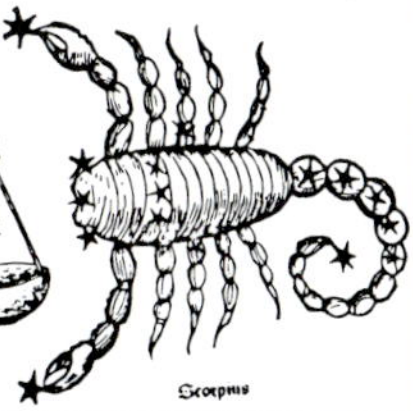

Scorpius

ベルンハルド・マーラーの版画

話題 しし座の流星雨
星のドシャ降り

毎年11月の中旬になると，γ 星付近を中心(輻射点《ふくしやてん》)に，四方八方へ流星が乱れとぶ.

近ごろ少々品不足気味？で，それほどでもなくなったが，かつては流星のドシャ降りをみせて，当時の人々にこの世の終りかと思わせたこともある．しし座の流星群という.

1799年の11月12日明け方，しし座の流星群は広い空を流星がうめてしまうほどのドシャ降りであった．おそらく1時間に100万個ちかくの流星がみられたのだろうといわれる.

その後，1833年，1866年にも雨を降らせたので，33年目ごとにみられるのでは？と期待されたが，1899年と1932年には姿をみせず，1966年に再び活気をとりもどした.

アメリカでは1時間に15万個という記録もでた.

さて，この次の1999年は，いま大流行のノストルダムスの大予言による人類滅亡の年と奇しくも一致するのだが…？　はたして，我々は次回のしし座のドシャ降り流星をみることができるだろうか？

しし座の流星群は，どしゃぶりとはいえないが毎年11月の中旬にいくつかの流星をみせてくれる.

ロマン・ローランが自分の戯曲に「しし座流星群 (Leonids)」という題名をつけたこともよく知られている.

一度は話題のしし座の流星群を眺めてほしい.

あなたの目の前で，おもわぬ流星ショーが展開されるチャンスも，まだ十分残されている.

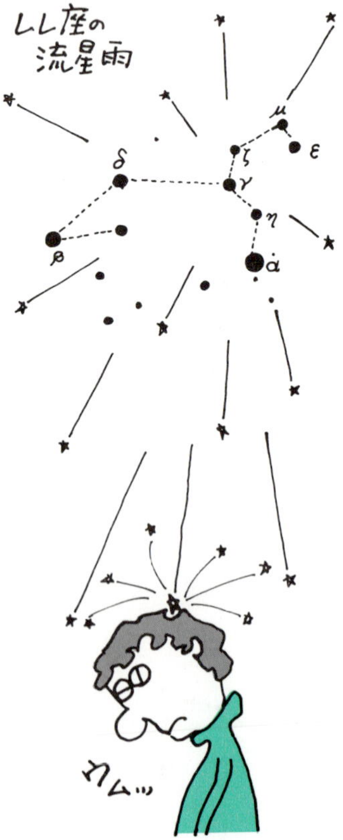

1833年のしし座の流星群

4 おおぐま座

<日本名>

URSA MAJOR

<学名>

ウルサ・マヨル

おおぐま座のみりょく

新緑の５月のよいは，北の空に目をむけてみよう．

カシオペヤが地平線低くおりて，おおぐま座の北斗七星がもっとも高くのぼる．北斗七星からオオグマの姿をえがくと，なんとこの大グマ，背中を下にして北極星の上にあがる．

初夏の空気がおいしいので，つい吸いすぎて風船みたいにふんわり浮かんだのだろう．あおむけにねころがって気持ちよさそうな大グマである．

５月５日，こどもの日の北斗七星は“こいのぼり星”に変身する．

五月晴れ？の夜空に，一対のコイノボリが舞う．一尾はおおぐま座の七つ星で，もう一尾はこぐま座の七つ星である．

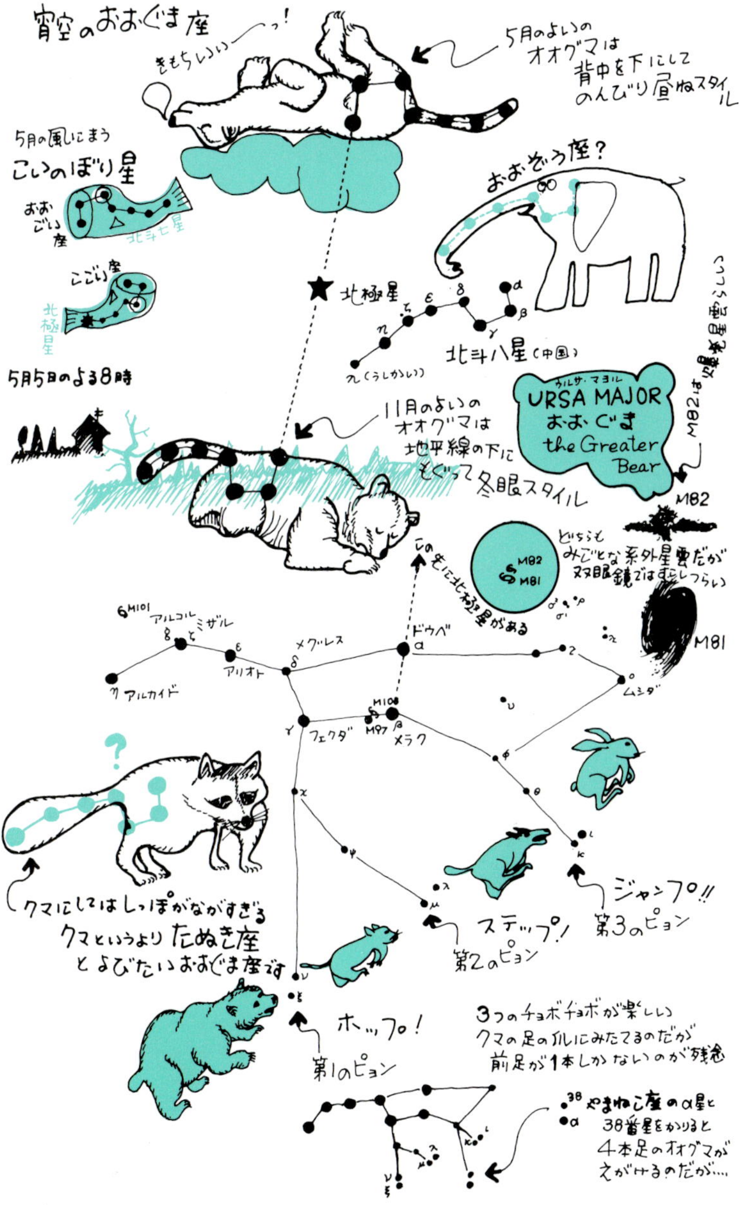

宵空のおおぐま座
きもちいい〜っ！
5月のよいの
オオグマは
背中を下にして
のんびり昼ねスタイル
5月の風にまう
こいのぼり星
おおごい座
北斗七星
こごい座
北極星
5月5日のよる8時
おおぞう座？
北極星
α
β
γ
δ
ε
ζ
η
九(うしかいい)
北斗八星(中国)
URSA MAJOR《ウルサ・マヨル》
おおぐま
the Greater
Bear
M82は爆発星雲らしい
M82
11月のよいの
オオグマは
地平線の下に
もぐって冬眠スタイル
この先に北極星がある
M82
M81
どちらも
みごとな系外星雲だが
双眼鏡ではむずかしいらしい
M81
M101
アルコル
ミザル
メグレス
ドゥベ
アリオト
アルカイド
ムシダ
M108
M97
フェクダ
メラク
?
クマにしてはしっぽがながすぎる
クマというより たぬき座
とよびたいおおぐま座です
ジャンプ!!
第3のピョン
ステップ！
第2のピョン
ホップ！
第1のピョン
3つのチョボチョボが楽しい
クマの足の爪にみたてるのだが
前足が1本しかないのが残念
38
α
やまねこ座のα星と
38番星をかりると
4本足のオオグマが
えがけるのだが….

おおぐま座の星々

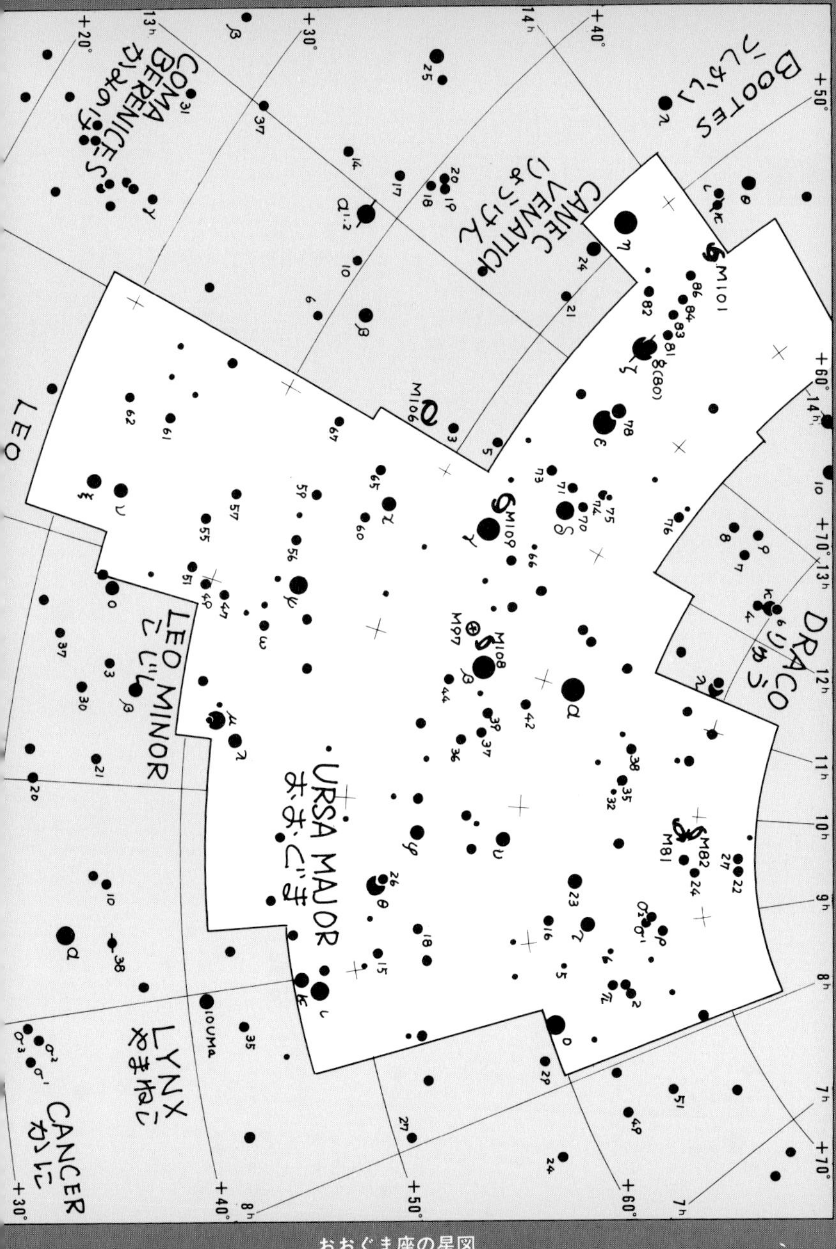
BOOTES
うしかい
CANES VENATICI
りょうけん
COMA BERENICES
かみのけ
LEO
LEO MINOR
こじし
URSA MAJOR
おおぐま
DRACO
りゅう
LYNX
やまねこ
CANCER
かに

おおぐま座の星図

おおぐま座のみつけかた

おおぐま座をみつけることは，おそらく，有名な北極星をみつけることよりやさしい．

おおぐま座の北斗七星，つまり，あのひしゃくのように並んだ2等星の七つ星は，だれの目にもとまりやすいからだ．

宵空で北斗七星がみつけられないのは，ちょうど北極星のま下にやってくる11月と12月．

地平線ちかくの山や木，あるいは建物，都会ではスモッグと光害の空にかくれてしまう．しかし，それも2〜3時間夜ふかしするだけで，北の少し東によったところから顔をだすのだが．

北斗七星は，オオグマの全部ではなく，しっぽとおしりの部分をうけもっているにすぎない．大グマの姿は，星図片手にひとつずつたどってみることにしよう．意外に大きな大グマの出現に，キモをつぶさないように….

おおぐま座の日周運動

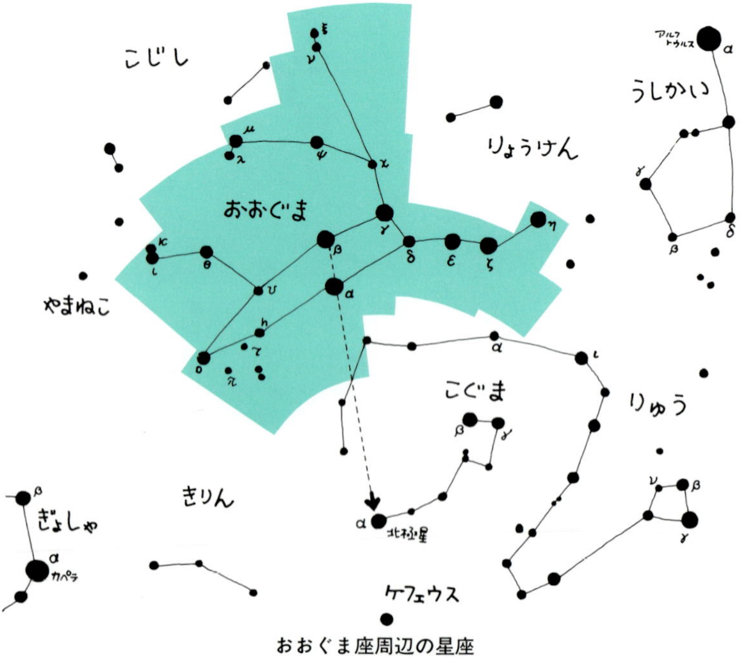

おおぐま座周辺の星座

おおぐま座を見るには（表対照）

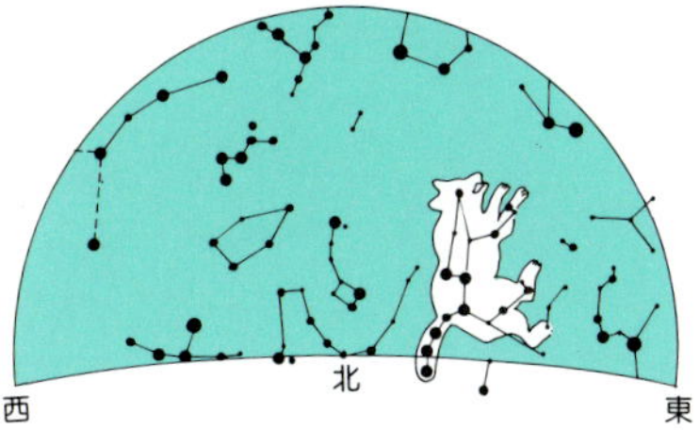

1月1日ごろ	20時	7月1日ごろ	8時
2月1日ごろ	18時	8月1日ごろ	6時
3月1日ごろ	16時	9月1日ごろ	4時
4月1日ごろ	14時	10月1日ごろ	2時
5月1日ごろ	12時	11月1日ごろ	0時
6月1日ごろ	10時	12月1日ごろ	22時

は夜，　は薄明，　は昼.

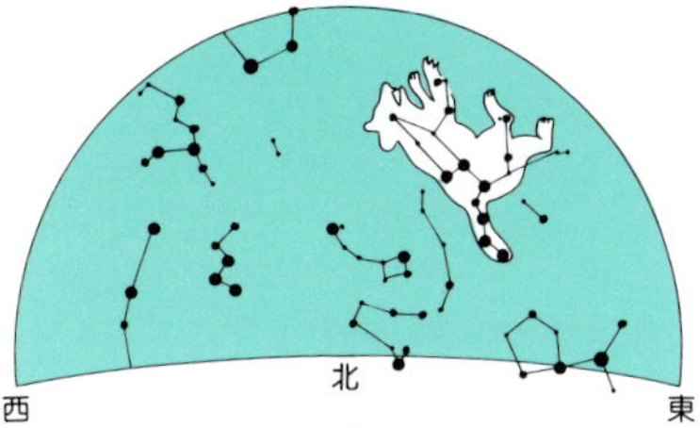

1月1日ごろ	0時	7月1日ごろ	12時
2月1日ごろ	22時	8月1日ごろ	10時
3月1日ごろ	20時	9月1日ごろ	8時
4月1日ごろ	18時	10月1日ごろ	6時
5月1日ごろ	16時	11月1日ごろ	4時
6月1日ごろ	14時	12月1日ごろ	2時

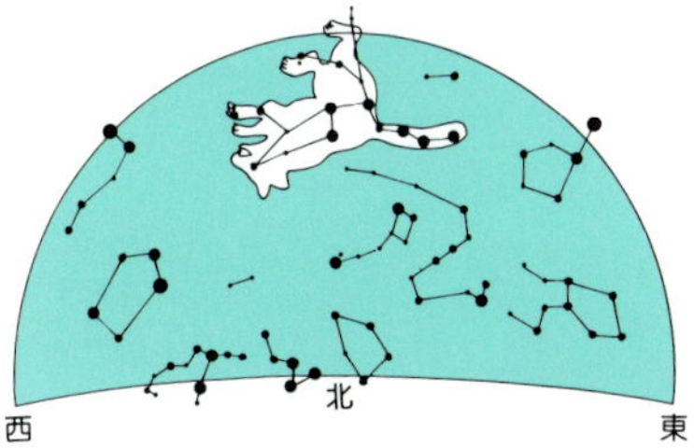

1月1日ごろ	4時	7月1日ごろ	16時
2月1日ごろ	2時	8月1日ごろ	14時
3月1日ごろ	0時	9月1日ごろ	12時
4月1日ごろ	22時	10月1日ごろ	10時
5月1日ごろ	20時	11月1日ごろ	8時
6月1日ごろ	18時	12月1日ごろ	6時

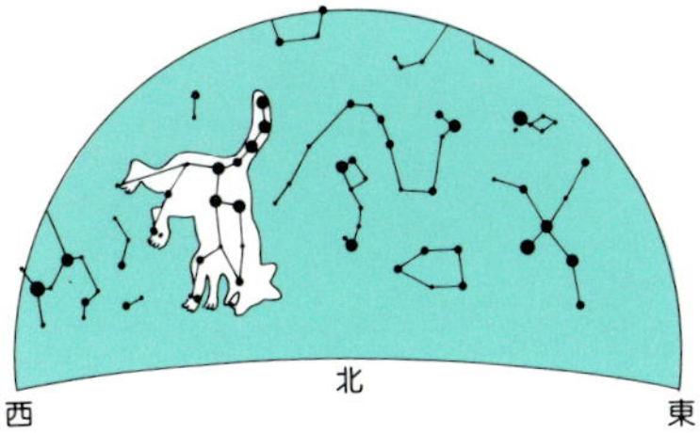

1月1日ごろ	8時	7月1日ごろ	20時
2月1日ごろ	6時	8月1日ごろ	18時
3月1日ごろ	4時	9月1日ごろ	16時
4月1日ごろ	2時	10月1日ごろ	14時
5月1日ごろ	0時	11月1日ごろ	12時
6月1日ごろ	22時	12月1日ごろ	10時

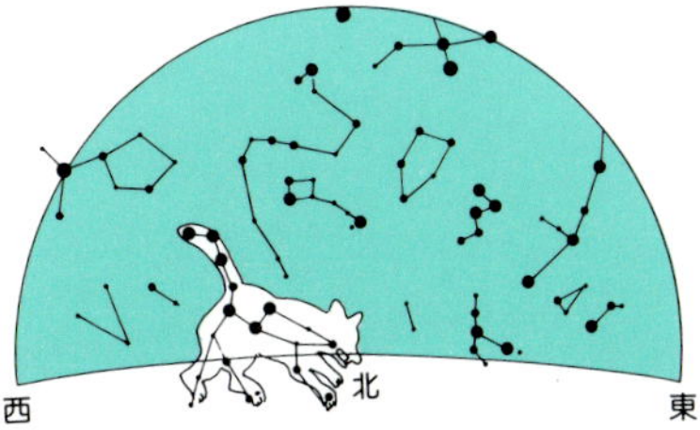

1月1日ごろ	12時	7月1日ごろ	0時
2月1日ごろ	10時	8月1日ごろ	22時
3月1日ごろ	8時	9月1日ごろ	20時
4月1日ごろ	6時	10月1日ごろ	18時
5月1日ごろ	4時	11月1日ごろ	16時
6月1日ごろ	2時	12月1日ごろ	14時

東経137°，北緯35°

おおぐま座の歴史

おおぐま座の誕生はかなり古い．今から5000年ほど昔，古代バビロニアの星座のなかに原形がみられる．

当時おおぐま座は，“大きな車”と呼ばれ，こぐま座の“小さな車”と共に荷車にみたてたらしい．おそらく，七つ星の形からの連想だろう．

中国でも“帝車”といって，天帝をのせた車にみたてている．

大きな車が大きなクマに変じたのは，すこし時代がさがって，紀元前1200年ごろのフェニキア人の時代だと考えられる．ギリシャ時代には，大きな熊のほか“ねじれたもの（ヘリケ)”とか“くるま(ハマクサ)”などいくつかの呼名があった．

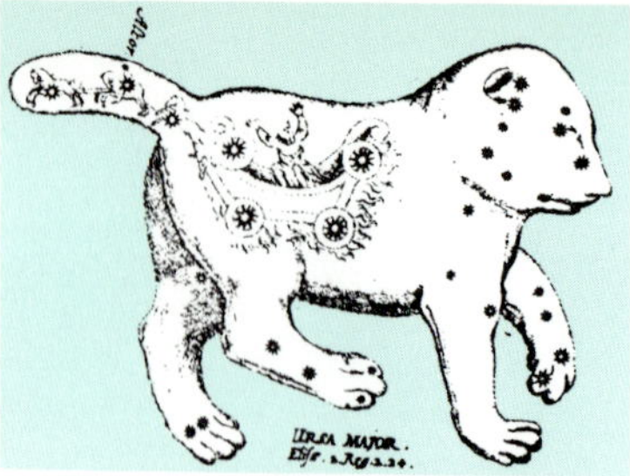

シッカルド星図のおおぐま座

“ねじれたもの”というのは，七つ星の並びかたを表現したもので，なるほどとおもわせる愉快な呼名だ．

それにしても，あの七つ星をおしりとしっぽにみたて，大きな熊をえがいた想像力というか，デザイン能力というか，何千年も昔の作品ともおもえないできばえである．

プトレマイオスの48星座には，おおぐま座として，こぐま座と共に名をつらねている．

ボーデBoodeの星図にえがかれたおおぐま座

おおぐま座の 星と名前

*α アルファ

ドゥベ (クマ)

ドゥベ Dubhe は，おおぐま座の主星．

クマのおしりに近い背中の上で輝く．$\alpha,\beta,\gamma,\delta$ の 4 星がクマのオシリ．

$\alpha-\beta$ が約 5°，$\alpha-\delta$ は約 10° あることを知っていると便利．$\alpha-\beta$ を約 5 倍ほど北へのばすと北極星があるので，α 星と β 星を“指極星”ともいう．

< 1.8等 K0型 >

*β ベータ

メラク (腰)

メラク Merak はその名のとおりクマの腰に輝く．アンドロメダの腰に輝くミラク Mirach も同じ意味．

< 2.4等 A1型 >

*γ ガンマ

ファクダ (もも，あし)

ファクダ Phakda もその名のとおり，うしろ足のつけねの下，クマのももで輝く．

γ 星はベクバル星表で 2.54 等，四捨五入して 3 等星になる．

北斗七星の光度は，四捨五入すると，3 等星が二つと，2 等星が五つになる．だから教科書に“一つの 3 等星と六つの 2 等星”と書いてあるのはあやまりだ，と主張する人があった．

星の光度は，測定の方法によって微妙に数値がちがってくる．だからあまりかたいことをいうべきではない．昭和 43 年以後の理科年表は，エール大学天文台の輝星カタログの数値を採用したから，2.44 等になった．γ 星は名実共に 2 等星となり，めでたく一件落着．

< 2.4等 A0型 >

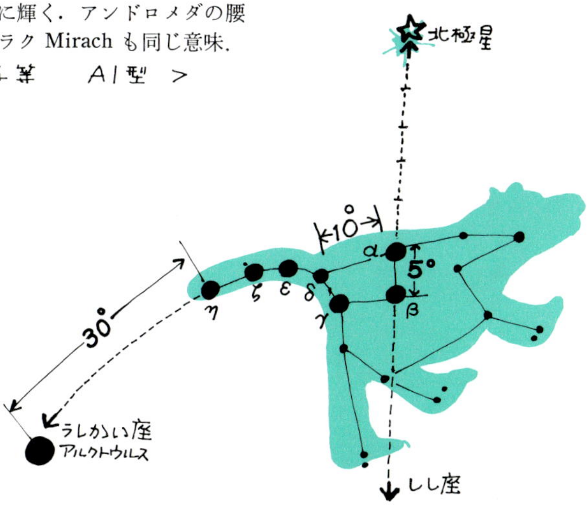

＊δ デルタ

メグレズ（尾のつけね）

メグレズ Megrez もまたその名のとおり，クマのうしろ足のつけ根に輝く．つまり，クマのシリ星．

七つ星のうち，このδ星だけがめだって暗い．“北斗七星は3等星が一つと，2等星が六つでできている”というほうが，“3等星が二つ”というより，実際にみた印象に近いようにおもう．

ところで，クマのしっぽのつけ根の星だけ暗いのは，いまにもプツンと切れそうなしっぽを想像させる．クマを天に上げた神様が，しっぽをもってふりまわしたからだろうか？

＜ 3.3等　A3型 ＞

＊ε エプシロン

アリオト（しっぽ？）

アリオト Alioth がしっぽという意味をもっているかどうか，少々あやしいのだが….

しかし，ε星の輝く位置はまさにしっぽ星にふさわしい．

ε星は北斗七星のなかでもっとも明るい．本来ならこの星がおおぐま座の主星αと呼ばれたはずだ．バイエルが七つ星の並んだ順に命名したため，5番めのε星にされてしまった．

＜ 1.8等　A0型 ＞

＊ζ ゼータ

ミザル（腰おび）

ミザル Mizar も，β星のメラクやアンドロメダ座のミラクと同じ意味の名前．

昔はミラク Mirak と呼ばれたらしい．

なぜ，この星が腰おびなのかはわからない．まったく別の星の名前がこの星の呼名になったともいう．

アナク・アルバナト（少女たちの首）という不気味なアラビア名もある．不気味といえば，アラビアではこの七つ星を“霊柩車と会葬者”にもみたてた．ζ星は会葬者(泣き男，泣き女)の一人ということになる．

＜ 2.3等　A2＋A6型 ＞

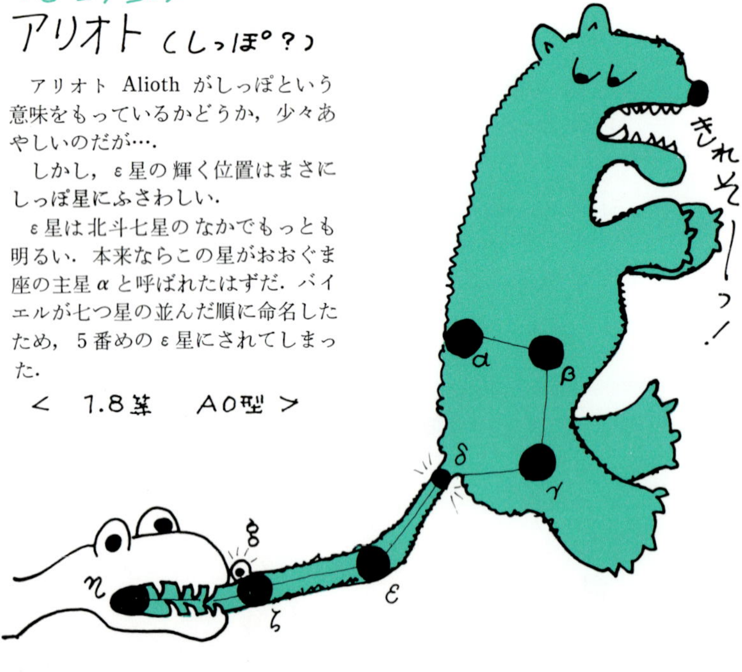

＊g（80）

アルコル（かすかなもの）

ミザルのすぐとなりに，4等星がくっついている．アルコル Alcor はかすかにみえるので，みえたらあなたの視力は合格．

g 星の別名サイダク Saidak には視力テストという意味がある．

昔，アラビアの人々は，この星を目だめしにつかったらしい．

春分の日にこの星をみると，その年の幸せが保証されるともいう．

ζ－g は有名すぎるほど有名な肉眼二重星である．ぜひ一度，この星であなたの目だめしを，そして，幸せを….

日本にもこの星の呼名は多い．

「そえぼし」そえぼしが主人の ζ 星より明るく輝くとき，主人は部下に裏ぎられる．

「四十ぐれ」40歳をこえると，そろそろこの星がみえなくなる．なんとも，もの悲しい呼名である．

「じゅみょうぼし」お正月にこの星が見えなかったら，その人は今年中に死んでしまう．とまあ，ぶっそうないい伝えだが，逆にこの星をお正月にみた人は長生きできる，という解釈もできる．

＜ 4.0等　A5型 ＞

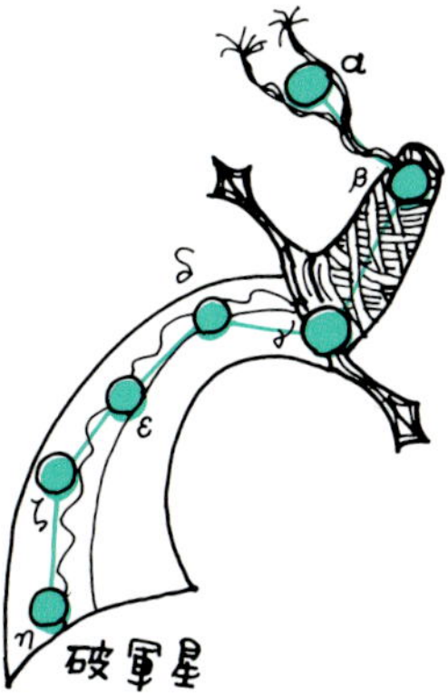

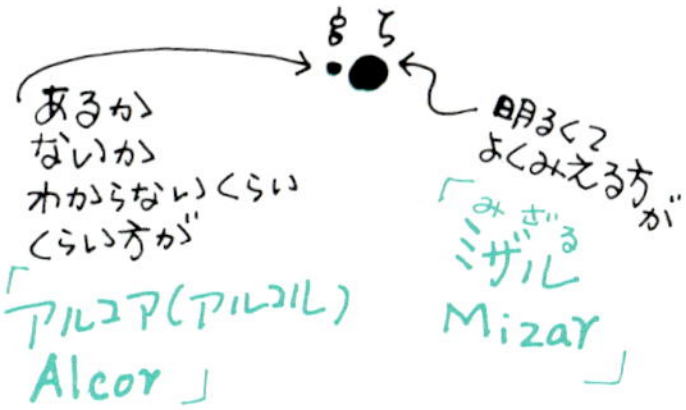

＊η エータ

ベナトナッシュ（ひつぎによりそう女《おんな》の長）

ベナトナッシュ Benatnasch とかアルカイド Alcaid と呼ばれる．

$\alpha,\beta,\gamma,\delta$ を柩《ひつぎ》にみたて，ζ,ε,η を会葬者にみたてたことから，この呼名がうまれたのだろう．

一番先頭を歩く η 星は，会葬者の長，つまり葬儀委員長というわけ．三人の会葬者は父親をなくした娘たちか，あるいは，三人の泣き女なのだ．中国では北斗七星を“七星剣”といって，剣にみたてた．η 星は剣先の星ということになる．

この剣，北極星のまわりをまわって，剣先のむく方向を常にかえる．

η《エータ》星は葬儀委員長か？

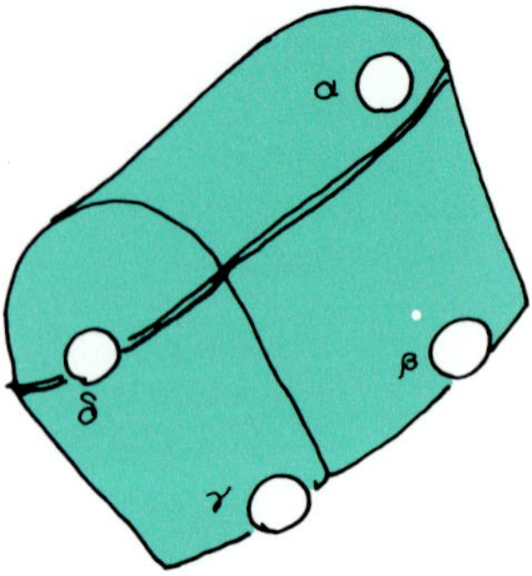

η星は“破軍星”という呼名もあって，破軍星のむく方向に軍を進めると，かならず戦いにやぶれるともいう．

勝負ごとをするときは，破軍星の方角，つまり七星剣の剣先の向きに要注意．勝負師はこの星に背をむけて賭けるといい．

< 1.9等　B3型 >

柩《ひつぎ》によりそう女たち

＊ο オミクロン

ムシダ（鼻づら）

ムシダ Muscida は，その名どおりオオグマの鼻づらに輝く．オオグマをえがくのになくてはならない星のひとつだ．

オオグマをえがくには，北斗七星とムシダ，そして，三対のクマの足先 $\iota-\kappa$，$\lambda-\mu$，$\nu-\xi$ がみつかればいい．

< 3.4等　G5型 >

＊ι イオタ
＊κ カッパ

タリタ（第3の跳躍）

オオグマの前足の爪にあたる2星だが，後足の爪にあたる λ, μ と ν, ξ の各2星と共に，ポチポチと並んだようすがかわいい．

かわいらしすぎて，オオグマの足らしくないが，カモシカか，あるいはウサギが，ピョンピョンとはねた足あとにならみえる．

タリタ Talitha は，おそらく重い

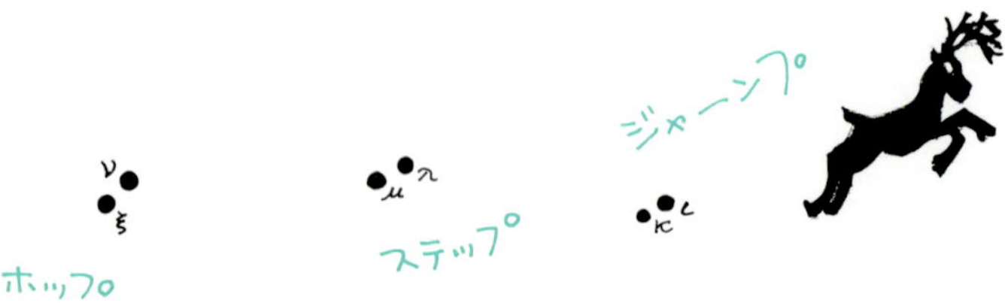

オオグマの跳躍ではなく，カモシカのような軽やかな跳躍の足跡を想像した呼名だろう．

ι 星はタリタ・ボレアリス（北がわの），κ 星はタリタ・アウストラリス（南がわの）．

＜ι　3.1等　A7型＞
＜κ　3.6等　A0型＞

＊λ　ラムダ

＊μ　ミュー

タニア（第2の跳躍）

λ 星にタニア・ボレアリス，μ 星はタニア・アウストラリス．

＜λ　3.5等　A2型＞
＜μ　3.0等　M0型＞

＊ν　ニュー

＊ξ　クシ

アルラ（第1の跳躍）

ν 星はアルラ・ボレアリス，ξ 星はアルラ・アウストラリス．

カモシカは，アルラ，タニア，タリタの順に，ホップ，ステップ，ジャンプと跳んだ．

さて，このカモシカ，三段跳びで止まればいいのに，いい気になってもうひとつピョンと跳んでしまったらしい．その先の暗闇にやまねこ座が待ちかまえているというのに…．

＜ν　3.5等　K3型＞
＜ξ　3.8等　G0型＞

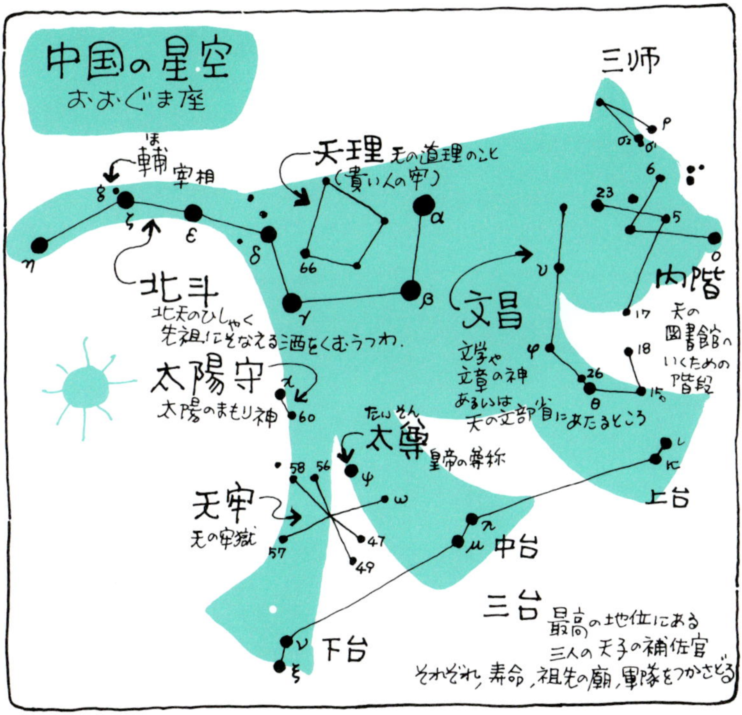

中国の星空
おおぐま座
輔《ほ》
宰相
天理 天の道理のこと
（貴い人の牢）
北斗
北天のひしゃく
先祖にそなえる酒をくむうつわ．
太陽守
太陽のまもり神
太尊《たいそん》
皇帝の尊称
天牢
天の牢獄
三师
内階
天の
図書館へ
いくための
階段
文昌
文学や
文章の神
あるいは
天の文部省にあたるところ
上台
中台
下台
三台
最高の地位にある
三人の天子の補佐官
それぞれ，寿命，祖先の廟，軍隊をつかさどる

おおぐま座の伝説

クマになったニンフカリスト

カリスト Kallisto はアルカディアの美しいニンフ Nymphe（草木山川などの精女）の一人だった．

カリストは処女を守ることを誓って，月と狩りの女神アルテミスにしたがった．

アルテミスは美しい処女神で，ニンフたちをしたがえて山野をかけめぐり，鹿や熊を追いかけるのが彼女の日課だった．

カリストは，アルテミスのお供のニンフのなかでは，もっとも若く，ピチピチした魅力的な女性だった．

美しいカリストにとって不幸だったのは，大神ゼウスの目にとまり，愛されてしまったことだ．

ゼウスは，自分の姿を女神アルテミスにかえてカリストに近づいた．やがてカリストは，ゼウスの子をみごもった．

アルテミスたちは，狩りを終えたあと，いつも泉で体を洗うことを習慣にしていたが，ある日，アルテミスは水浴するカリストの裸をみて，彼女の秘密を知ってしまった．

やがて，男の子が生まれた．

アルテミスは病的なほど潔癖な処女神だから，カリストの行為をけっして許そうとしなかった．

アルカスと呼ばれたカリストの子は，だれからも好かれるかわいい男の子だった．

女神の怒りはますますはげしくなり，のろいの言葉がカリストにむかってあびせられた．

泣いて許しをこうカリストのからだはみるみるうちに，毛むくじゃらな大熊にかわってしまった．泣き叫けぶ声は，恐ろしい熊のうなり声になった．

クマになったカリストは，アルテミスの猟犬に追われて，森の奥に逃

げこまざるをえなかった．

さて，その後何年もたって，アルカスも一人前の狩人になった．

アルカスは，ある日，森の中で一匹の大熊に出会う．なんとその大熊は母親カリストだった．カリストはなつかしさのあまり，我を忘れて息子にむかってかけよったのだが，アルカスには大熊が突然自分に襲いかかったとしかおもえなかった．とっさに弓に矢をつがえ，熊になった母の胸にねらいをつけた．

このようすを天で見ていたゼウスは驚いた．旋風を巻きおこして，親子共々天にあげて星にしてしまった．

母親はおおぐま座になり，息子のアルカスはクマを追いかけるアルクトゥルス（うしかい座）になったという．

星になったアルカスは，いまでもオオグマを追いつづける．母を慕ってなのか，それとも，まだ母と気づいていないのか，それはわからない．

（ギリシャ）

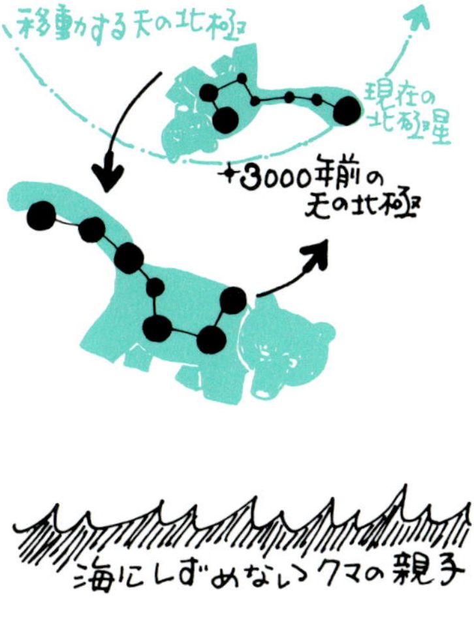

海に沈めない大グマと小グマ

カリストが妊娠したことを知って怒ったのは，ゼウスの后ヘラだという説もある．

夫の心をうばったカリストが憎くて，みにくいクマにしたのだ．

ところが，大神ゼウスはアルカスに母親を殺させないように，母子共に天に上げて星にしてしまった．

母はおおぐま座に，子はこぐま座になった．

にくい親子が美しい星になったことを知ったヘラは，ますます嫉妬心をかきたてられ，それががまんならなかった．

ヘラはオリンポスの山をおりて，海と地のはての神オケアノスのところへでかけた．そして，「あのクマの親子をけっして海で休ませないように…」と要請した．

星はみな一日に一度は海に沈んでからだを休めるのだが，カリストとアルカスだけは，永遠に空をまわることになった．

（ギリシャ）

＊

現代のおおぐま座は，しっぽを天の北極にくぎづけされたこぐま座を遠まきにまわる．

女神ヘラが海に沈めなくしたはずなのに，現代のオオグマは，コグマの下を通るとき，ほんのすこしだけ海につかって休むことができる．コグマの安否を気づかって，おちおち休んでいられないといったふうでもあるが．

このクマの親子，神話とすこしようすがちがうのは，実は地球の歳差のいたずらによるものだ．

今から3000年ほど昔，つまりギリシャ神話がかたられたころ，天の北極はおおぐま座とこぐま座の中間あたり（りゅう座のしっぽ付近）にあって，クマの親子は共に天の北極のちかくをまわり，けっして海に沈むことはなかったのだ．

あと7000年ほどたつと，天の北極はケフェウス座とはくちょう座の境界ちかくにまで移動する．クマの親子は，やっと海でからだを休めることができるようになる．

女神ヘラの呪いがとけるのに，なんと１万年もの歳月が必要だとは…“女の執念”はこれほどまでに恐ろしい．

長すぎる？大グマのしっぽ

昔，一ぴきのクマが森の奥で道にまよった．

日がとっぷりとくれたので，クマはうろたえて，ますます森の奥ふかくまよいこんだ．

深夜近くになって，クマは恐ろしく奇妙な光景にであった．森の大木たちが歩きまわったり，おたがいに話をはじめたのだ．

あまりのできごとに，おどろいて逃げだそうとしたが，どっちへ走っても大木が目の前に立ふさがって通

カシの大木がいきなりクマのしっぽをつかんで…

してくれない．いよいようろたえたクマは，大声で叫びながらあっちでゴツン，こっちでゴツン．

そのうち，大木のなかでも，ひときわ大きく力の強そうなカシの大木が，いきなりクマのしっぽをつかんでふりまわした．

クマはおもわず悲鳴をあげたが，大木はかまわずブルンブルンとふりまわした．そして，勢いのついたところでブーンと大空へ投げ上げてしまった．

あまりのいきおいに，クマはいまもなお北の大空をぐるぐるまわっている．クマはまわっているうちに星になった．

星になったクマのしっぽが長すぎるのは，何度もふりまわされたのでのびてしまったらしい．（アメリカ）

アメリカインディアンの伝説である．なぜかインディアンも北斗七星をクマにみたてた．

＊

$\alpha, \beta, \gamma, \delta$ の四辺形をクマのからだにみたてると，ε—ζ—η がしっぽになる．実際のクマのしっぽは，もうしわけていどにくっついているものだが，星になったクマのしっぽはあまりにも長すぎる．この話は，長すぎるしっぽを説明するため？の伝説なのだろう．

インディアンのクマにかぎらず，星座になったギリシャのオオグマ，コグマも，やっぱりしっぽは長すぎるようだ．おそらく，クマの親子を天に上げるとき，大神ゼウスも森の大木と同じ方法で，しっぽをつまんでふりまわしたにちがいない．

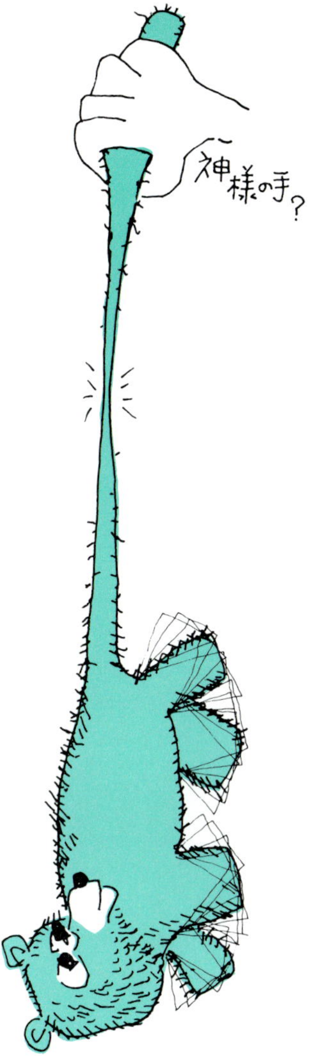

のびすぎた
クマのしっぽ

目には目を……

北斗の復しゅう物語

毎夜，七つ星は北極星を中心にまわる．この七つ星の日周運動を，アラビアではうす気味悪い話で説明している．

*

父親を殺された三人姉妹が，恐しい復しゅうを企てた．

三人は，柩《ひつぎ》，つまり棺おけを先頭に葬式の行列をつくって，うらめしそうに泣きながら，夜ごと犯人の家のまわりをそろりそろりまわろうという計画である．

さすがの犯人も，夜ごとのいやがらせにすっかり意気消沈，とうとう自分の家から一歩も外にでられなくなった．

復しゅうは成功した．おそらく犯人はノイローゼにでもなったのだろう．じっと身をかたくして動こうとしない．しかし，彼女たちはいまだに犯人を許さない．いまもなお，毎夜仮装の葬式は続けられている．

（アラビア）

犯人はお気づきのように，もちろん北極星のことだ．北極星が北の空で動かないのはそのためだというのだ．おもしろい説明である．

アラビアでは，北極星が人殺しの星でもあったわけだ．

おもわぬ汚名をきせられた北極星は，いかにもさびしげな表情をして一人ぽつんと輝く．

α—β—γ—δ が柩，ε—ζ—η が三姉妹をあらわす．

ところで，行列の２番目を歩く娘（ζ 星）は，すでに結婚をしていたので，背中に赤ちゃんをおんぶしている．すこし目をこらすと，ζ 星の肩の上にかわいい赤ちゃん（g 星）がみえるはずだ．

*

おもしろいことに，日本にも北の一つ星をつけねらう“大ナマズ”という愉快なみかたがあった．北の一つ星は，毎夜大ナマズの襲来を恐れて小さくうずくまっている．

こぐま座の γ 星と β 星は，北の一つ星（北極星）を守るガードマンというわけだ．“番の星”とか“やらい（かきね）の星”と呼ばれた．

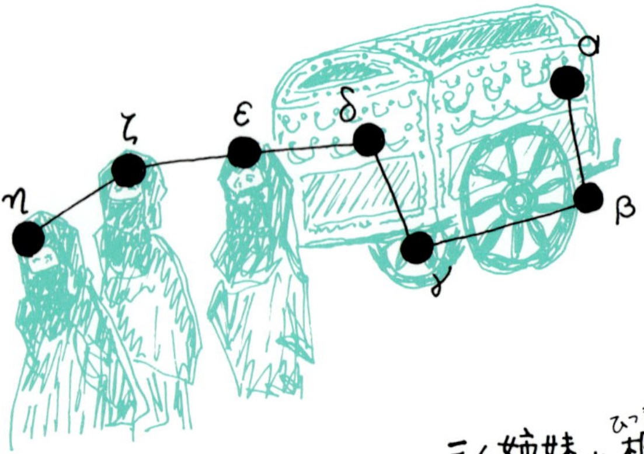

三人姉妹と柩《ひつぎ》

クマを追う三人のインディアン

毎夜，よい空の七つ星の位置を観察すると，一年かかって北極星のまわりを一周する．

星の年周運動を説明するとき，七つ星に関するアメリカ・インディアンの伝説をつかうと楽しい．

この話は，α—β—γ—δの四辺形をクマにみたて，ε—ζ—ηの三星をクマを追う三人のインディアンにみたてている．

腹をすかせた三人のインディアンが，冬の間，えものをもとめて山を歩きまわった．なぜかその年はウサギ一匹姿をみせなかった．

やっと春のはじめに，冬眠から目をさまして，穴から顔をだしたクマを発見した．

腹ペコインディアンたちには，大きなクマが，ジュージューあぶらのしたたる厚切りのステーキにしかみえなかった．必死の形相でクマにつかみかかった．

あまりの勢いにクマはびっくり仰天，天にむかってかけあがった．もちろん三人も，逃がしてなるものかとあとにつづいた．

先頭のインディアンは弓に矢をつがえて迫った．気のはやい２番目のインディアンはナベをふりかざしてあとを追い，３番目のインディアンは火をつけたたきぎを持ってつづいた．つかまえたら，すぐ料理してしまおうというのだ．しかし，クマも必死である．そう簡単にはつかまらない．

１月，２月，３月，４月と追いつづけたが，まだつかまらない．

５月になって，高くのぼったクマは，やっと疲れをみせてかけあがるのをあきらめた．６月から７月，８月，９月，10月と，三人はクマを地平線に向って追いつめた．秋もおわり，冬がはじまろうとするころ，逃げ場をうしなったクマは，北西の山に頭をぶっつけてしまう．

三人のインディアンは，やっと，おいしいクマのステーキにありつくのだ．

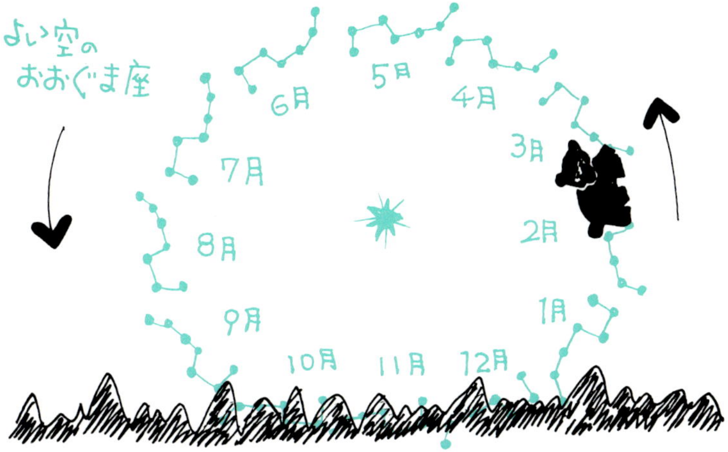

秋の終りに，山の木の葉が一せいに赤くなるのは，頭をぶつけたクマの血がふりかかるからだ．

クマの味が忘れられないインディアンたちは，毎年，春になるとクマを追って空へかけあがる．

（アメリカ）

ζ星のかたわらにあるg星はもちろんふりかざしたナベをあらわす．

一番うしろのインディアンには，首にナプキンをまき，ナイフとフォークをもたせたい．材料（クマ）←狩人←料理人←客という，愉快な行列が想像できる．

注文をしてから，なかなか料理がでてこないレストランで，私はいつも七つ星の追いかけっこをおもいだす．

コマドリたちの大グマ狩り大作戦

このインディアンのクマ狩り，実はもっと大舞台をつかって，役者もまるでお正月の顔見せ興行のようにたくさん登場する，にぎやかな大ドラマにもなっている．

ひしゃく星の四辺形がクマで，クマを追いかける狩人は，ε星，ζ星，η星の三人だけでなく，さらにうしかい座のγ星，ε星，α星，η星がうしろに続き，大規模な熊狩り作戦が展開される．

追いかける狩人はいずれも鳥（狩鳥？）である．先頭のε星は弓矢を持つコマドリ，続くζ星のシジュウカラはナベ（g星）をもっている．η星のシカドリ，うしかい座のγ星はハト，ε星のカケス，α星（アルクトゥルス）のフクロウ，η星のソーウェット鳥とつづく．

春になって，冬眠から目をさました大グマが洞穴から顔を出した．この洞穴というのはかんむり座の半円形の星列のことだ．

クマをみつけた鳥の狩人たちは，おなかがすいていたので，大きな相手にむかって勇かんにせまった．しかし，クマは意外ににげ足が速く，夏になってもつかまらない．

そのうち夏の暑さのせいで，からだのでかいフクロウがばてた．あとにつづく2羽もあいついで脱落した．

結局，コマドリ，シジュウカラ，シカドリの3羽だけが最後まで追いかけたのだが，それは冬のはじめまでつづいた．

もっとも活躍したのは先頭のコマドリだ．地平線の下へ逃げこもうとするクマに矢を放ち，彼自身も口ばしをつかって果敢に攻撃した．クマの血で，コマドリも，森の木の葉も赤くそまった．

クマがたおれると，ナベをもったシジュウカラがクマ料理の腕をふるった．

一番ずるいのはシカドリで，料理ができあがったころやっと到着するのだ．

さて，血でそまったコマドリは，からだをふるわせて血をふるいおとしたのだが，胸についた血がまだ残っていたのに気づかなかった．いまでも，コマドリの胸には赤い斑点がのこっている．　　　　（アメリカ）

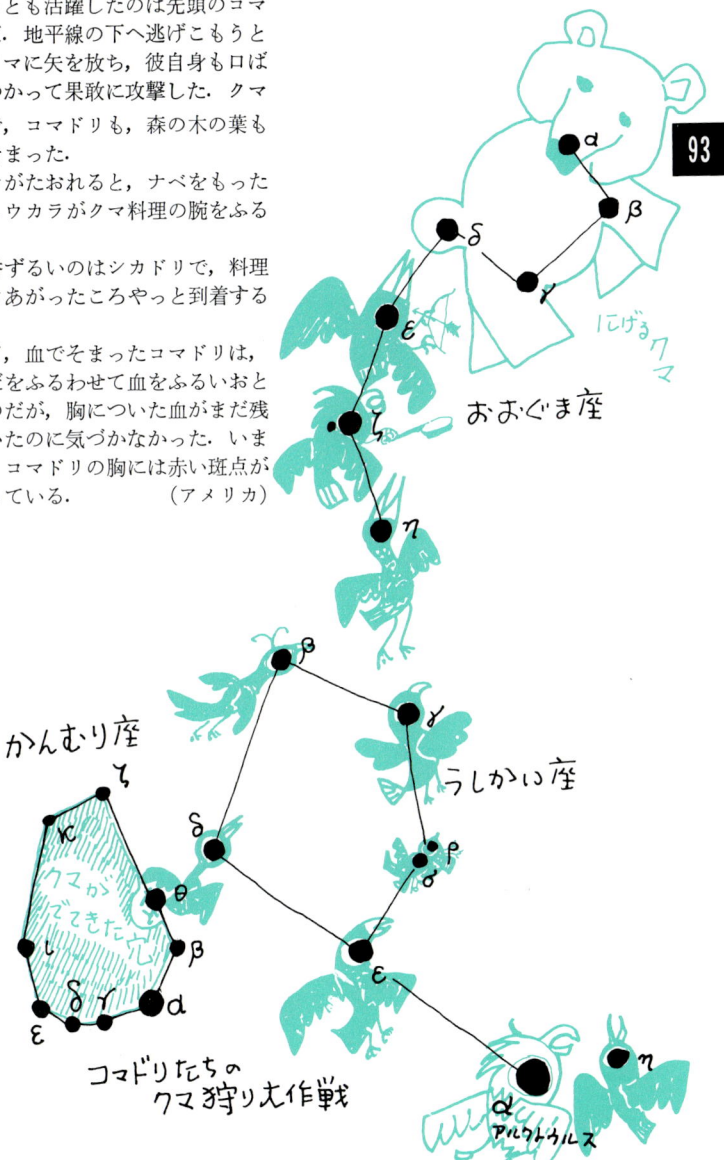

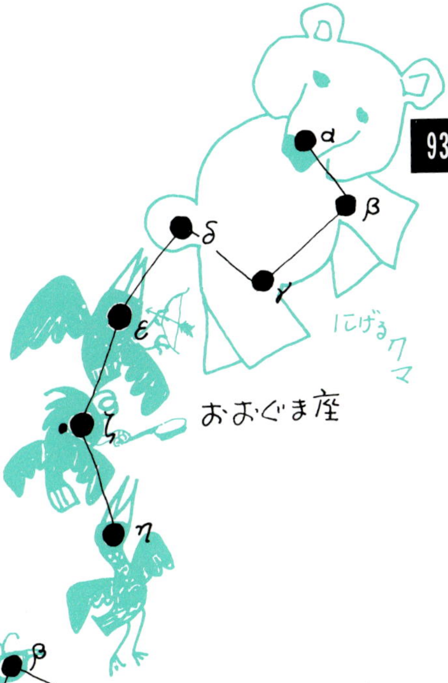
にげるクマ
おおぐま座

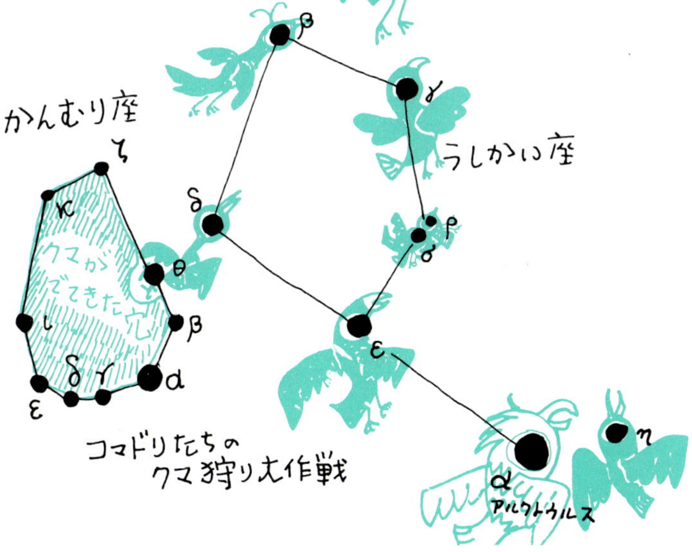
かんむり座
うしかい座
クマができた穴
コマドリたちの
クマ狩り大作戦
アルクトゥルス

ゆがんだ家とにげる大工さん

星の追いかけっこの話は，となりの韓国にもあった．

$\alpha, \beta, \gamma, \delta$, でつくる四辺形と，りゅう座の κ 星をつなぐと，家ができる． ε, ζ, η の３星は，家の持主親子と大工さんにみたてるのだ．

よくみると，この三角屋根の家はかなりゆがんでいる．これではちょっと風が吹くか，地震でもあったらひとたまりもないだろう．

年ごろになった息子のために，父親は家を一軒プレゼントしたのだ．ところが，大工への祝儀をすこしけちったのがいけなかった．

それが不満な大工が手抜き工事をしたので，できあがった家はゆがんでいたのだ．

こんな家には住めないと，息子の婚約者は嫁にくるのをいやがった．

怒り心頭に達した息子は，カナヅチをふりあげて大工を追いかけた．それをみた父親は「あぶないからよせ，家はまたいいのをたててやる」と息子のあとを追った．

三人の追いかけっこは，北の空でいまもなお続いている．　　（韓国）

＊

先頭の η 星がにげる大工さんだ．ζ 星は怒った息子で，g 星がふりあげたカナヅチ． ε 星が息子をなだめる金持ちの父親といった役どころだ．

すこし離れて，この騒動を冷ややかに眺める北極星は，ひょっとすると息子の婚約者かも知れない．その間に立ってオロオロするこぐま座の β 星と γ 星は，おそらく仲人であろう．

ゆがんだ家

ドロボーと農夫

フランスの追いかけっこもおもしろい．

二人のドロボウが，牛を二頭ぬすみだした．

この牛をわが子のように大切にしていた農夫は，すぐ下男につかまえてくるよう命じた．

ところが，下男はいつまでたっても帰ってこない．待ちきれなくなった農夫は，牧場の番人に「責任をとれっ」と怒った．

番人は，あわてて犬をつれて追いかけた．

下男も，番人も，犬も，待てどくらせど帰ってこない．

とうとう，がまんできなくなった農夫は，自分で追いかけはじめた．

牛ドロボウの逃げ足は，意外に速く，追いかけっこは当分終りそうにない．　（フランス）

＊

α星とβ星は2頭の牛，γ星とδ星が牛ドロボウ．そのうしろに続くε星，ζ星，η星は，下男，番人，農夫である．ζ星にくっつくg星はもちろん番人がつれている犬．

天国の荷車引きハンス

昔，荷馬車屋のハンスHansという男がいた．

ある日，道ばたに風采のあがらないみすぼらしい男がうずくまっていた．誰もこの男に声をかけようとしなかった．

ハンスは日頃から気のいい親切な男だった．うずくまっている男が，空腹で歩けないことを知ると，自分の弁当をたべさせて，馬車にのせてやった．

みすぼらしい男は実はキリストだった．

キリストはこのことを感謝して，ハンスの死後，彼が天国でのんびりくらせるようにしてやった．

ところが，ハンスは「天国でのんびりくらせることはありがたいが，どうもそういうのは性にあわない」といってあまり喜ばなかった．

天にのぼったハンスは，ゼウスから馬車をもらって，毎日「ハイヨーッ」とうれしそうに天をかけている.

（ドイツ）

＊

ひしゃく星の四辺形 $\alpha, \beta, \gamma, \delta$ が馬車で，ε, ζ, η の３星は，馬車をひく３頭の馬，２頭目の馬にまたがる g 星がハンスである.

ζ 星を馬，g 星を騎手とみるのは古くからあった．イギリスではハンスではなくて，ジャックがのっている.

北豚《とん》七星物語

昔，中国が唐といわれたころ，一行というえらいお坊さんがいた.

ある日，一行の寺へ老婆がかけこんできた．一行が若いころ世話になった老婆だった.

老婆のいつもとちがったようすに「どうしたのか」とたずねると，老婆は「実は，息子が人殺しの罪をきせられて，お裁きを受けているが，いっこうにらちがあきません．このままでは，息子は無実の罪をかぶって死刑にされてしまうでしょう．一行上人のお力でなんとかお助けください」というのだ.

一行は頼みを聞いて困惑した.

恩人の頼みは聞いてやりたい．しかし，いかに高僧といえども，国のまつりごとや，しきたりに口をだすことはできないのだ.

このようすをみた老婆は，「人間えらくなると，冷たくなるものじゃな」といいのこして，さっさと帰ってしまった.

一行はやりきれない気持ちで，一夜を考えあかした.

朝になると，一行の動きは急に活発になった.

寺男たちをあつめて，まず大きなカメを用意させ，寺の庭のまん中においた．それから「この寺の前の道をまっすぐいって町をつっきると，町はずれに荒れはてた大きな広場がある．いまからそこへ行って，姿をみられないようにかくれて待ちなさ

車ひきのハンス

い．夕ぐれまでにきっとなにかがやってくる．そしたら，この袋をかぶせて一匹残らずとらえなさい」といって大きな袋をわたした．

寺男たちが待っているところへ，どこからともなく奇妙な動物が七匹あらわれた．それっとばかりに，寺男たちは七匹とも袋をかぶせてとらえてしまった．

寺につれてかえると，一行は七匹ともカメのなかに閉じこめてしまった．そして，日が沈む前に寺の庭に穴をほってうめるよう命じたのだ．

やがて日が沈み，空に星がまたたきはじめると，時の皇帝玄宗の身辺は，にわかにあわただしくなった．

実は，その夜，皇帝づきの天文学者が，空をみあげて北斗七星がなくなったことを発見したからだ．

明け方ちかく，玄宗の使者が一行のところへやってきた．さっそく，玄宗のもとへ出むくと，皇帝は「昨夜，北斗七星が突然姿を消してしまった．なにか不吉な知らせではないかと案じておる．ご上人はこのことをどうおもわれる」とたずねた．

一行は「北斗七星が姿を消したという話は，私の記憶にもございません．これはよほどの大事とおもわれます．うーん，ひょっとして，無実のものが人殺しの罪で裁かれて，刑に処せられるようなことはありますまいな」と，いかにももっともらしく答えた．

老婆の息子は，その日のうちに釈放された．

一行は寺に帰ると，さっそく庭のカメを掘りだして，ふたをとった．なんとカメの中から七匹のブタが次々とでてきた．ブタは一匹ずつ天にのぼっていった．

その夜，心配そうに天をあおぐ玄宗や天文学者の目に，北斗七星の星が一つずつ現われるのがみられた．

（中国）

＊

中国では，なぜか北斗七星をブタの精にみた．

ブタを神と信じて，けっして食べようとしなかった男が，無実の罪をきせられたとき，雷鳴と共にあらわれた七匹のブタに助けられた，という話もある．

この話のあとで「だから，北トン(豚)七星」と，洒落てみてはどうだろう？

酒好きな北斗七星

北斗七星が，七人のお坊さんになって地上におりてきた，という話もある．

七人のお坊さんは都《みやこ》で酒を飲むことが目的だった．その飲みっぷりのすごいこと，つぎつぎと酒屋の酒を飲みつくしてしまうので，たちまち都中の評判になった．

お坊さんたちはすっかりいい気持になって，その夜，天にのぼることを忘れてねてしまった．当然，その夜は北斗七星が消えてみえない．

唐の皇帝太宗は，天文学者から北斗七星がなくなったことを聞いてびっくりした．と同時に，いま都で評判の七人のお坊さんが，北斗にちがいないと思った．

早速，使いの者をだして，「酒をさしあげたいから御殿までご足労ねがいたい」と伝えた．それを聞いた北斗の精たちは，すっかり酔いがさめたようすで，あたふたと天へ帰ってしまった．　　　　（中国）

＊

人や動物が星になったり，星が人や動物になった話は多い．よく似た話で，寿老人星（りゅうこつ座のカノープス）が都にあらわれて酒を飲む話がある．カノープスが赤くみえるのは酒をのみすぎたせいだというのもおもしろい．

インドや蒙古地方でも，北斗七星を七人の聖者や，七人の神様にみたてたという．ひょっとすると“七福神”の起源もこのあたりにあるのではないだろうか？

宝船と七福神（広重画）

話題

七つ星あれこれ

● ひしゃく星 フライパン星 シチューなべ

「おおぐま座をごぞんじ？」とたずねられて「さあ？」と首をひねる人も「ひしゃくぼしの…」と聞けば「ああ，あれ」と，なつかしい旧友に出あったような顔をする．

おおぐま座と，ひしゃく星が結びつかない大人は意外に多いのだ．

しかし，星にまったく関心をもたない大人も「ひしゃく星と北極星ぐらいは…」とおっしゃる．

ところで，絶対の人気をほこったこの呼名も「ひしゃくってなに？」と，このごろの幼児には神通力を失ってしまった．ちかごろ，ひしゃくを使う家庭はめずらしくなった．

ひしゃく星にかわって“フライパン星”という新しい現代名が小学生たちにうけている．そして，「柄の先がすこし曲ってるようすは，ひしゃく星よりフライパン星の感じがでてるよ」と彼らはいう．

ひしゃく星に負けずおとらず親しまれているのは，中国名の北斗七星だ．斗はますのことで，4星でますをつくり，3星を柄《え》にみたててできる，七つ星のひしゃくのことだ．

同じ七つ星を，フランスでは“シチューなべ”にみたて，英語圏の人々はビッグ・ディパーBig Dipper（大きなひしゃく）と呼ぶ．

● 七つ星いろいろ

おおぐま座のなかで，ひときわ目だつ七つ星は，だれの目にもとまりやすく呼名も多い．

選りどり見どり，お好きなのをどうぞ，というくらい種類も豊富だ．

七つ星を筆頭に，ひしゃく星，北斗七星，七曜の星，四三(しそう)の星，七人のおしょう，七匹のブタ，シチューなべ，しっぽの長いクマ，舟星，かぎぼし，からすき（農具），肉切りぼうちょう，the Big Dipper，大きなひしゃく，the Dog's Tail イ

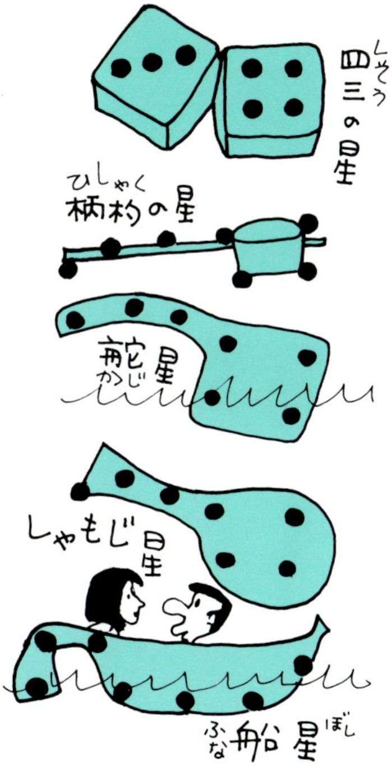

ヌのしっぽ，the Bear's Tail クマのしっぽ，荷車，リヤカー星，チャールス王の車，ダビデの戦車，アーサー王の車，帝車（天帝ののりもの），かみなりさまの車，馬車と車ひき，ひつぎと行列，死神，牛と牛どろぼうたち，熊と三人の狩人たち，ナマズ星，大工とゆがんだ家……と，それぞれどれをとりあげても，なるほどと思わせておもしろい．

古くから，人種，国別にかかわりなく，すべての人間が，この七つ星に熱い視線をむけたらしい．さて，今夜の七つ星は，どんな姿であなたにせまるだろうか．

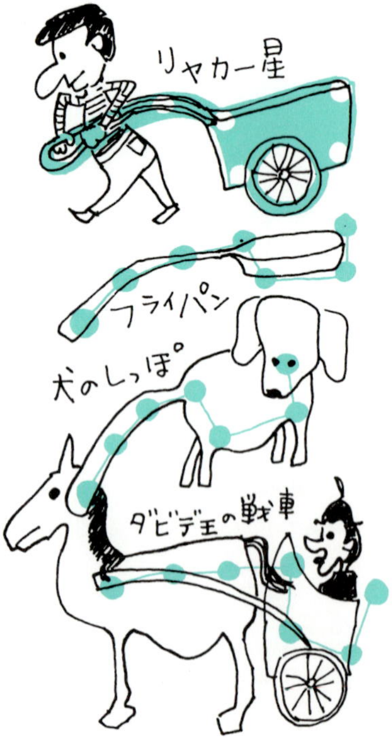

オオグマノシッポ

七つ星は，おおぐま座のすべてではない．

七つ星はオオグマのしっぽとおしりの部分にすぎないが，その他の星がみな暗くて目だたないので，七つ星がおおぐま座を代表してしまう．

おおぐま座の星は，バイエル名が明るい星の順ではなく，七つ星の並んだ順に，$\alpha \rightarrow \beta \rightarrow \gamma \rightarrow$ と命名された．

ひしゃくの水をくむ四辺形のほうから $\alpha, \beta, \gamma, \delta, \varepsilon, \zeta, \eta$ となっている．だから，η は柄の先，つまりオオグマのしっぽの先に輝く．

おおぐま座から七つ星をとりのぞくと，あとはすべて3等星以下と目だたない．しっぽが目だちすぎて大グマ全体の姿をえがくことは，きわめてむずかしい．

ウサギの足あとのように，二つずつポチポチと並んだ ν—ξ と μ—λ をクマの後足の爪にみたて，ι—κ を前足の爪にすると，o 星を鼻づらにした大グマがえがける．

*

実際に星を結ぶと，星図上でみるほど簡単ではないが，かなり大きなクマになる．こぐま座に対抗して，むりやり肉づけをしてふとらせたせいだろう．それにしても，こぐま座の小さなひしゃく星に対して，おおぐま座の大きなひしゃく星という組合せは実によくできている．

それは自然の妙というより，うまくみつけだした人間の感覚の妙というべきだろう．

*

さて，七つ星がおおぐま座のすべてでないことは，わかっていただけたわけだが，念のために確認しておこう．七つ星はオオグマのシッポなのだ．

α星から順に，オ星，オ星，グ星，マ星，ノ星，シ星，ポ星と命名しておけば忘れない．「それじゃ，オオグマノシッポでなくて，オオグマノシポでしょう？」という人は，ちょっと目をこらすとシ星（ζ星）のすぐ近くに小さなッ星（g星）がみつかるだろう．

七つ星は，オオグマノシッポである．

＊

前足の爪が一対《つい》しかない．気にいらない人もあろう．そういう几帳面な人は，やまねこ座の38番星とα星の一対を，無断で拝借するといい．

ところで，几帳面ついでに，七つ星をもうすこしじっくり観察してみよう．七つの星の明るさが，すこしずつちがうのだが，明るい順に番号をつけてみてほしい．

実は，おしりからα(1.8等)，β(2.4等)，γ(2.4等)，δ(3.3等)，ε(1.8等)，ζ(2.3等)，η(1.9等)と微妙にちがうのだが，あなたの観測結果はどうでただろうか？

「私は勘《かん》がわるくて…」という人も，しっぽのつけねにあたるδ星だけが，一つだけ目だって暗いことに気がつくだろう．

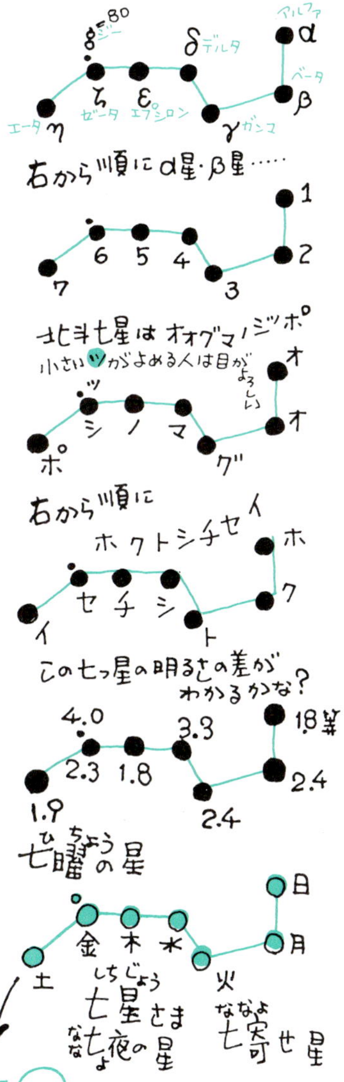
g ジー 80
δ デルタ
α アルファ
β ベータ
ζ ゼータ
ε エプシロン
γ ガンマ
エータ η
右から順にα星・β星……
1
2
3
4
5
6
7
北斗七星はオオグマノシッポ
小さいッがよめる人は目がよろしい
オ
オ
グ
マ
ノ
シ
ッ
ポ
右から順に
ホクトシチセイ
ホ
ク
ト
シ
チ
セ
イ
この七っ星の明るさの差がわかるかな？
1.8等
2.4
2.4
3.3
1.8
2.3
4.0
1.9
七曜《ひちょう》の星
日
月
火
水
木
金
土
七星《しちじょう》さま
七夜《ななよ》の星
七寄《ななよ》せ星

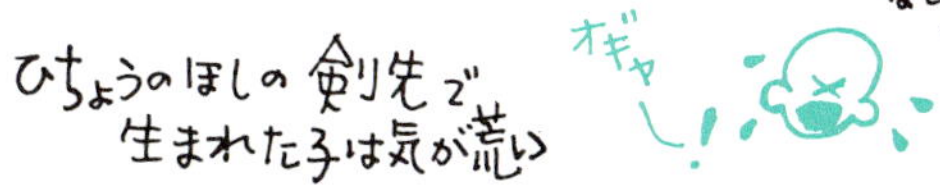
ひちょうのほしの剣先で生まれた子は気が荒い
オギャ

おおぐま座の見どころガイド

ミザルとアルコル

おおぐま座には楽しい二重星がある．

しっぽの先から二つ目のミザルに705″はなれてアルコル（g 星）がならんでいる．

705″（約12′）は月の直径の1/3ちかくあるわけだから，4等星がみえる人なら，だれでも見わけられるだろう．

しかし，この二星，実際にはみかけほど近くに並んでいるわけではない．どちらも同じくらいの距離（70光年）にあって，同じ方向にむかってはしってはいるものの，馬と騎手の間は約2.55兆キロメートル（約1/4光年）もはなれている．

ところで，このミザルに望遠鏡を向けると，2.3等星（A）と4.0等星（B）が，14.″4離れて仲よく並んでいる．

小型の双眼鏡でも，理論上では分離するはずだが，実際にはなかなかむずかしい．三脚に固定してがんばってみよう．ミザルとアルコルの間にある8等星は簡単に確認できるのだが….

ミザルが二重星であることは，1650年に，イタリアのリッチオリが発見した．そして，それは実視連星発見の第1号となった．

1857年にハーバード大学のG.P.ボンドは，この連星の写真撮影に成功したが，これは連星写真の第1号となった．

ζのA,Bは共にA型の高温星で，およそ2万年という長い周期でまわっているらしい．これだけ長い周期を正確に知るためには，さらに長い少なくとも今後500年以上の観測期間が必要なのだが….

さて，1889年にはピカリングがミザルAが連星であることを，分光器をつかって発見した．

ミザルAはどんな望遠鏡でも見わけることはできないが，分光器をつかうと，2星のスペクトルが二重にかさなってみえる．それぞれのスペクトルの吸収線が周期的に相対位置をかえることで，連星の周期を知ることもできるのだ．

ミザルAのような連星を分光連星というが，なんと，ミザルAは分光連星発見第1号となった．

ミザルAは約20.5日というみじかい周期で，かなりのスピードでまわりあっているが，その後，ミザルBも分光連星で，しかも3連星らしいことがわかった．

しかも，ひょっとすると，アルコルもミザルと連星関係にあるかも知れないと疑われているので，ミザルは6連星という複雑な多重連星ということになるかもしれない．

ただし，ミザル，アルコルの連星関係が確認できるのは，ミザルのA,B以上の観測期間が必要だ．それも1～2000年ではない，10万年もたったら確認できるかもしれない，という気のながい話である．

＊

この肉眼二重星は古くから注目されていたようで，呼名も多いし，伝説のなかでのg星の役わりがいろいろあっておもしろい．

ζ星の光度2.3等に対して，g星は4.0等，一見親子にみえるこのカップルは，普通の視力があれば認められるはずだ．

みえない人のためにシジュウグレという日本名がある．“四十ぐれ”，つまり40歳をこえるとそろそろ視力がおとろえ，この星がみにくくなるぞ，というのだが…，ためしてみませんか？

かすかにみえるg星は，アルコルAlcorというアラビアの呼名がもっとも多くの人に親しまれた．

アルコルを騎手にみて，ζ星（ミザル）を馬にみたてる人も多い．

「騎手がアルコールじゃ飲酒運転になりますぞ」というと，馬が「見ザル，ミザル」といったとか….

アラビアで，この星を“サイダク（視力テスト）”とも呼んだ．このかすかな星がみえれば合格，というわけだ．この頃の都会の空では，視力検査ではなく，空の汚染度検査につかえそうだ．「見えたら合格！　今夜はおもいきって深呼吸をして，おいしい空気を十分楽しみましょう」ということになる．

中国では輔《ほ》星といった．補助をする星というような意味なのだろう．社長に対して秘書，あるいは，副社長，夫に対する妻，皇帝にとって大臣のような星ということだ．

輔（ほ）は漢和辞典によると，車に重い荷物をのせるとき，車輪をはさんで補強するそえ木のこと，天子を助ける大臣のこと．小役人？のことなどとある．

＜肉眼二重星 ζ－g 2.3等－4.0等 705″＞

＜望遠鏡二重星 $\zeta_A-\zeta_B$ 2.3等－4.0等 A 2型－A 6型 14″.5＞

ミザルとアルコル

ヘベリウス星図の「おおぐま座」

フラムスチード星図の「おおぐま座」

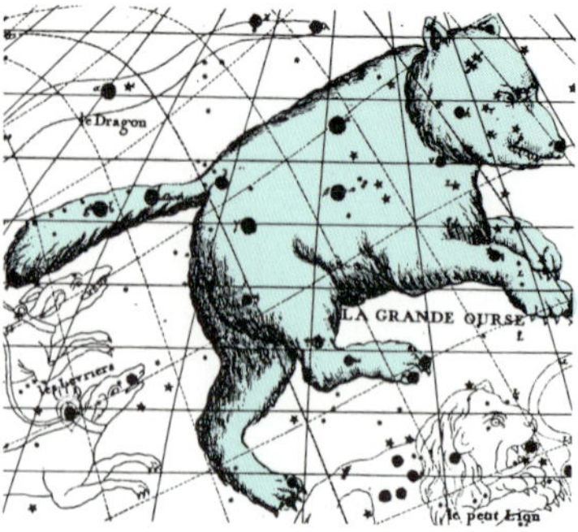

ピッコロミニ星図（1540)の「おおぐま座」

デューラー星図の「おおぐま座」

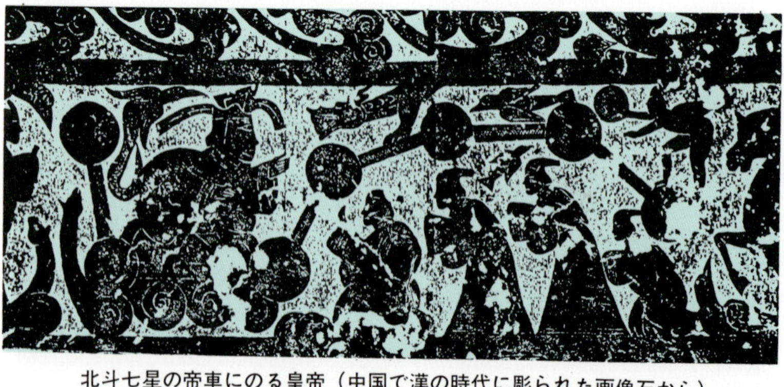

北斗七星の帝車にのる皇帝（中国で漢の時代に彫られた画像石から）

ミニミニ実験室

都会の空では本当に星がみえないか？

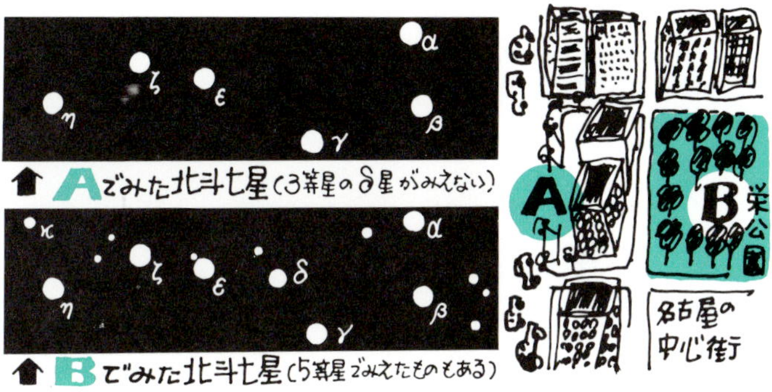
α
ζ
ε
η
β
γ
Aでみた北斗七星(3等星のδ星がみえない)
κ
α
ζ
ε
δ
η
β
γ
Bでみた北斗七星(5等星でみえたものもある)
A
B
栄公園
名古屋の
中心街

近ごろ都会では星が見えなくなったといわれる．たしかに，都心で空をあおぐと見える星は数えるほどというより星をみつけることすらむずかしい．

しかし，本当に都会の空では星がみえないのだろうか．ひょっとすると星をあおぐ人の目にもいくらかの責任があるのではないかと，ちょっとした実験をしてみた．

＊

●**実験場所**：名古屋市のほぼ中心にあたる栄公園付近（まわりはビルがたちならぶ名古屋一の繁華街）

●**日時**：昭和54年４月26日午後８時

●**実験者**：視力 1.5 の健康な男子，21歳，趣味は天文

●**方法**：ＡＢ２点の観測場所をえらんで，ほぼ南中した北斗七星をていねいにスケッチする．

Ａ点は，周囲のビル照明，街灯の光，ネオン等が観測者の目に直接ふれる場所をえらんだ．

Ｂ点は，Ａ点から 100 メートルほど離れた公園の中で，周囲のネオンや街灯が目にはいらない木影をえらんだ．

Ａ点Ｂ点共に10分程度目をならしてから観測をはじめた．

●**結果**：なんとＡ点では，３等星が見えないので，北斗七星でなく北斗六星になってしまったのに対して，Ｂ点では４等級前後の星までかろうじて認めることができた．

すこし工夫すれば，都会でも主要な星座はすべて楽しむことができるというわけだ．

――本多康郎
（ぐるっぺ・あるまげすと）――

5 ろくぶんぎ座〈日本名〉
SEXTANS《セクスタンス》〈学名〉
コップ座〈日本名〉
CRATER《クラテル》〈学名〉

ろくぶんぎ座 コップ座 の みりょく

昭和40年ごろだったとおもう．グループサウンズ全盛のころ，ブルーコメッツというグループが，大活躍をしたことをおぼえておられる人もあろう．

“ブルーシャトー” という曲が売れに売れたのだが，おもいだせる人は，ちょっとだけ「もりとーいずみにかこーまれて …」と口ずさんでみてほしい．

おもいだしたら，歌詞を「シシとーヒドラにかこーまれてーひそかにーががやくーロクーブンギー」にかえてみよう．

ブルーシャトーの三角屋根が，しし座とうみへび座にはさまれた深い森の繁みのなかで見えがくれしている．

ろくぶんぎ座の主星αは，この三角屋根の一角を受けもつが，なんと光度4.5等，他はすべて5等星以下なのだから，明るい市街地では，ブルーシャトーの三角屋根をみつけることすらむずかしい．

ウミヘビは，背中の上に六分儀のほかコップとカラスをのせている．

コップ座は，からす座の西どなりにならんで，ちょうどウミヘビのオシリ？の上に，ちょこんとのっかっている．

コップ座といっても，クラテル Crater といって，優勝カップのように大きく，取っ手と台のついた立派なカップを想像してほしい．

酒の神ディオニソス（バッカス）の酒杯だとか，日の神アポロンがカラスに水をはこばせたものだとか，あるいは，ヘルクレスがつかった酒杯であるとか……，コップのもち主はいろいろ説があって，誰のものともきめかねる．

コップ座をみつけた人は，それぞれ自分のコップだとおもうことにしよう．みつけた星のコップを，愛するあの人に贈るのもわるくない．誰に贈ろうともあなたの自由である．

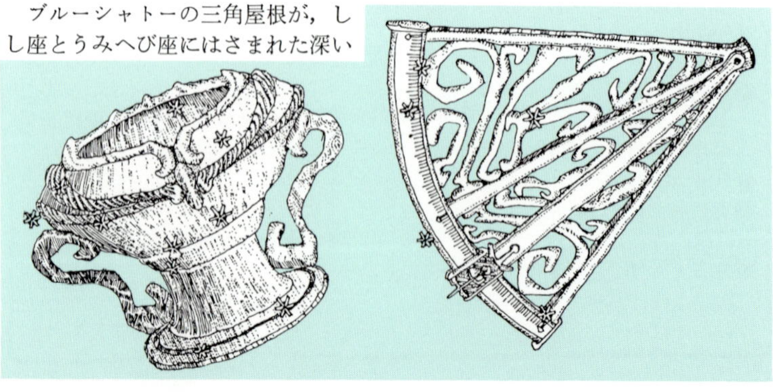

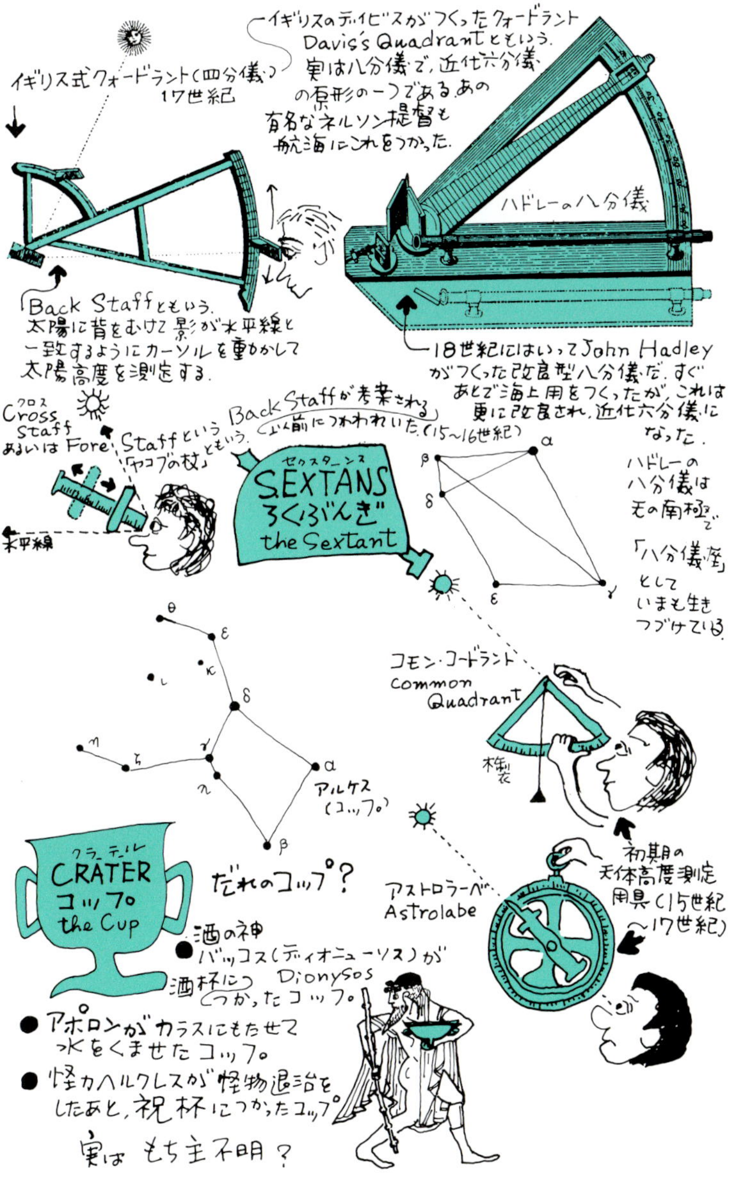

イギリス式クォードラント(四分儀)
17世紀
イギリスのデイビスがつくったクォードラント
Davis's Quadrantともいう.
実は八分儀で,近代六分儀の原形の一つである.あの
有名なネルソン提督も
航海にこれをつかった.
ハドレーの八分儀
Back Staffともいう.
太陽に背をむけて影が水平線と
一致するようにカーソルを動かして
太陽高度を測定する.
18世紀にはいってJohn Hadley
がつくった改良型八分儀だ.すぐ
あとで海上用をつくったが,これは
更に改良され,近代六分儀に
なった.
Cross《クロス》
Staff
あるいはFore Staffという
「ヤコブの杖」ともいう.
Back Staffが考案される
よく前につかわれていた(15~16世紀)
水平線
SEXTANS《セクスターンス》
ろくぶんぎ
the Sextant
ハドレーの
八分儀は
天の南極で
「八分儀座」
として
いまも生き
つづけている.
コモン・コードラント
Common
Quadrant
木製
アルケス
(コップ)
CRATER《クラーテール》
コップ
the Cup
だれのコップ?
アストロラーベ
Astrolabe
初期の
天体高度測定
用具(15世紀
~17世紀)
● 酒の神
バッコス(ディオニューソス)が
Dionysos
酒杯につかったコップ。
● アポロンがカラスにもたせて
水をくませたコップ。
● 怪力ヘルクレスが怪物退治を
したあと,祝杯につかったコップ。
実は もち主不明?

ろくぶんぎ座・コップ座の星々

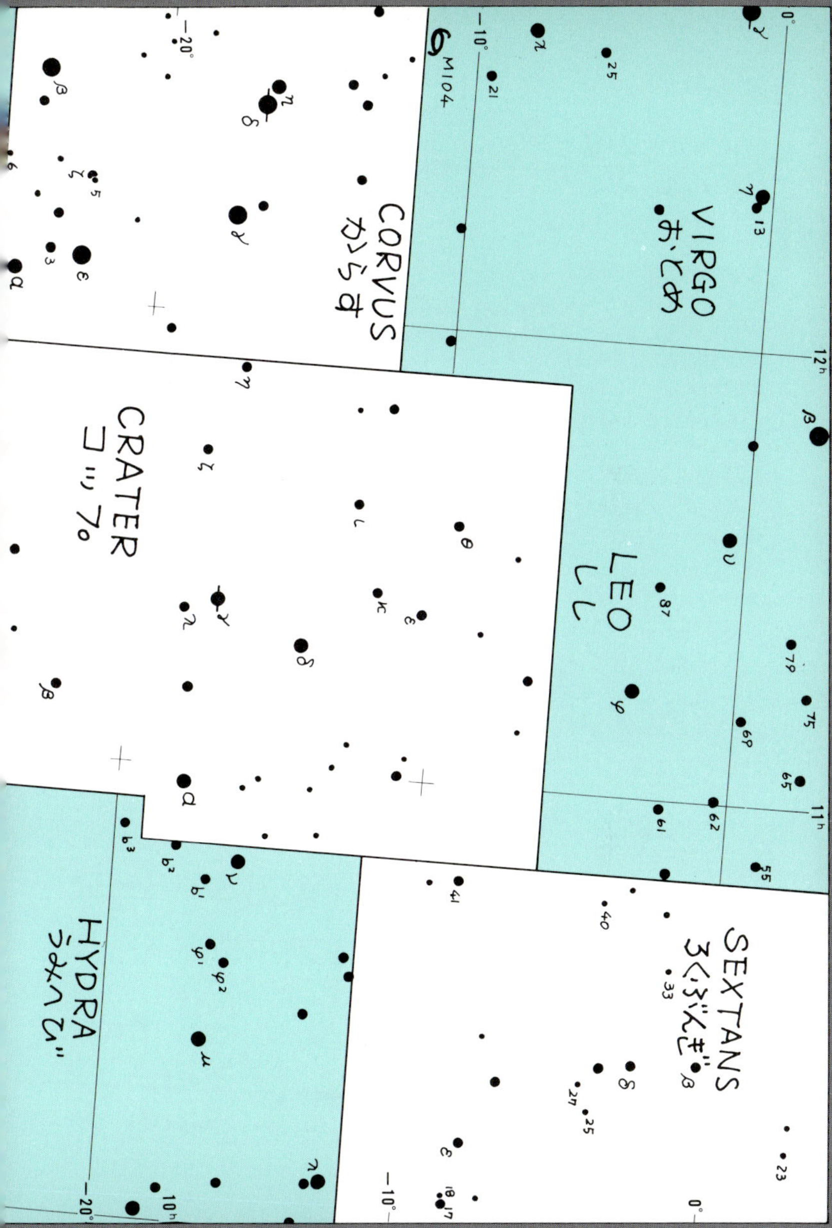

ろくぶんぎ座・コップ座の星図

ろくぶんぎ座 コップ座の みつけかた

空の状態の良い夜に，目をこらさないとみつけるのがむずかしい．

4.5等のα星と，5等のβ星と，γ星が，双眼鏡の視野いっぱいにすっぽりはいる小さな三角をつくる．α星はしし座のα(レグルス)をみつけて，その真下(南へ12°)をさがしてみよう．

このあたりの星列から，六分儀の姿を想像することはとてもむずかしい．

せいぜい双眼鏡をつかって“ブルーシャトー・セクスタンスSextans”の三角屋根をさがすていどにとどめるべきだろう．

カラス座の西(右)どなりに，カラスと同じくらいの大きさのコップがある．

4等星以下というかすかな星を結んでコップのかたちがえがけたら，あなたの視力も，勘もかなり優秀である．

η—ζ—γ—δ—ε—θとつないでおわん形のコップ，それにγ—δ—α—βと結んだ台をくっつけると，すこしからす座の方にかたむいたコップ座ができあがる．

α星は4.2等，β星は4.5等，γ星は4.1等，もっとも明るいのはδ星で3.6等．

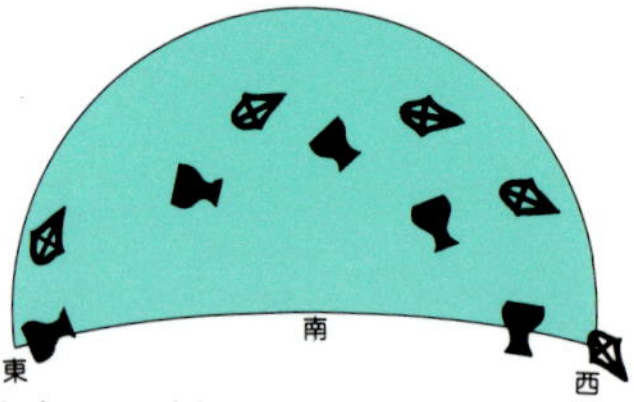

ろくぶんぎ座・コップ座の日周運動

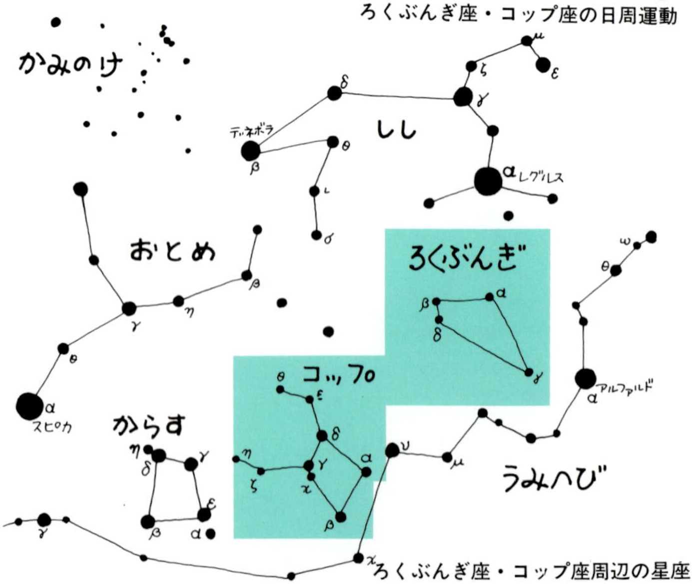

ろくぶんぎ座・コップ座周辺の星座

ろくぶんぎ座・コップ座を見るには（表対照）

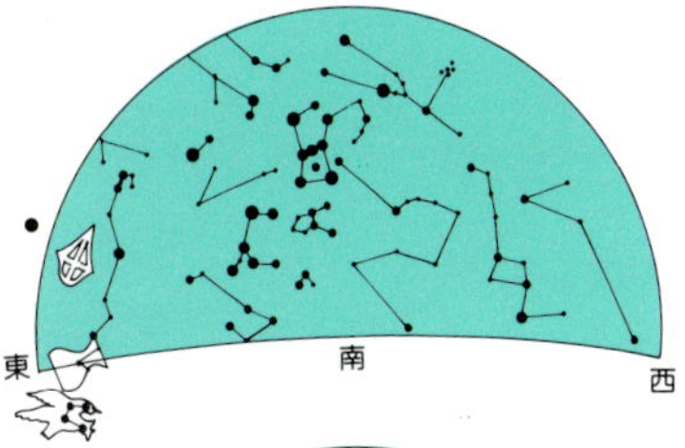

1月1日ごろ	0時	7月1日ごろ	12時
2月1日ごろ	22時	8月1日ごろ	10時
3月1日ごろ	20時	9月1日ごろ	8時
4月1日ごろ	18時	10月1日ごろ	6時
5月1日ごろ	16時	11月1日ごろ	4時
6月1日ごろ	14時	12月1日ごろ	2時

は夜，は薄明，は昼．

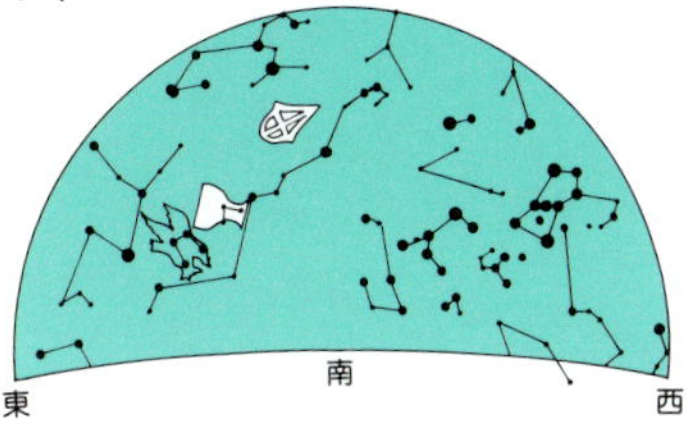

1月1日ごろ	2時30分	7月1日ごろ	14時30分
2月1日ごろ	0時30分	8月1日ごろ	12時30分
3月1日ごろ	22時30分	9月1日ごろ	10時30分
4月1日ごろ	20時30分	10月1日ごろ	8時30分
5月1日ごろ	18時30分	11月1日ごろ	6時30分
6月1日ごろ	16時30分	12月1日ごろ	4時30分

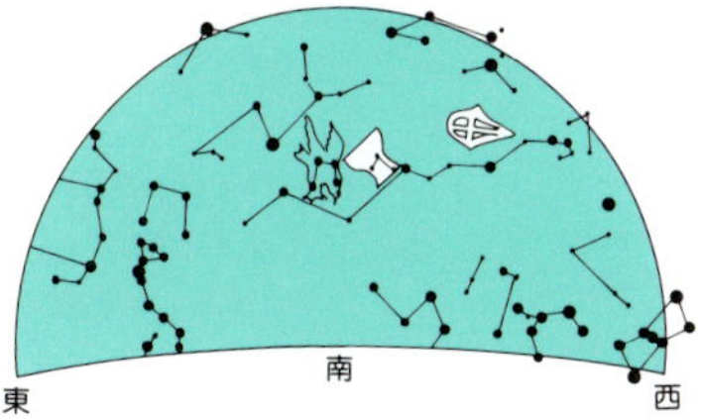

1月1日ごろ	5時	7月1日ごろ	17時
2月1日ごろ	3時	8月1日ごろ	15時
3月1日ごろ	1時	9月1日ごろ	13時
4月1日ごろ	23時	10月1日ごろ	11時
5月1日ごろ	21時	11月1日ごろ	9時
6月1日ごろ	19時	12月1日ごろ	7時

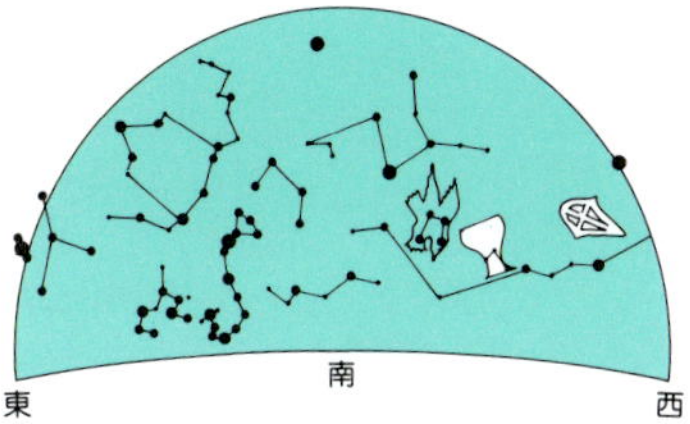

1月1日ごろ	7時30分	7月1日ごろ	19時30分
2月1日ごろ	5時30分	8月1日ごろ	17時30分
3月1日ごろ	3時30分	9月1日ごろ	15時30分
4月1日ごろ	1時30分	10月1日ごろ	13時30分
5月1日ごろ	23時30分	11月1日ごろ	11時30分
6月1日ごろ	21時30分	12月1日ごろ	9時30分

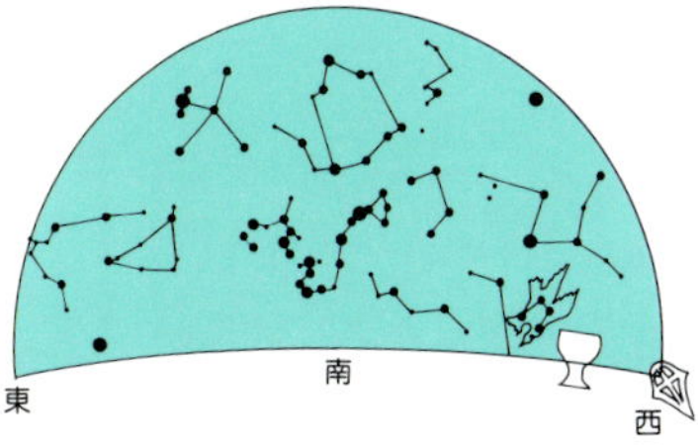

1月1日ごろ	10時	7月1日ごろ	22時
2月1日ごろ	8時	8月1日ごろ	20時
3月1日ごろ	6時	9月1日ごろ	18時
4月1日ごろ	4時	10月1日ごろ	16時
5月1日ごろ	2時	11月1日ごろ	14時
6月1日ごろ	0時	12月1日ごろ	12時

東経137°，北緯35°

ろくぶんぎ座の 歴史

六分儀のほかに，四分儀や八分儀も星座になった．

四分儀座はりゅう座の頭付近にあったが現在はない．八分儀座は南極点の真上に現存する．

いずれも星の位置観測につかわれたもので，この種の観測機器はずい分古くからその原形があった．原理は，小学生が分度器におもりをつけた糸をぶらさげてつくる高度計と同じである．

16～17世紀ごろ，さかんに星の位置観測用としてつかわれたが，ドイツの天文学者ヘベリウスもその一人であった．

六分儀を空にあげたのはヘベリウスである．20年間愛用した六分儀が，火事で燃えてしまったのを非常に残念がって，その姿を星座にして残したものだという．

火事は1679年の9月，六分儀座がしるされた彼の星図は1690年に発行された．

ヘベリウスの星図では，しし座の下，うみへび座の上にセクスタンス・ウラニアエ Sextans Uraniae（ウ

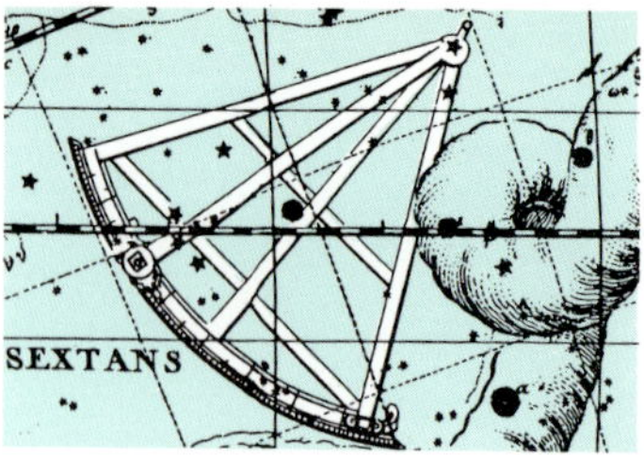

ラニアの六分儀）と名付けた六分儀がえがかれている．

六分儀が化けジシと化けヘビにはさまれているのは，彼等に愛機の護衛を期待するヘベリウスの意図によるものだろう．

南天のはちぶんぎ座 Octans は，18世紀に生まれた．

イギリスのジョン・ハドレー John Hadley が，これまでのものを改良して実用化したことを記念して，同時代のフランスの天文学者ラカーユが“ハドレーの八分儀 Octans Hadleanus”と名付けて空にあげた．

ハドレーがつくったのは八分儀だったが，その後さらに改良されて，現在つかわれている近代六分儀になった．つまり，ハドレーの八分儀は，近代六分儀の原型となったものなのだ．

小型になった六分儀は，18世紀以後，航海用として大活躍することになった．海の上で船の位置を知るた

四分儀や六分儀がみられるヘベリウスの観測室

めに，星の正確な位置観測が必要だったからだ．

そのおかげで，人間は海を征服して，世界を船でむすびつけることに成功した．

いまでこそ，電波が船の位置を教えてくれるようになったが，六分儀をつかう天文航法は，およそ2世紀にわたるながい間，航海をする人々にとってなくてはならない命綱であった．六分儀はこの地球上の人類の発展の歴史に，欠くことのできない大きな役割をはたした重要な観測機器であったわけだ．

そう考えると，はちぶんぎ座が南極のま上という重要な位置を占めていることは，しごく当然といえよう．

ろくぶんぎ座もあんなにえんりょがちに割りこまないで，もっと目だつ場所に堂々と設定してよかったのではないだろうか．

ウラニアの六分儀座と，ハドレーの八分儀座は，それぞれ短縮されて現在はろくぶんぎ座とはちぶんぎ座になった．

コップ座の歴史

コップ座はめだたないわりに，歴史は古い．

プトレマイオスの48星座に名をつらねていることはもちろんだが，すでにいまから3000年以上昔，フェニキアやエジプトにもそれらしき星座が存在したらしい．

瓶とか壺とか鉢とか，液体を閉じこめて自由にあやつることができる容器は，当時の人間にとって貴重な文明の利器であったにちがいない．古い星座のなかに，コップが登場することは，けっしておかしくはない．

ただ，現代の我々が目をこらしてやっと結びつけられる，あの微光星のコップを，3000年昔の人間が実際に星空をみてデザインしたのだろうか？　私にはそれが信じられないのだが，実際にコップ座の星を見たあなたにはどう感じられるだろうか？

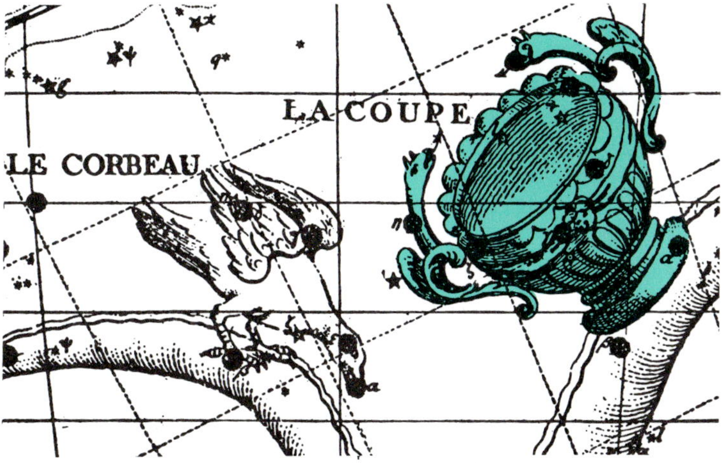

フラムスチード星図の「コップ座」

コップ座の 星と名前

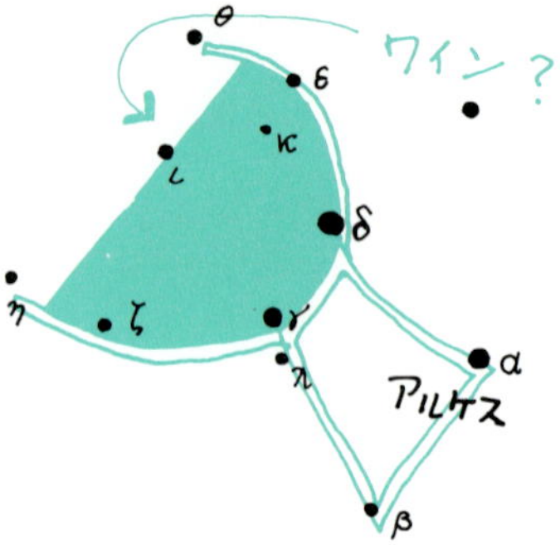

*α アルファ
アルケス（コップ）

酒と豊穣の神ディオニュソスがつかさどる木は，ブドウとツタの木とされている．このコップをディオニュソス（バッコス Bakchos）のものにみたてるなら，なかみはブドウ酒だろう．

すぐ上のおとめ座の右手にブドウのふさをもたせた星座絵があることと関連づけられる．

アルケス Alkes は，この星座全体をあらわす呼名だったのだろう．現在，アルケスはコップ座の主星αの固有名だが，α星は光度4.2等と暗く，δ星の3.6等のほうがいくらか明るい．

バイエルは原則として星座中最輝星を主星αとしたはずなのに…．まさか，すこしばかりブドウ酒をのみすぎて，光度の判定をあやまったわけでもあるまいが？

< 4.2等　K1型 >

ろくぶんぎ座の伝説

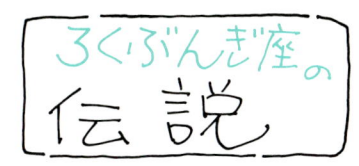

天文の女神 ウラニア

ヘベリウスはウラニアの六分儀と名付けたが，ウラニアというのはギリシャ神話にでてくる9人の学芸の女神の1人である．

大神ゼウスと記憶の女神ムネモシュネ Mnemosyne が，9日9夜いっしょにくらしたあと，9人の女神が続いて生まれた．

9人の女神はムーサ Musa（複数ムーサイ Musai）と呼ばれ，学芸の女神，つまり音楽，文学，絵画，舞踊，哲学，天文というように，人間の知的活動のすべてをつかさどる女神になった．

ウラニア Urania は，9人の女神のなかで天文を受けもつ女神であった．

カリオペは叙事詩，クレイオは歴史，エウテルペは抒情詩，タレイアは喜劇，メルポメネーは悲劇，テルプシコラは合唱と踊り，エラトは独唱と琴，ポリュムニアは讃歌，というように彼女たちはそれぞれ受持ちの領域がきめられていた．

女神ムーサイをまつる神殿はムーセイオン Museion という．

英語の Museum（博物館，美術館）や Music（音楽）の語源が，このあたりにあることにお気づきだろう．ムーサは英語で Muse ミューズ（ミューズの女神，詩心，瞑想にふける…）．

結婚の女神 ヒュメン

さて，かんじんの女神ウラニアに関する伝説だが，彼女自身の独立した伝説はなく，彼女のこどもだといわれるリノスとヒュメンについての話が残っている．

ヒュメン Hymen は，天文の女神ウラニアとアポロンとの間に生まれた子で，女性とまちがえてしまうほど美しい青年だった．

ヒュメンは一人の美少女に恋をした．

面長のほっそりとした少女の可憐さが彼の心をとらえたのだ．しかしヒュメンは恋するあまり，彼女にちかづくことができず，いつも遠くから彼女をみて，いつか結ばれたいと胸をこがす毎日をおくった．

やがて，チャンスがやってきた．

ある日，海賊が町を襲って少女たちをさらった．

ヒュメンのあこがれの少女もその中にいたが，なんと，海賊はヒュメンを少女とまちがえていっしょにさらってしまった．

ヒュメンは，海賊たちがねむったすきに，彼等をことごとく退治して少女たちをすくいだした．

おもいがけないこの事件がきっかけとなって，ヒュメンはあこがれの恋人を手に入れることができた．

以来，ヒュメンの恋が実ったことを記念して，人々は自分達の結婚式で彼の名を呼ぶようになった．結婚の神となったヒュメンは，名前を呼ばれると，花の冠をつけた美青年の姿をしてあらわれ，笛を吹いて結婚の行列を先導するという．

（ギリシャ）

＊

ウラニアには，アムピマロスとの間にリノス Linos という子どもがいた．

リノスは悲しみの歌が得意な青年だった．リズムとメロディを発明したのもリノスだ．

人々はリノスの発明した音楽に心をうばわれた．しかし，彼はすこし図にのりすぎた．ついに音楽の神アポロンに，音楽のうでを競いたいともうしでたのだ．怒ったアポロンは彼を打ちころしてしまった．

（ギリシャ）

コップ座の伝説

●だれのコップ？

コップを主人公にした伝説があるわけではないが，コップが主人公の小道具になって，登場する伝説はいろいろある．

したがって，どのコップが星になったのか，誰のコップが星になったのか定説はない．

このコップを酒杯とみるなら，酒の神ディオニュソス（バッコス）のものとみるのが一番妥当だろう．

アポロンが使い鳥のカラスに水をくませたコップという説もあれば，魔法をつかう女メディアが秘薬をつくるのにつかったお釜《かま》だという説もある．

新説 うそつきガラスとコップ物語

大昔，カラスは銀色の翼をもち，人間の言葉が使える頭のいい鳥だった．

だから，日の神アポロンは，カラスを自分の使い鳥として可愛いがった．しかし，カラスはしだいに，自分がアポロンのお気に入りであることや，頭のいいことを鼻にかけるようになった．

ある日，アポロンにたのまれて，泉へ水をくみにでかけたときのことだ．

カラスは途中で大好物のイチジクの木をみつけた．彼はイチジクの実に夢中で，水くみのことを忘れてしまった．

イチジクをすっかり食べつくしてから，カラスは我にかえってアポロンとの約束を思いだしたが，道草に時間をとりすぎた．

あわてたカラスは，泉にむかっていそいだが，途中でアポロンから預ったコップをなくしたことに気がついた．

泉を目の前に，水をくむことができないカラスは，ちょうどそこにあらわれた小さなヘビをみて，ずるいことをおもいついた．

カラスは，ヘビをつかまえて，アポロンのもとへ帰った．

「いやー，おそくなって申しわけありません．私が水をくもうとしたら，このヘビめが私のスキをみて，コップをかくしてしまったのです．

どこへかくしたのやら，ずい分さがしたのですがわかりません．一応ヘビはひっとらえてつれてまいったのですが，いかがいたしましょう」

ヘビは口がきけないので，本当のことはわかるまいと，アポロンの前で，ぬけぬけとうそをついた．

この日のアポロンは，腹の虫のいどころも悪かったし，近頃ひどくなったカラスのおもいあがりを，苦々しく感じていた矢先のことでもあった．

「このウソツキガラスめっ，おまえのような奴はこうしてくれる，カーッ！」と，気合もろとも銀色の翼をまっ黒にしてしまった．

おまけに，鈴をころがすような美声で，人の言葉をあやつった自慢のノドもつぶされ，鳥仲間のなかでもっともひどいしわがれ声の持主になった．

以来，カラスは不吉な鳥といわれて，人々から忌みきらわれるようになったという．

さて，星になったウソツキガラスは，星になったコップのまえで，4本の銀の釘をうちつけられてハリツケにされた．

からす座は4本の釘《くぎ》だけみえてカラスの姿がみえない．それは本人が消えいるようにはずかしがっているせいか，あるいは，羽根が黒くて暗い夜空にとけこんでしまうせいだろう．

かわいそうに，ハリツケになったカラスは，目の前のコップの水が飲めない．だから，のどが乾いてしわがれ声になったのだともいう．

不運な小さなヘビも，やっぱり星になった．

もうカラスに利用されることのないようにと，アポロンは小さなヘビを大きな大きなヘビにして天にあげたのだ．

大きなヘビは，うみへび座になった．からす座も，コップ座も，その大きなヘビの背中の上にちょこんとのっかっている．

＊

この話，いくらか私の勝手な解釈によるところもあるが，たいへん気にいっている．

この話，コップ座の伝説というよりは，からす座の伝説というべきかもしれないが….

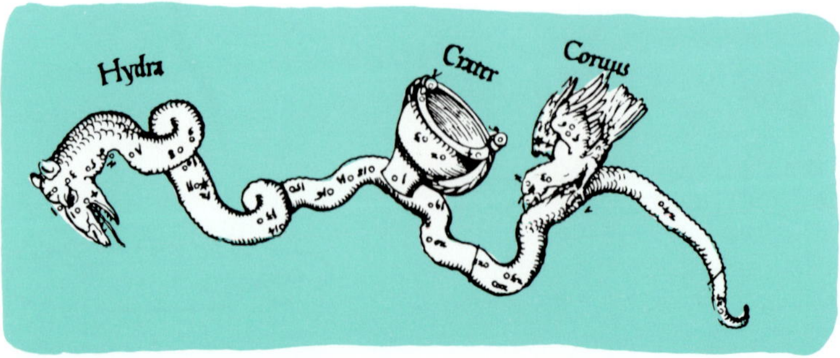

くいちがった 黄道12宮と12星座

あなたは，あなたの誕生日に，輝く太陽のうしろに，どんな星座がかくれているかご存知だろうか？

星占いでは，３月21日～４月20日に誕生した人は〝おひつじ座〟の生まれとなっている．それは誕生日の太陽が〝おひつじ座〟で輝くということであったのだ．

黄道を12の星座に分割したのは，おそらく，古代バビロニア時代（いまから2500年～3000年ほど昔）からであったと考えられる．

しかし，黄道12宮として，黄道を正確に30°ずつ12等分したのは，ギリシャ天文学の完成期，アレキサンドリアの時代（１世紀ごろ）になってからだ．高度化した占星術の要求をみたすためにおこなったらしい．

黄道12宮は，春分点のある白羊宮からはじまる．春分点を出発した太陽は白羊宮を通り，１か月後に東どなりの金牛宮に移るのだ．

ところで，黄道12宮が確立してから，およそ2000年たった現在，少々めんどうなことがおこっている．

当時は12宮と12星座が同じものだったが，地球の首ふり（歳差）のために，春分点がうお座のほうへ（年に約50″ずつ西へ移動している）移ってしまったからだ．

春分点をスタートした太陽は，最初の１か月の大半をうお座で過ごすことになった．３月13日～４月19日が誕生日の人は，うお座の生まれというべきだろう．

（173ページにつづく）

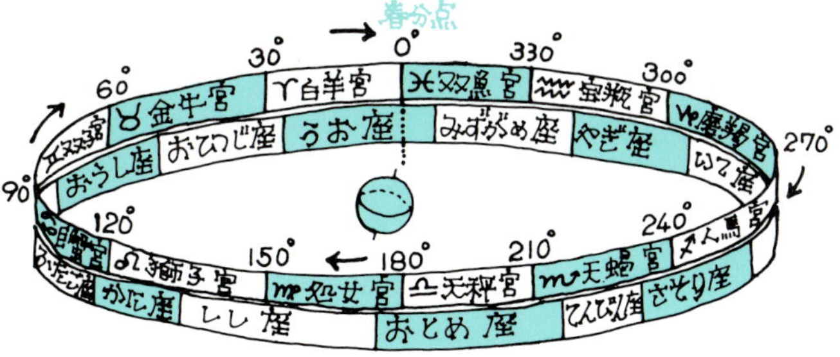

6 からす座〈日本名〉

CORVUS〈学名〉

コルブス

からす座のみりょく

おとめ座の左手の下に，まるで彼女のハンドバッグのような四辺形がある.

この四辺形，実はハンドバッグじゃなくてからす座.

おとめ座のペットにするには，かわいげがなさすぎる，せめて九官鳥かオオムくらいにはしてやりたいところだ.

日本で“ハリツケにしたタヌキ”にみたてたのもおもしろい．これもまたオトメのペットにふさわしくないが，カラスよりは愛敬がある.

ところで，このからす座の四辺形のま下(南)に，あこがれの南十字星の四辺形がある．カラスの四辺形は本物の南十字を教えるプレ十字星なのだ.

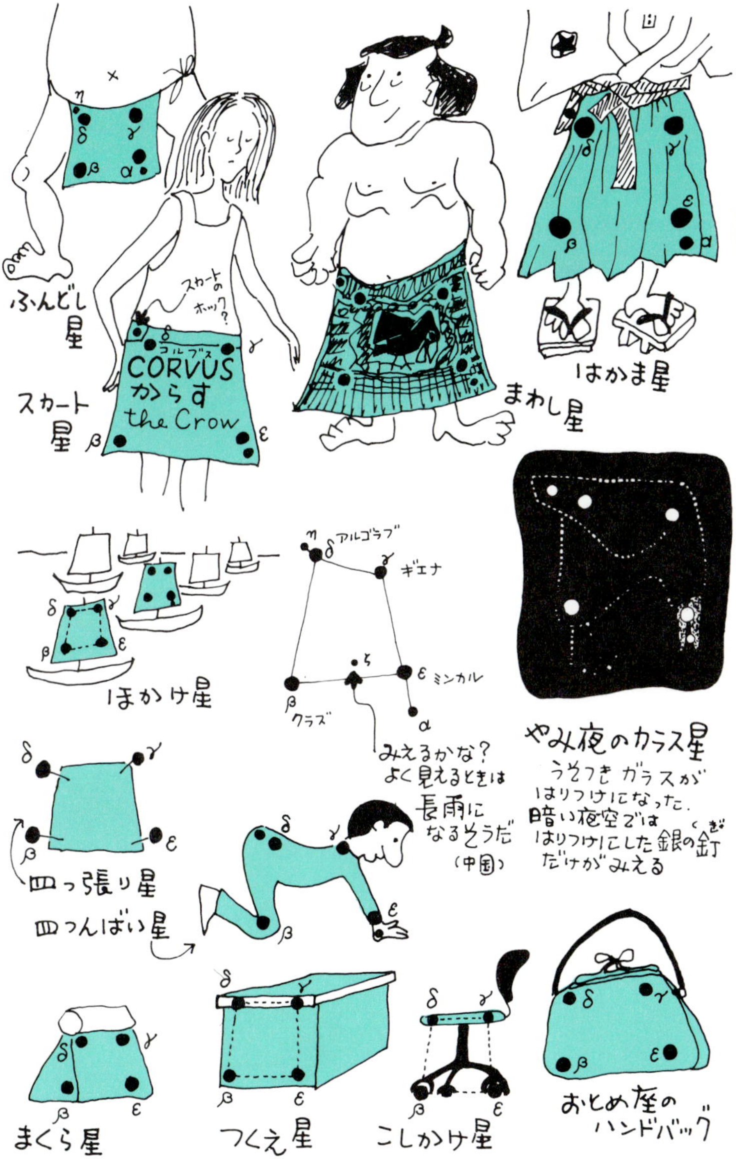
ふんどし星
スカートのホック？
CORVUS《コルブス》
からす
the Crow
スカート星
まわし星
はかま星
ほかけ星
η δ アルゴラブ
γ ギエナ
ζ
ε ミンカル
β クラズ
α
みえるかな？
よく見えるときは
長雨に
なるそうだ
（中国）
やみ夜のカラス星
うそつき ガラスが
はりつけになった.
暗い夜空では
はりつけにした銀の釘《くぎ》
だけがみえる
四っ張り星
四つんばい星
まくら星
つくえ星
こしかけ星
おとめ座の
ハンドバッグ

からす座のみつけかた

δ—γ—ε—β の4つの3等星がつくる四辺形が，からす座のシンボルマークだ．

おとめ座のスピカのやや右下，逆にカラスの四辺形の上辺γ—δ→を左(東)へのばした先にスピカがある．

おとめ座のスピカといっしょにみつける手が一番確実だろう．

もう一つの手は，春の大曲線（おおぐま座のしっぽ→アルクトゥルス→スピカ→）をさらに先へのばす方法だ．

「ピッチャー投げました．いいカーブです．グーンとスピードをましてストライクッ」といった調子で，大曲線にそってボールを投げればいい．ボールはカラスの四角形の上を通る．いや四角ではなく，うんと目をこらして，ε星(3等)とコップ座η星(5等)にはさまれた5等星をみつけたら，五角形のホームベースができる．

からす座の日周運動

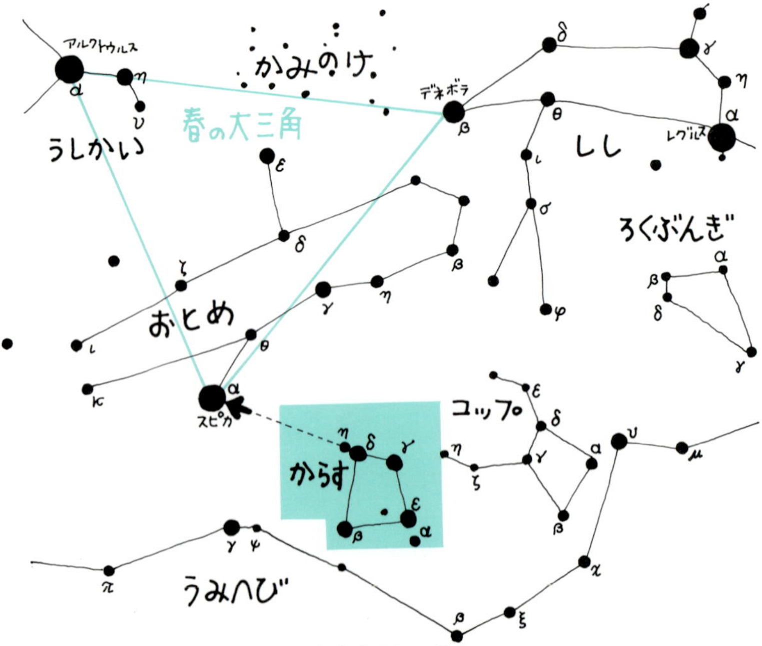

からす座周辺の星座

からす座を見るには（表対照）

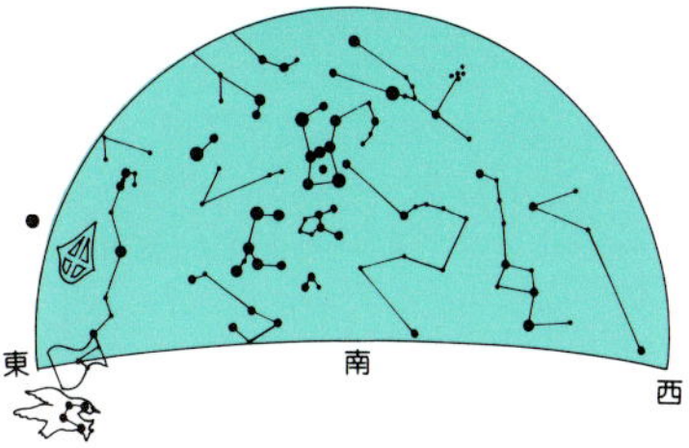

1月1日ごろ	0時	7月1日ごろ	12時
2月1日ごろ	22時	8月1日ごろ	10時
3月1日ごろ	20時	9月1日ごろ	8時
4月1日ごろ	18時	10月1日ごろ	6時
5月1日ごろ	16時	11月1日ごろ	4時
6月1日ごろ	14時	12月1日ごろ	2時

■は夜，▒は薄明，□は昼．

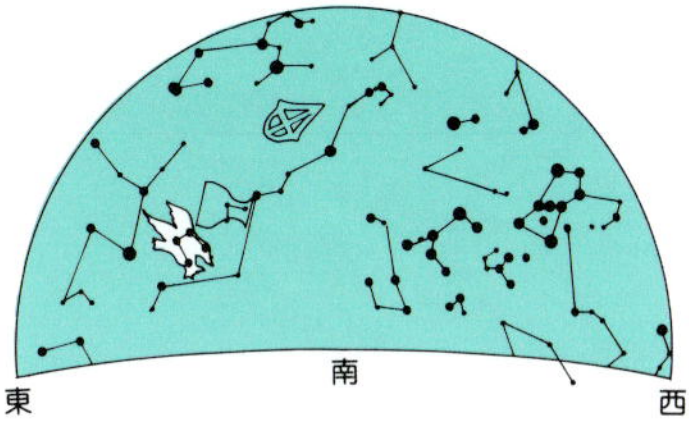

1月1日ごろ	2時30分	7月1日ごろ	14時30分
2月1日ごろ	0時30分	8月1日ごろ	12時30分
3月1日ごろ	22時30分	9月1日ごろ	10時30分
4月1日ごろ	20時30分	10月1日ごろ	8時30分
5月1日ごろ	18時30分	11月1日ごろ	6時30分
6月1日ごろ	16時30分	12月1日ごろ	4時30分

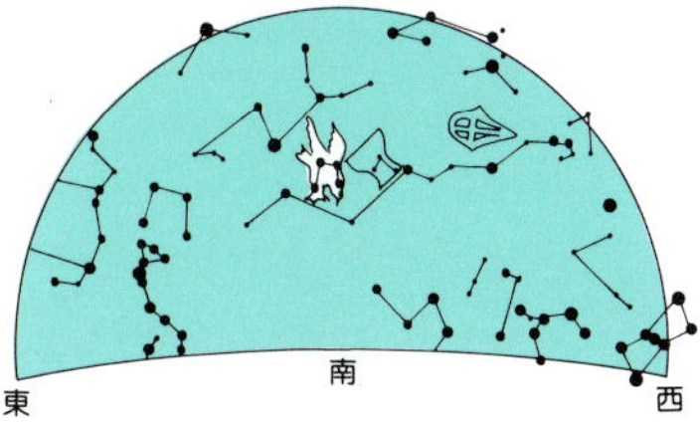

1月1日ごろ	5時	7月1日ごろ	17時
2月1日ごろ	3時	8月1日ごろ	15時
3月1日ごろ	1時	9月1日ごろ	13時
4月1日ごろ	23時	10月1日ごろ	11時
5月1日ごろ	21時	11月1日ごろ	9時
6月1日ごろ	19時	12月1日ごろ	7時

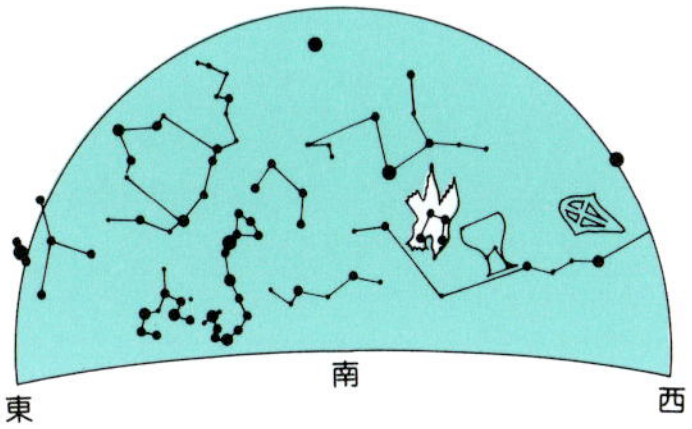

1月1日ごろ	7時30分	7月1日ごろ	19時30分
2月1日ごろ	5時30分	8月1日ごろ	17時30分
3月1日ごろ	3時30分	9月1日ごろ	15時30分
4月1日ごろ	1時30分	10月1日ごろ	13時30分
5月1日ごろ	23時30分	11月1日ごろ	11時30分
6月1日ごろ	21時30分	12月1日ごろ	9時30分

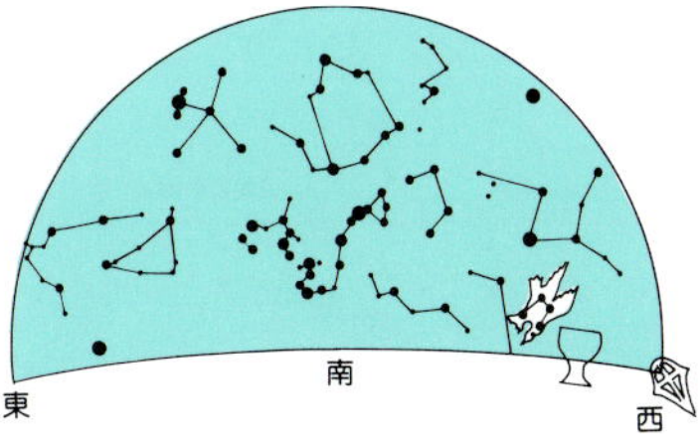

1月1日ごろ	10時	7月1日ごろ	22時
2月1日ごろ	8時	8月1日ごろ	20時
3月1日ごろ	6時	9月1日ごろ	18時
4月1日ごろ	4時	10月1日ごろ	16時
5月1日ごろ	2時	11月1日ごろ	14時
6月1日ごろ	0時	12月1日ごろ	12時

東経137°，北緯35°

からす座の歴史

ギリシャの伝説では，アポロンの使い鳥といわれたカラスだが，すでにギリシャ時代以前にその原形はあったようだ．

中国では四辺形を軫宿《しんしゅく》といって，二十八宿の第28番目の宿とした．軫は車の横木のことらしい．

いずれにしても，からす座の星列はまとまりがよく，古くから人目をひいたにちがいない．

プトレマイオスの48星座にふくまれる古典星座のひとつだ．

バイエル星図の「からす座」

ヘベリウス星図の「からす座」

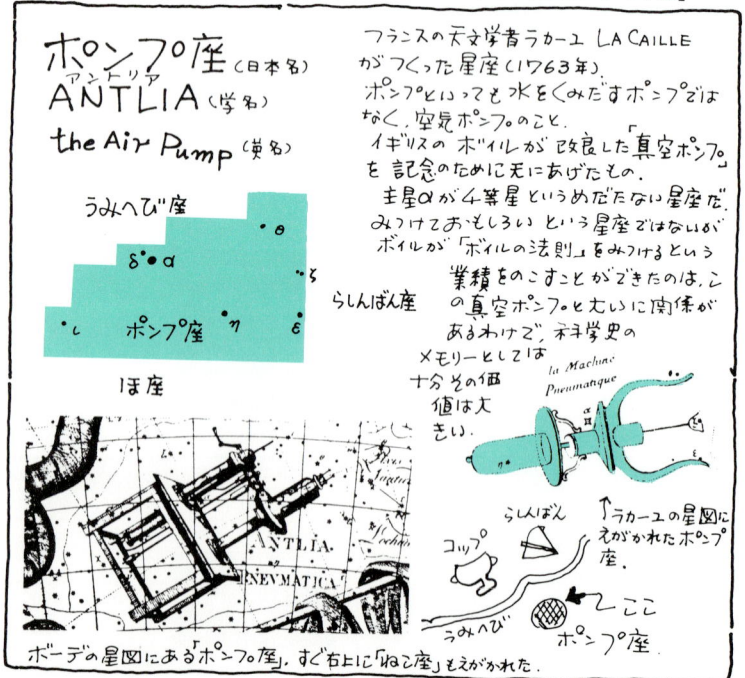

ポンプ座（日本名）
ANTLIA《アントリア》（学名）
the Air Pump（英名）

フランスの天文学者ラカーユ LA CAILLE がつくった星座（1763年）．
ポンプといっても水をくみだすポンプではなく，空気ポンプのこと．
イギリスのボイルが改良した「真空ポンプ」を記念のために天にあげたもの．
主星αが4等星というめだたない星座だ．みつけておもしろいという星座ではないがボイルが「ボイルの法則」をみつけるという業績をのこすことができたのは，この真空ポンプと大いに関係があるわけで，科学史のメモリーとしては十分その価値は大きい．

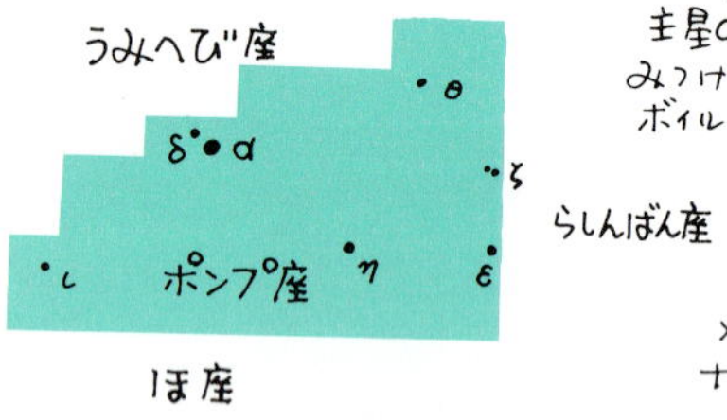

うみへび座
θ
δ α
ζ
らしんばん座
ι
η
ε
ポンプ座
ほ座

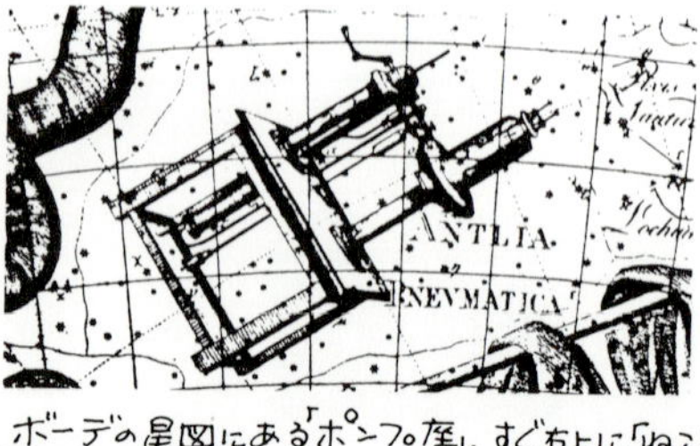

ANTLIA
PNEVMATICA

ボーデの星図にある「ポンプ座」．すぐ右上に「ねこ座」もえがかれた．

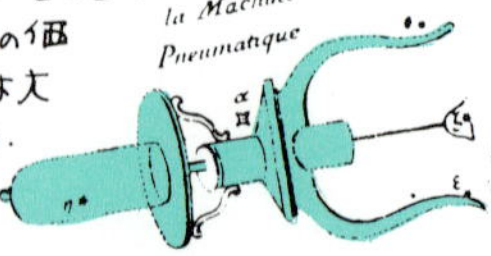

la Machine
Pneumatique

↑ラカーユの星図にえがかれたポンプ座．

らしんばん
コップ
ここ
うみへび
ポンプ座

からす座の
星と名前

*α アルファ

アルキバ（テント）

δ―γ―ε―β がつくる 4 辺形をアラビアで砂ばくの中のテントにみたてた．アルキバ Alkhiba は星座全体をあらわす呼名だったのだろう．

残念なことは，この α 星が 3 等星でつくる 4 辺形の仲間にはいっていないことだ．α 星は ε 星のすぐ下にポツンとくっつく 4 等星で，主星としてこの星座を代表させるには少々ものたりない．

4 辺形をテントにみたてると，α 星は，テントが風に飛ばされないように打ちこんだクイ，といったところだろう．

バイエルや，フラムスチードの星図にえがかれたカラスは，ε 星に頭，α 星にくちばしがえがかれている．

アラビアにはミンカル・アルゴラブ Minkar Algorab（カラスのくちばし）という呼名があった．

＜ 4.0等　F2型 ＞

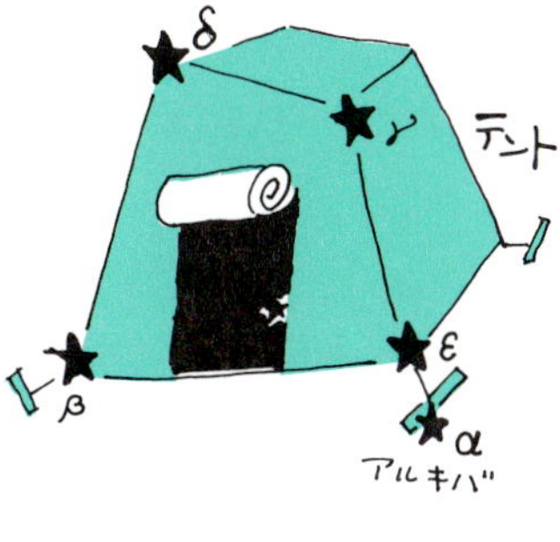

*β ベータ

クラズ（？）

β星は 4 辺形の左下にあるのだが，クラズ Kraz という呼名の意味はわからない．

カラスをえがくと，クラズはカラスの足に輝いている．

＜ 2.7等　G5型 ＞

*γ ガンマ

ギエナ（つばさ）

名前のとおり，カラスのつばさに輝くが，ギエナ Gienah はもともと“カラスの右の羽根”という呼名からきているらしい．

ところが，有名なフラムスチードの星座絵をはじめ，あなたの目にとまるからす座の星座絵は，いずれも左の羽根としてえがかれている．いったいどこで右と左がいれちがったのだろう？

多分，昔のヨーロッパでは星の位置をあらわすのに，地球儀のように天球儀の表面にえがくという方法をとったからだろう．

天球儀の表面にプロットされた星の位置は，天を外側からみることになるので，実際にみあげた星空を裏がえしにしたようにみえる．裏がえしになったカラスは，なるほど右の羽根にギエナ(γ星)が輝いている．

＜　2.6等　B8型　＞

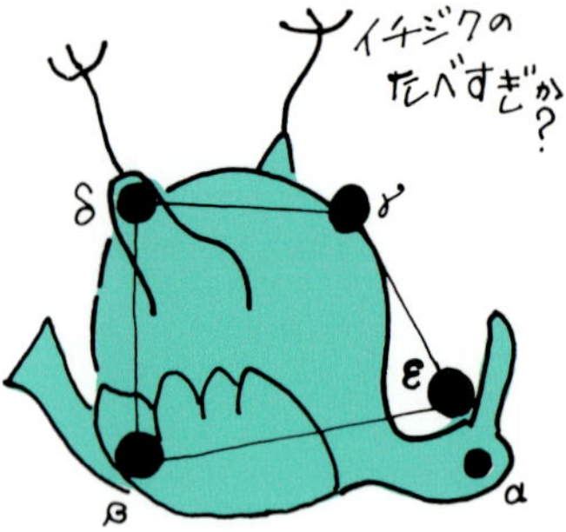

イチジクのたべすぎか？
δ
γ
ε
β
α

＊δ デルタ

アルゴラブ（カラス）

イタリアのピアッツィによってまとめられたパレルモ星表 Palermo Catalogue に登場した比較的新しい呼名である．

現代の星座絵をみると，この星に“右の羽根”と命名し，あらためてγ星に“左の羽根”という呼名をあたえたいのだが．

＜　2.9等　B9型　＞

＊ε エプシロン

ミンカル（くちばし）

本来，位置からいってα星にあたえるべき呼名だ．ε星は，どっちかというと“カラスの頭”という呼名がふさわしい星である．

＜　3.0等　K3型＞

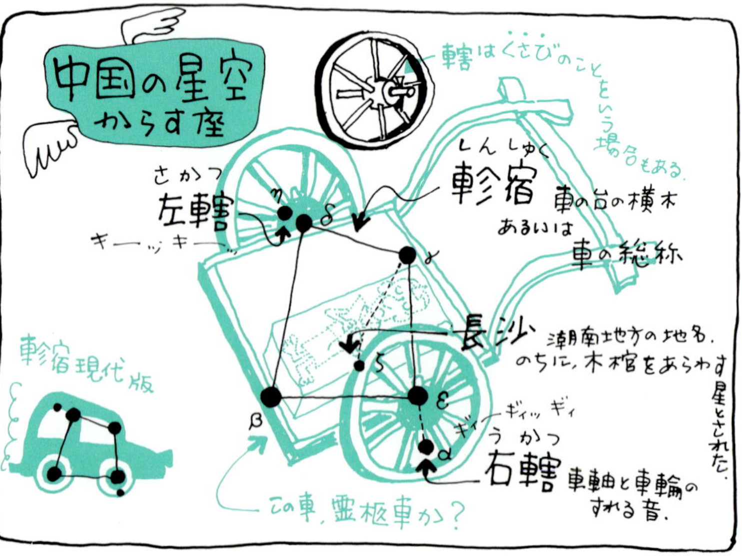

中国の星空
からす座
轄はくさびのことをいう場合もある．
軫宿《しんしゅく》
車の台の横木
あるいは
車の総称
左轄《さかつ》
キーッ　キーッ
γ
δ
長沙
潮南地方の地名．のちに，木棺をあらわす星とされた．
ζ
β
ε
ギィーギィッ　ギィ
右轄《うかつ》
車軸と車輪のすれる音．
α
軫宿現代版
この車，霊柩車か？

話題

● ほかけ星 スカート星 こしかけ星

からす座の$\delta, \gamma, \varepsilon, \beta$がつくる少しゆがんだ台形は，小さいながら意外に人目をひきやすい．したがって，この4つの星の呼名もいろいろあっておもしろい．水平線に近いので，日本名の“ほかけぼし”はとてもうまい表現だと思う．

なんとイギリスの船員たちにはスパンカと呼ばれていた．スパンカというのは，大型帆船の一番うしろの帆柱に張る縦帆のことで，はからずも東西共にこの星を船の帆にみたてていたのもおもしろい．

このスパンカを “スピカのスパンカ Spica's Spanker”といって，スパンカの上辺を東へのばすとスピカ(おとめ座)が発見できる．

“はかまぼし”というのもおもしろい．現代っ子には現代風に“スカート星”と命名された．形からしておそらくミニスカートにちがいない．

δ星のよこにポツンとひかる4等星ηが，まるでスカートのホックのようにみえる．

アラビアの“砂ばくの天幕”，日本の“四つ星”“よすま(四隅)星”“まくら星”“おぜん星”“しめん(四面星)”“やぐら星”“つくえ星”“こしかけ星”など，いずれもなるほどとおもわせる傑作だが，“むじなの皮はり星”は傑作中の傑作である．

ムジナ(タヌキ)の皮をはいで，四本の釘で壁にうちつけて，乾かすようすを想像したものだ．

暖かい春風にさそわれて，ノコノコ姿をみせたところを，つかまって皮をはがれてしまった．きっとタヌキ汁にされたのだろう．

すこしかわいそうで，すこしユーモラスな皮はり星である．

からす座の伝説

星になったうそつきガラス

伝説のカラス（コルブス Corvus）は，銀色の翼が美しいアポロンの使い鳥だった．

テッサリアの山岳地帯に住むラピテスの王プレギュアスに，美しいコロニス Koronis という娘がいた．

日の神アポロンは，この美しい娘に魅せられ愛してしまった．

アポロンは彼女を妻にむかえ，自分の使い鳥であったカラスを，召使いとして彼女にあたえた．

各地をわたり歩くアポロンは，いつも彼女のもとで暮したわけではなく，留守にすることのほうが多かった．そこで，愛するコロニスのようすを，時々カラスを呼びつけて話をさせ，心をやすめるのだった．

カラスは自分の話をアポロンが興味深げに聞いてくれることがうれしく，彼のはなしぶりはしだいに面白おかしく脚色されるようになった．

一方，コロニスは夫のいない毎日がさびしく，いつしか，アルカディア人の若者イスキュスに恋心をいだくようになった．

当然このことは，カラスの口から彼女の不始末物語として，いかにも一大事というふうにかたられた．

コロニスに裏切られたことを知ったアポロンは，怒りくるってコロニスと恋人のイスキュスを殺してしまった．

アポロンの怒りは，このいやな話を得意げに告げたカラスにもおよんだ．カラスは，自慢の美しい翼をまっ黒にされ，おまけに美しい声を恐しいほどのシワガレ声にされてしまった．

人々は，つまらない告げ口をしたカラスを，まるで死神のように忌み嫌うようになった．

さすがのアポロンも，そのことを哀れにおもい，カラスを天に上げて星にした．

空をあおいでも黒いカラスはみえない．それは暗黒の夜空に黒いからだがとけこんでしまうからだ．カラスをささえる4本の銀の鋲だけがめだっている．

殺されたコロニスの胎内に，なんとアポロンの子がやどっていた．あとでそれを知ったアポロンは，火葬にされた彼女のおなかの中から，かろうじて子どもだけは救いだすことができた．

生まれた子どもは，アスクレピオスといって，のちに医者の神様として星になった．夏のよい空の“へびつかい座”がそれだ．

＊

コロニス（またはコロネ Korone）は，コロネウスの美しい娘だともいう．コロニスは海の神ポセイドンに見そめられたのだが，彼女はそれをいやがって逃げた．危機一発というとき，女神アテナは彼女をカラスにかえてポセイドンから逃がした．

コロニスという彼女の呼名には，カラスという意味もある．

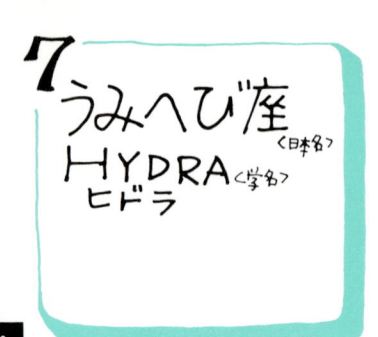

7 うみへび座 <日本名>

HYDRA <学名>
ヒドラ

うみへび座の みりょく

春の海
　　ひねもすのたり
　　　　のたりかな
　　　　　　　　蕪村

すこしかすんだ春の星空は，ノンビリ，そしてズボラな感じがいい．

冬のこいぬ座を追ってうみへび座がのぼる．ウミヘビは，4月上旬のよいに頭が南中して，のたりのたりと，6月下旬にやっとしっぽが南中する．ズボラ中のズボラ星座だ．

まるでウワバミ？のようなうみへび座は全長100°にもおよぶ．長さはもちろん，1303平方度という広さもまた，全天88星座中最大である．

この巨大ウミヘビ，総身にチエがまわりかねるらしい．こいぬ座のオシリを追うのに夢中で，自分のシッポが，夏のさそり座にねらわれていることには気がついていない．

春の空　ひねもす　のたりのたりうみへび座（字あまり）

うみへび座　のたりのたり　のたりかな（字たらず）

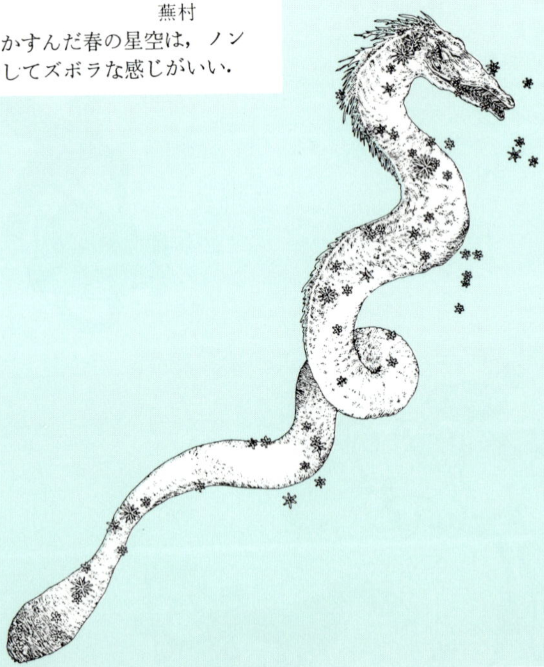

冬の星座と夏の星座を
一匹のウミヘビが
つないでしまう
こいぬ座
さそり座
ながいながいうみへび座は
冬のこいぬ座のオシリを追うのに
夢中で、自分のしっぽを 夏のサソリ
にねらわれているのに気がついて
いない。
なげなわ
ウワバミ？
ゲフェ
プッ
全長100°の
巨大なうみへび座は
大ぐらいの ウワバミ座とよびたい
サミシソー
ステキッ
αアルファルド
（孤独）
小さくて暗いので
双眼鏡では
むりかな？
球状星団
光度8.2等
M68
M48
双眼鏡でかんたんにみつかる
コル・ヒドラエ
（ヒドラの心臓）
ワァッ
イヤーッ
HYDRA《ヒドラ》
うみへび
the Water Snake
ヒドラは
9本首の怪物。
怪力ヘルクレスに
最後の一本を
のこして みなきり
おとされた
春のよいにポッンと
赤みがかったアルファルドが 南の空で輝く
野尻抱影さんは
「暗闇で
誰れか
ひっそり
ふかして
いる
パイプ
の火」
をおも
わせる…
とかかれた。
春のワラビ

うみへび座①上部の星々

うみへび座①上部の星図

うみへび座②中部の星々

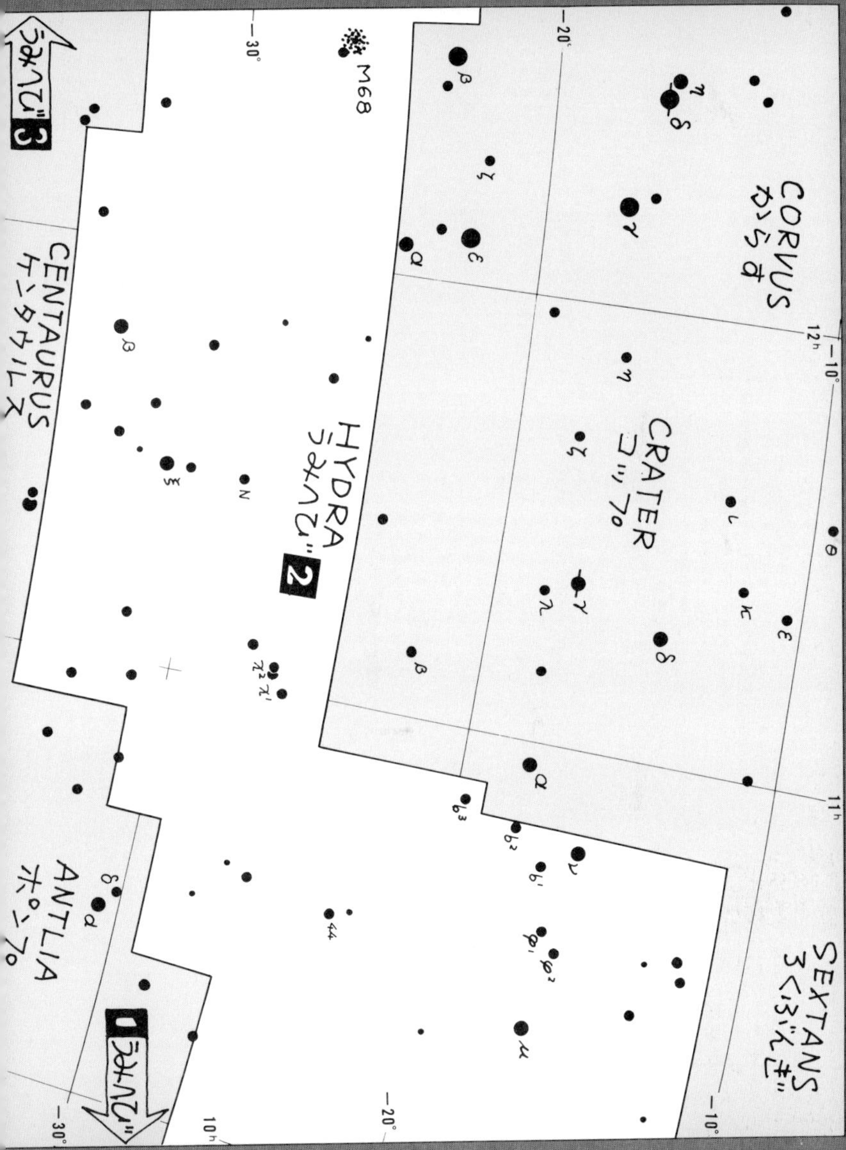

うみへび座②中部の星図

うみへび座③下部の星々

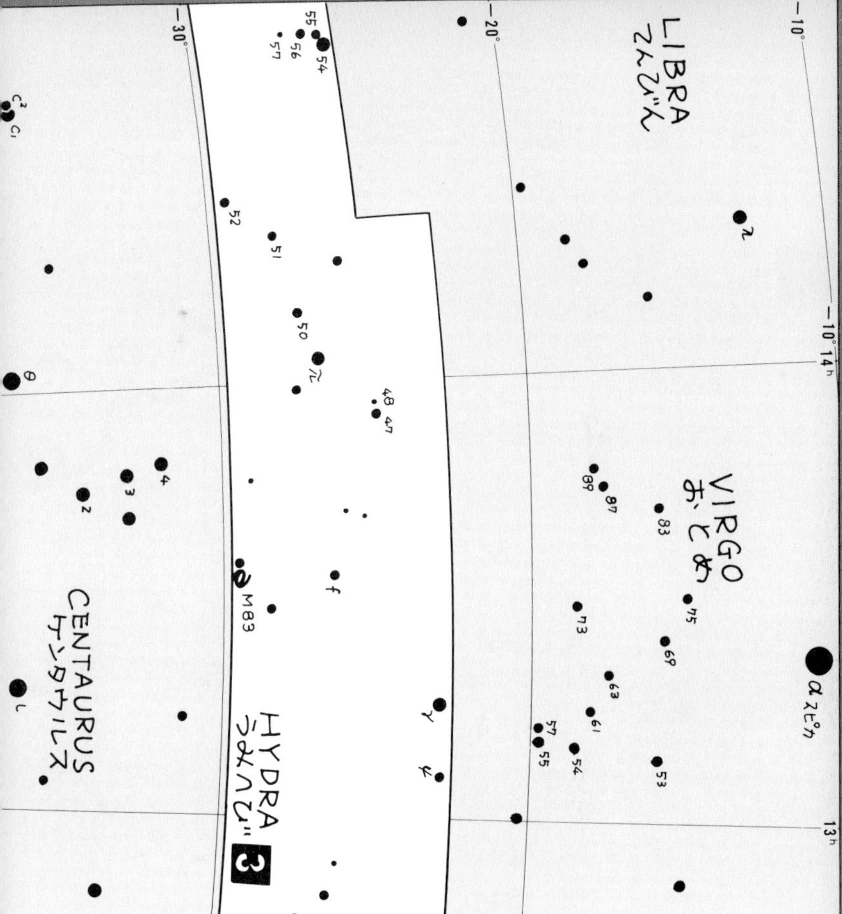

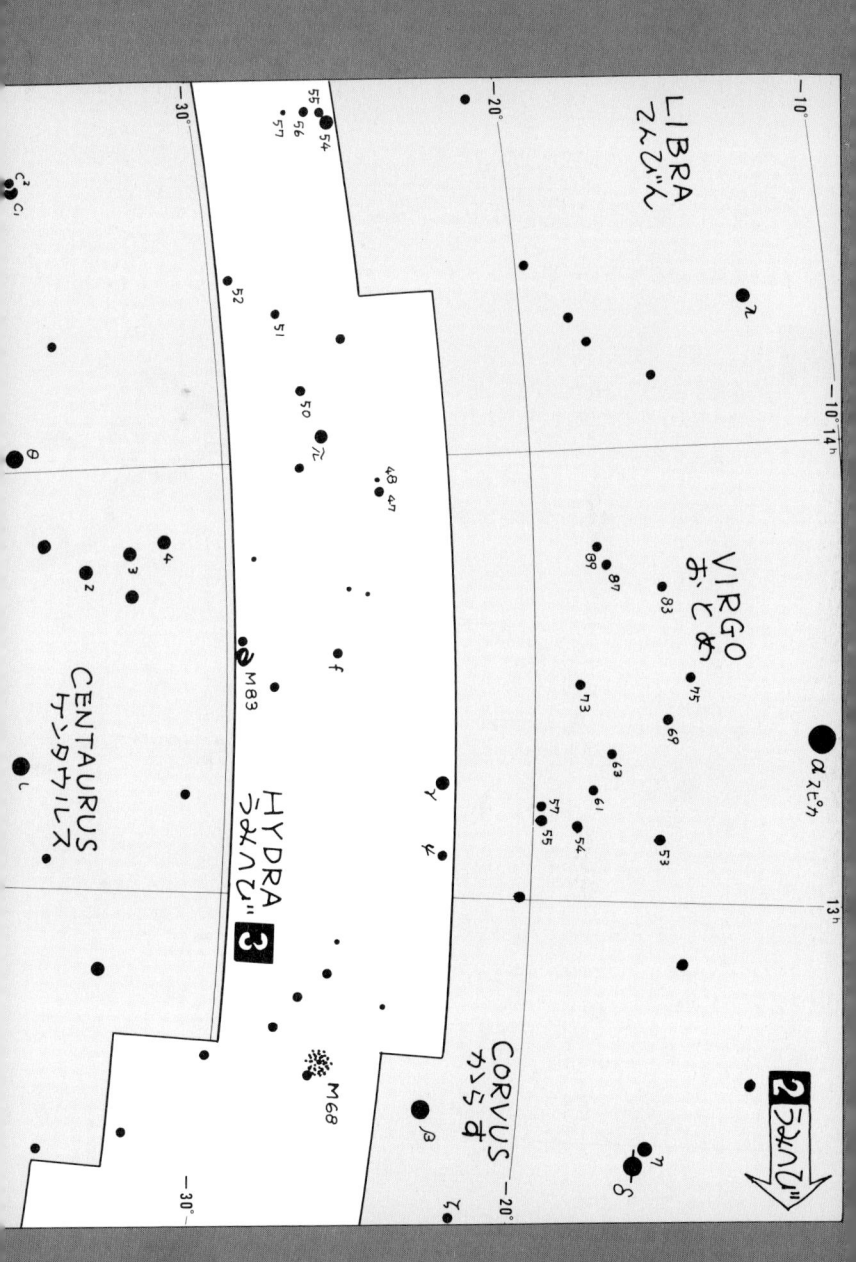

うみへび座③下部の星図

うみへび座のみつけかた

うみへび座は巨大な星座のわりに輝星にとぼしい．

主星αの2等星をのぞくと，あとはすべて3等星以下とめだたない．「大ウミヘビ総身に星がまわりかね」といったところだ．

うまくみつけられない人は，しし座のα星（シシの心臓）が南中するころ，その下をさがすといい．うみへび座の主星（ウミヘビの心臓）が，ポツンとひとつだけさみしそうに輝いている．シシの心臓は純白に，ウミヘビの心臓は，すこし赤味を帯びて不気味に輝いている．

近くに明るい星がないので，4月のよい空では，南からあおいで最初に目につく2等星がそれだ．

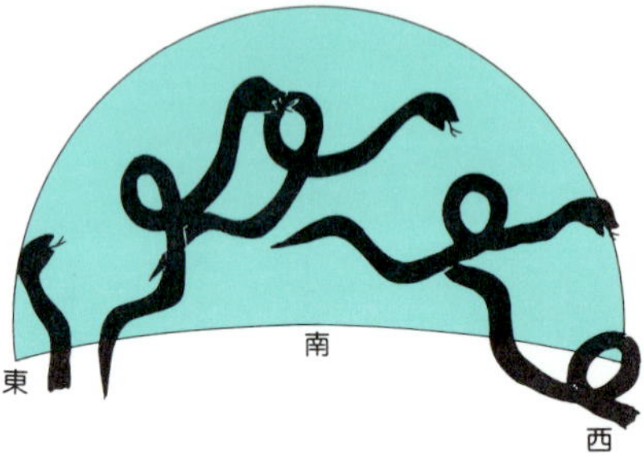

うみへび座の日周運動

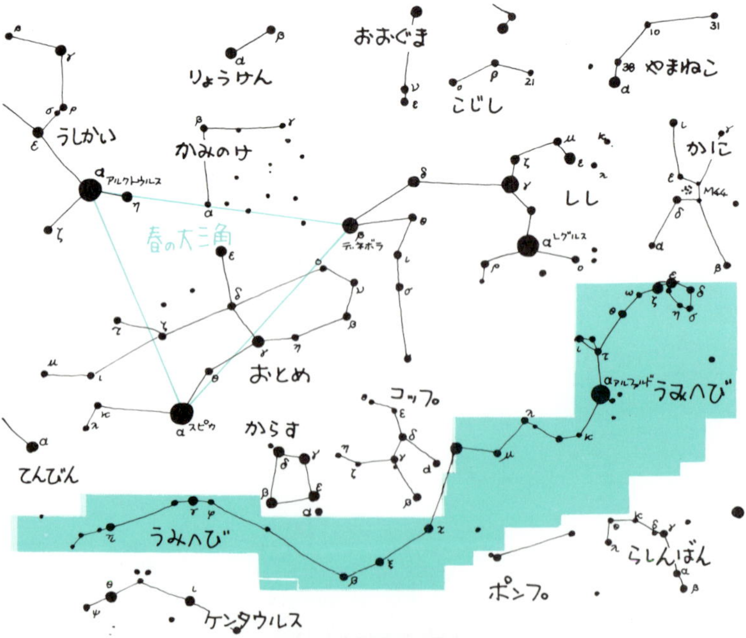

うみへび座周辺の星座

うみへび座を見るには（表対照）

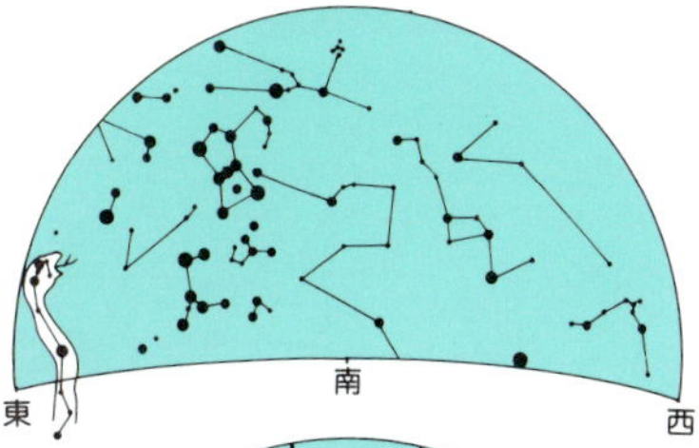

1月1日ごろ	22時	7月1日ごろ	10時
2月1日ごろ	20時	8月1日ごろ	8時
3月1日ごろ	18時	9月1日ごろ	6時
4月1日ごろ	16時	10月1日ごろ	4時
5月1日ごろ	14時	11月1日ごろ	2時
6月1日ごろ	12時	12月1日ごろ	0時

■は夜，■は薄明，□は昼．

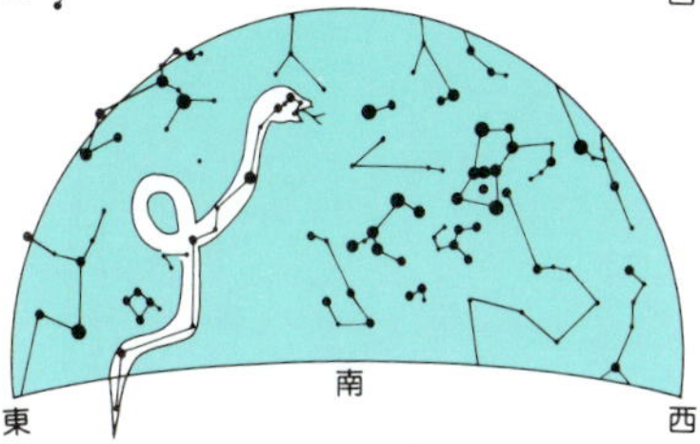

1月1日ごろ	1時	7月1日ごろ	13時
2月1日ごろ	23時	8月1日ごろ	11時
3月1日ごろ	21時	9月1日ごろ	9時
4月1日ごろ	19時	10月1日ごろ	7時
5月1日ごろ	17時	11月1日ごろ	5時
6月1日ごろ	15時	12月1日ごろ	3時

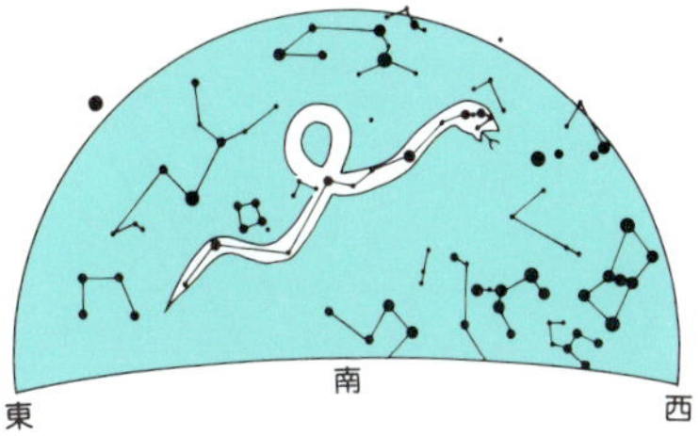

1月1日ごろ	4時	7月1日ごろ	16時
2月1日ごろ	2時	8月1日ごろ	14時
3月1日ごろ	0時	9月1日ごろ	12時
4月1日ごろ	22時	10月1日ごろ	10時
5月1日ごろ	20時	11月1日ごろ	8時
6月1日ごろ	18時	12月1日ごろ	6時

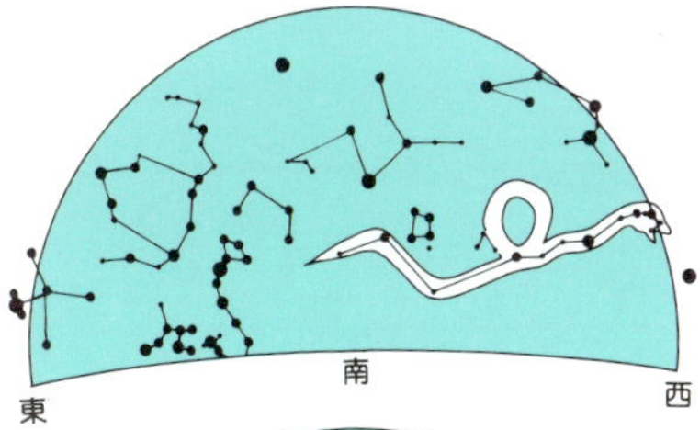

1月1日ごろ	7時	7月1日ごろ	19時
2月1日ごろ	5時	8月1日ごろ	17時
3月1日ごろ	3時	9月1日ごろ	15時
4月1日ごろ	1時	10月1日ごろ	13時
5月1日ごろ	23時	11月1日ごろ	11時
6月1日ごろ	21時	12月1日ごろ	9時

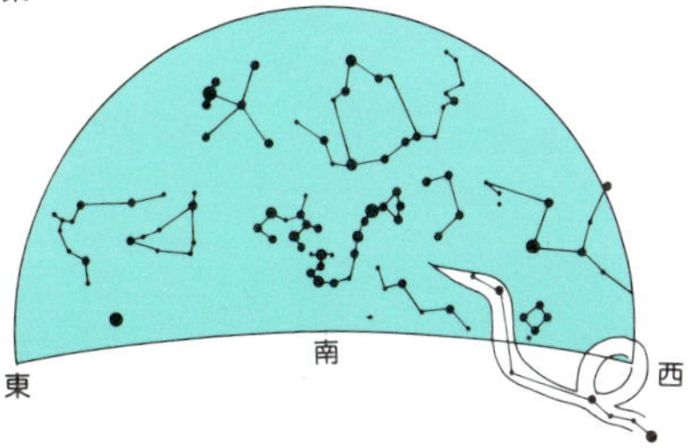

1月1日ごろ	10時	7月1日ごろ	22時
2月1日ごろ	8時	8月1日ごろ	20時
3月1日ごろ	6時	9月1日ごろ	18時
4月1日ごろ	4時	10月1日ごろ	16時
5月1日ごろ	2時	11月1日ごろ	14時
6月1日ごろ	0時	12月1日ごろ	12時

東経137°，北緯35°

うみへび座の歴史

この星座の歴史はかなり古い.

すでに古代バビロニア(紀元前3〜4世紀)時代の出土品に，前足があって，小さな翼をもった大蛇の姿がえがかれている.

いまから5〜6千年前というと，春分点がおうし座あたりにあって，うみへび座は，ちょうど赤道の真上でノタノタと巨体をくねらせていたことになる.

日本でみられない南方の星座のなかに「みずへび座」という小さな星座がある.

うみへび座の学名はHydra(ヒュドラ)で，みずへび座はHydrus(ヒュドルス)となっている. うみへびと，みずへびと呼びわけたのは，苦しまぎれといった感じだが，だからといって名訳があるわけでもない.

フランスの「めす」と「おす」にみたてたのがもっともおもしろい.

それにしても，おすに対してめすの大きいこと大きいこと，面積にして5倍以上も大きさがちがう.

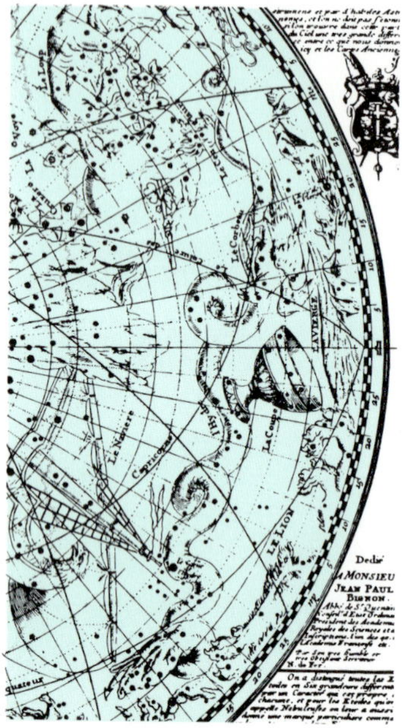

ラファエル星図の「うみへび座」

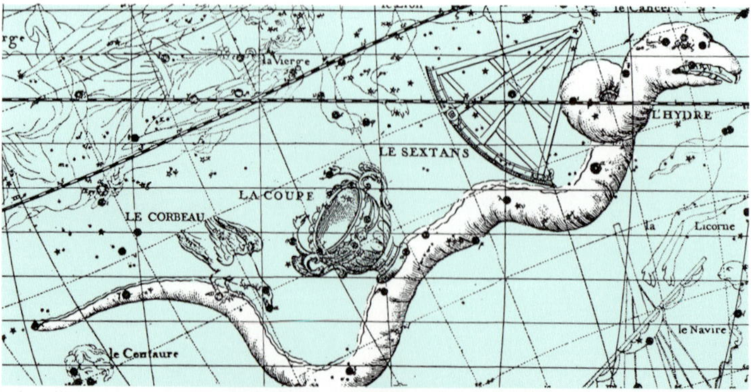

フラムスチード星図の「うみへび座」

全長100°のオバケヘビの探険

主星のαがみつかったら，うみへび座の星をたどってみよう．

よほどのマニヤでも，頭の先からしっぽの先まで，全部をたどったことのある人は少ない．星図をたよりに，一つ一つ星を確認しながらたどって，ウワバミの正体をあばくというのも，楽しい趣向だとおもうがいかがだろう．

α(心臓)から上(北)に$\to\tau^1\to\tau^2\to\iota\to\tau^1$でひとひねりして$\to\theta\to\omega\to$首ねっこの$\zeta\to$頭の五角形($\rho, \varepsilon, \delta, \sigma, \eta$)とたどる．$\sigma$星からペロペロッと，気味の悪い舌が出たりひっこんだりするのが想像できれば最高．

ねらいはすぐ前のこいぬ座のオシリ(プロキオン)にちがいない．すぐ上のかに座には目もくれず，かわいい子イヌをねらうヘビ，といったふうである．

心臓(α)からしっぽの先までは，ながいながい道のりである．

$\alpha\to\kappa\to\lambda\to\mu\to\phi\to\upsilon\to\chi\to\xi\to o\to\beta\to\psi\to\gamma\to\pi\to 54$とたどると，もうその先は夏のてんびん座とさそり座の鼻先である．

長すぎて，頭からしっぽの先まで全身を無傷で眺められるチャンスはめったにない．双眼鏡を片手に，星図と首っぴきで，やっとしっぽにたどりつく…といったみかたがふさわしい星座だ．

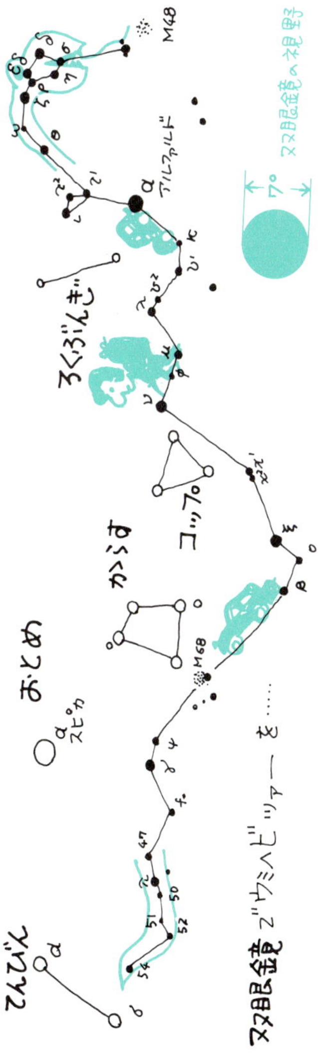

うみへび座の星と名前

＊α アルファ

アルファルド（孤独《こどく》な星）
コル・ヒドラエ（ヒドラの心臓《しんぞう》）

うみへび座の主星はコル・ヒドラエ Cor Hydrae，つまり，ヘビの怪物ヒドラの心臓である．ずばりそれらしき位置に輝き，すこし赤味をおびた輝きがいかにも毒蛇の心臓らしく不気味だ．

命名者はティコ・ブラーエ，16 世紀のデンマークの有名な天文学者である．

＊

「ヘビの心臓は，全長を三つにわった頭から 1/3 あたりにあってね．わしらヘビをやっつけるときは，そのあたりをねらって，エイヤッと石をたたきつけるんだ．イチコロですよ」

何年も前のはなしだが，奥穂高にのぼった帰り道，たまたまいっしょに山をおりた土地の大工さん（山小屋の修理にきた）から教わったことだ．それが妙に印象強くて，以来私は，ヘビをみるといつも 1/3 あたりに石をぶつけてみたい衝動にかられたものだ．

うみへび座の心臓は，頭の先から約 1/5 あたりにあって，1/3 理論からいくとしっぽがながすぎてバランスがよくない．はたして，その真疑のほどは？…と，2〜3 の図鑑を調べてみたら，いずれもくねくねと曲がりくねった絵でわかりにくい．指のスケールで測ってみたところ，頭から 1/5 から 1/7 あたりに心臓がえがかれている．

どうやら大工さんの説より，うみへび座のコル・ヒドラエの位置のほうが正しいようだ．

＊

α はコル・ヒドラエのほかに，アルファルド Alphard という固有名で知られている．

“孤独”とか“さみしいもの”という意味があって，怪物ヘビの心臓に輝く星に，まるでふさわしくない感傷的な呼名である．

しし座の下には，この星以外に目だつ星がなく，一つポツンと，とり

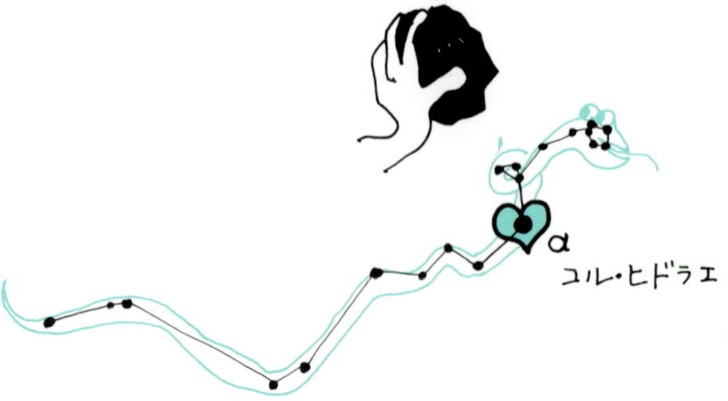

のこされているようすが，いかにも淋しそうにみえる．

なるほど，この2等星の近くには自然に線で結んでみたくなるような星がない．それどころか，まわりの星達が，ツーンとそっぽをむいている雰囲気すら感じられる．都会の空ではますますその感が強い．

アルファルドのにぶい赤味を帯びた輝きが，孤独な印象をいっそう強めているようだ．

あれが“ヘビの心臓の星”だと聞いて「ワァイヤダッ」と美しい顔をゆがめる女性も，実は“孤独なる星”と聞くと「まあ，ステキッ」とほほに手をあてて目を輝かせる．

< 2.0等　K4型 >

アルファルド＝孤独な星

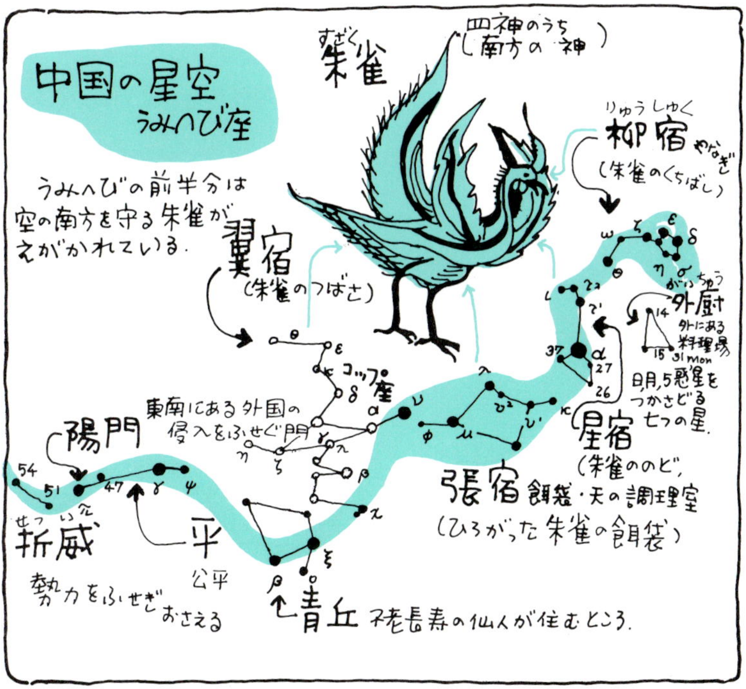

中国の星空
うみへび座
うみへびの前半分は
空の南方を守る朱雀が
えがかれている．
朱雀《すざく》
四神のうち
（南方の神）
柳宿《りゅうしゅく》やなぎ
（朱雀のくちばし）
翼宿
（朱雀のつばさ）
コップ座
外厨《がいちゅう》
外にある
料理場
日月，5惑星を
つかさどる
七つの星．
星宿
（朱雀ののど，
張宿 餌袋・天の調理室
（ひろがった朱雀の餌袋）
東南にある外国の
侵入をふせぐ門
陽門
折威《せついい》
勢力をふせぎおさえる
平
公平
青丘 不老長寿の仙人が住むところ．

うみへび座の伝説

● 9本首のヒドラ退治

伝説のヒュドラ（ヒドラ）Hydraは，大神ゼウスの妃ヘラが，ヘルクレスHerukles（ヘルクレス座）と戦わせるために育てた怪物だという．

おそらく，夫のゼウスとアルクメネAlkmeneの浮気によって生まれたヘルクレスが憎らしかったからなのだろう．

当然のなりゆきとして，ヘルクレスは怪物ヒドラ退治にでかけることになる．ヘルクレスの12の冒険の第2番目がヒドラ退治だ．

ヒドラはレルネLerneのアミュモネの沼に棲み，近くの人や家畜を襲った9本首のヘビの怪物である．

このヘビ，9頭のうち8頭は退治できるが，まん中の1頭だけは不死身であった．

ヘルクレスは甥(おい)のイオラオスIolaosをしたがえて沼にむかった．

彼が火矢を放つと，沼からヒドラが姿をあらわした．

襲いかかるヒドラの首を，ヘルクレスはかたっぱしから切りおとしたが，敵もさるもの，切られた首の切り口から，たちまち首は2本になってニョキニョキと顔を出すのだ．

これではさすがのヘルクレスもかなわない．何十本にも増えた首が，彼の足といわず腕といわず，からだ中にまきついてくるのでどうにもならない．

そこでヘルクレスは，馬の番をさせておいたイオラオスを呼んで，すけだちをたのんだ．

イオラオスは，森に火を放ち，燃える大木をひきぬいた．ヘルクレスがスパッと切り落した首のつけねをジュウッと焼いてしまおうというのだ．

ヘルクレスがスパッ，イオラオスがジュウッ，名付けてスパジュウ作戦？はみごとに効を奏した．傷口を焼かれたヒドラは，新しい首を出すことができず，不死身の頭を一本残してすべてはねられてしまった．

最後の首は，ヘルクレスといえども切り落とすことができない．そこで，つかまえたヒドラを穴にうめ，大きな岩をのせて，地中に封じこめた．

戦いの途中，ヒドラ危うしとみた女神ヘラは，巨大なカニの怪物カルキノスKarkinosを放った．カルキノスは，大きなはさみでヘルクレスの足を挟んだが，さらに大きなヘル

クレスの足に，ひとたまりもなく踏みつぶされてしまった．

女神ヘラは，ヒドラも，カルキノスも，その労をねぎらって，空にあげて星にしてやった．

ヒドラはうみへび座に，カルキノスはかに座になった．

この話，実はヘルクレスがレルネの沼の干拓工事をうけおったとき，うめてもうめても，水が湧きでてくるのにてこずったので，沼をヒドラ，湧きでる水をヒドラの首にたとえたのだという．

あるいは，レルノスという王とヘルクレスが戦ったとき，王の護衛がたおしてもたおしても代わりがでてきて，彼をてこずらせたのだともいわれる．カルキノスは，その時レルノスに味方した将軍の一人だといううがった解説もある．

伝説もいろいろで，ヒドラの頭もかならずしも9頭ではない．5頭であったり，7頭であったり，はては100頭までさまざまである．

この話，日本のスサノオノミコトのオロチ退治とどこか似ていて興味深い．ちなみに日本のオロチ（大蛇）は8頭であった．

＊

それにしても，春のよい空は，化けジシの前に，化けガニがいて，化けガニの下に化けヘビがいる．

春宵の一刻，天頂は三匹の怪獣に占領されている．いずれもヘルクレスに退治された怪獣どもで，いったい空で何をたくらんでいるのやら？

ひょっとすると，春の突風は彼ら負け怪獣どもの，くやしまぎれの鼻息のせいかもしれない．

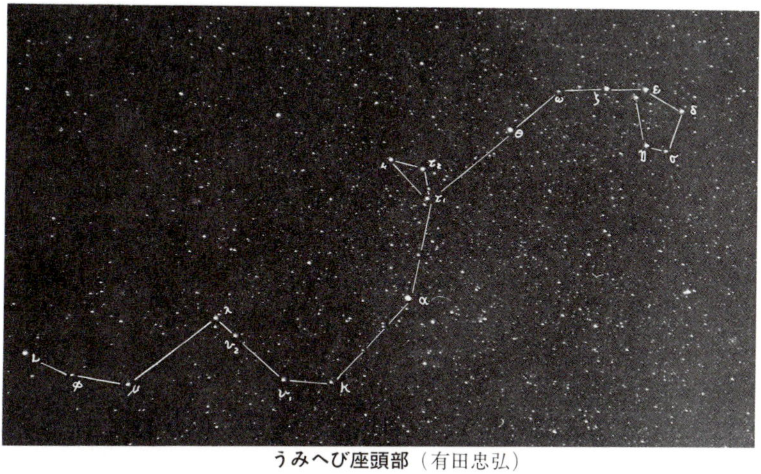

うみへび座頭部（有田忠弘）

うみへび座の見どころガイド

＊まぼろしの星団

M48

五角形のヘビの頭の下（南）に，散開星団 M 48 がある．

M 48 は，メシエ天体にいくつかある“まぼろし星団”の一つで，メシエの記録した位置には，それらしき星団はない． その位置から 4° 弱離れたところに散開星団 NGC 2548 があるので，彼の記録まちがいだろうと考えられている．

双眼鏡で十分確認できる．

ウミヘビの五角形の頭から，双眼鏡の視野いっぱい分だけ南(下)，わずか西(右)によったところに，1番星—C星—2番星と，三つが横に並んだ特徴のある星列がみつかるだろう．あとは簡単だ．その三つ星のさらに南西，双眼鏡の視野半分くらいのところに星の集団がみつかる．

暗夜なら，肉眼でみつかるほど明るい星団なので，大型プラネタリウムでは肉眼天体の一つとしてとりあげている．M 48 はプラネタリウムの星空でも，目をこらすとみつかるはずだ．

＜M48＝ＮＧＣ2548
散開星団　5.8等
視直径54′　2000光年＞

N

口径 10 cm ×60

M48

双眼鏡なら
かんたんに
みつけられる

ねこ座

FELIS《フェリス》

うみへび座の頭部の下で，ネコが星座(1776年)になったことがある．

フランスの天文学者ラランドが，自分の愛した猫を星にしたのだという．

このネコ，ウミヘビにみつかって，パクリと食べられてしまったのだろう．いつのまにか姿を消してしまった．

もちろん，消えた本当の理由は，個人的な理由でつくられたこの星座が，他の天文学者たちの賛同を得られなかったからにちがいない．ニャンともさえない話である．

ラランドはネコのほか，彗星番人メシエ，軽気球，壁四分儀を新設したが，いずれも現在はない．

つまみだされた
ラランドの
ドラネコ座

ANTLIA
NEVMATICA

ボーデBodeの星図(1801)にえがかれた「ねこ座」

8 りょうけん座 <日本名>

CANES VENATICI
カネス・ベナティキ <学名>

りょうけん座の みりょく

おおぐま座を追う２匹の猟犬がいる．

といっても，２匹は３等星と４等星でめだたない．クマにおそいかかる猟犬の迫力は，まったく感じられず，２匹ともペットのようにおとなしくクマのあとを追う．

りょうけん座のうしろから，うしかい座がしきりにけしかけるが，猟犬はいっこうにふるいたつようすもない．

りょうけん座は，どっちかというと，おおぐま座とうしかい座の追いかけっこにイロをそえるバイプレーヤーだ．

主役にはなれないが，演技しだいで助演賞はかたい役まわりなのに，なぜか，気のりがしないらしく演技にみがはいっていない．

うしかい座のひもつき星座にされたことに，いささか抵抗を感じているのだろう．

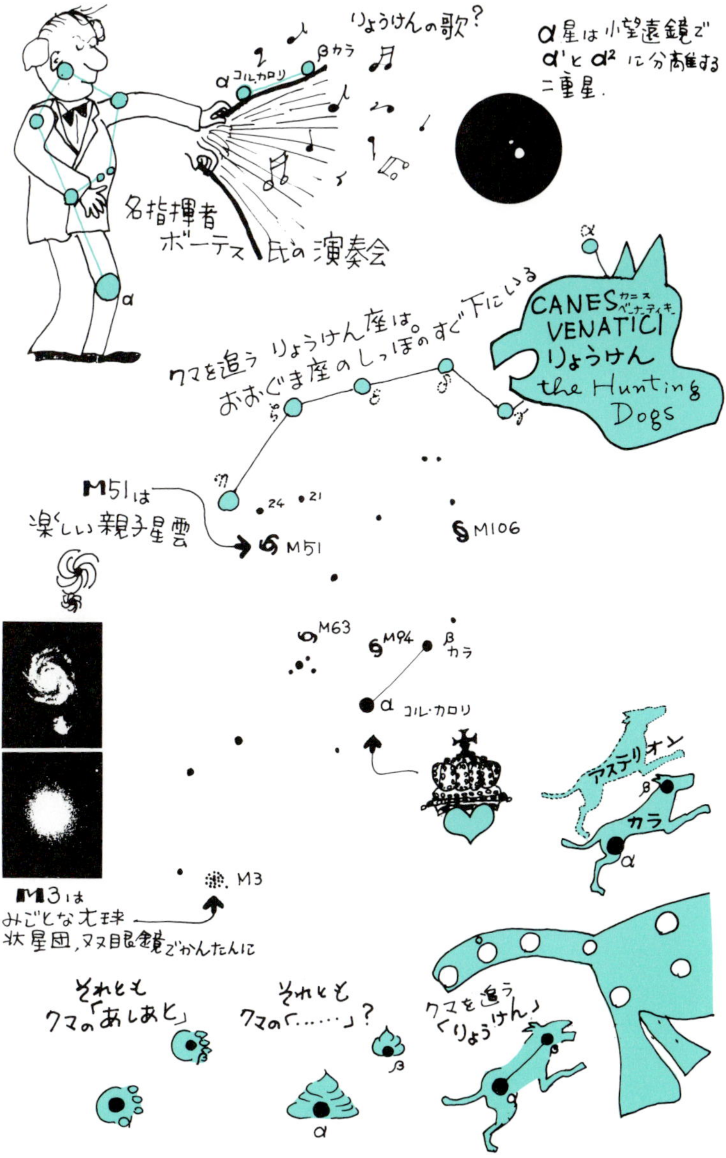

りょうけんの歌？
α星は小望遠鏡で
α¹とα²に分離する
二重星.
α コル・カロリ
β カラ
名指揮者
ボーテス氏の演奏会
α
クマを追う りょうけん座は。
おおぐま座のしっぽのすぐ下にいる
CANES VENATICI
カニス ベナティキ
りょうけん
the Hunting Dogs
α
24
21
M51は
楽しい親子星雲
M51
M106
M63
M94
β カラ
α コル・カロリ
M3
M3は
みごとな大球状星団,双眼鏡でかんたんに
アステリオン
カラ
β
α
それとも
クマの「あしあと」
それとも
クマの「……」？
クマを追う
「りょうけん」
α
β

りょうけん座の星々

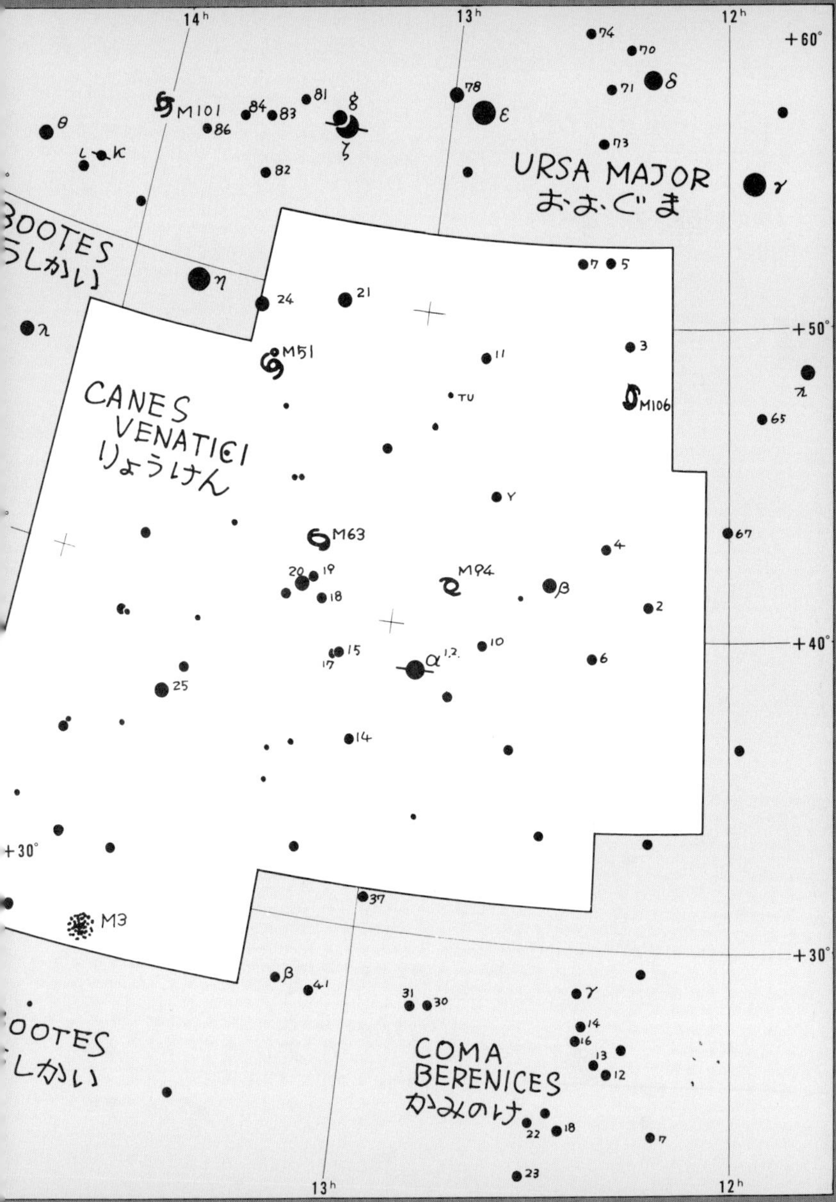
14h
13h
12h
+60°
+50°
+40°
+30°
URSA MAJOR
おおぐま
CANES
VENATICI
りょうけん
COMA
BERENICES
かみのけ
M101
M51
M106
M63
M94
M3
TU
Y
α
β
δ
ε
γ
η
θ
ζ
κ
λ
74
70
71
78
81
84
83
86
82
73
65
67
7
5
24
21
3
11
4
2
20
19
18
10
15
17
6
25
14
37
41
31
30
16
13
12
22
18
23

りょうけん座の星図

りょうけん座の みつけかた

りょうけん座は，おおぐま座の北斗七星からみつけるか，うしかい座からたどればいい．

あまりのクマの大きさに驚き，クマのうしろでためらうりょう犬を，「それいけ」とせきたてるのが牛飼い，といったようすである．

うしかい座のアルクトゥルスと，おおぐま座のβ星を結んだ中間あたりに，小さくなって主人の顔色をうかがうりょう犬(主星αは3等星)がいる．

主星αは南中時にほとんどてっぺんを通る．

りょうけん座の日周運動

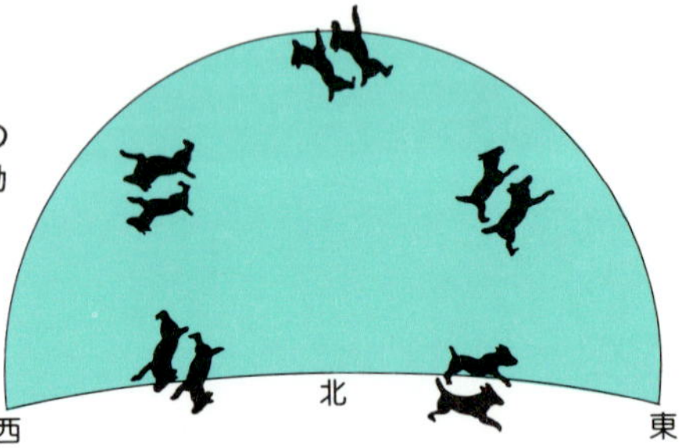

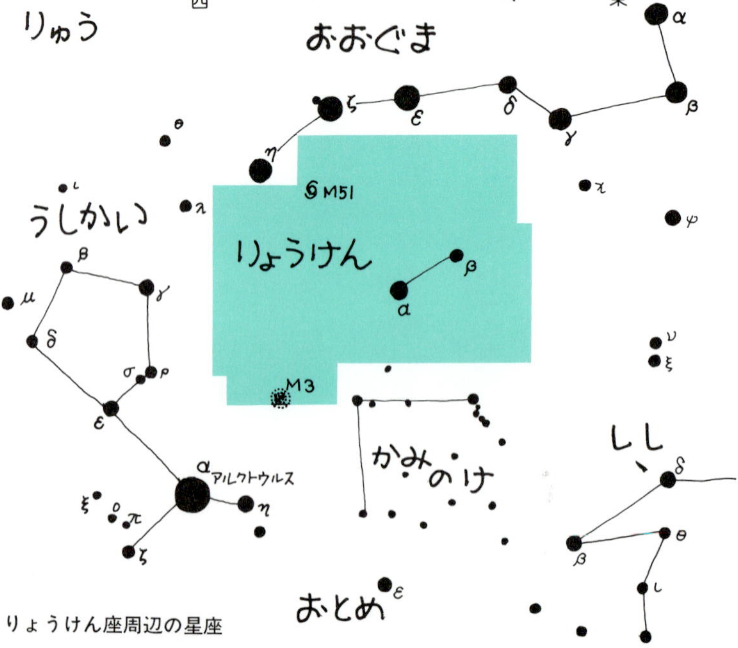

りょうけん座周辺の星座

りょうけん座を見るには（表対照）

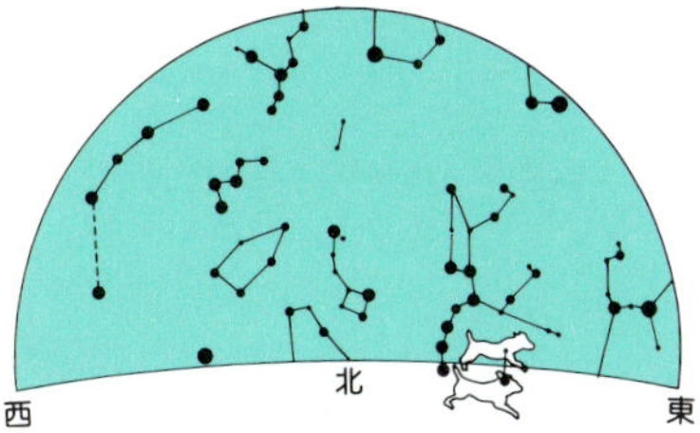

1月1日ごろ	22時	7月1日ごろ	10時
2月1日ごろ	20時	8月1日ごろ	8時
3月1日ごろ	18時	9月1日ごろ	6時
4月1日ごろ	16時	10月1日ごろ	4時
5月1日ごろ	14時	11月1日ごろ	2時
6月1日ごろ	12時	12月1日ごろ	0時

■は夜，■は薄明，□は昼.

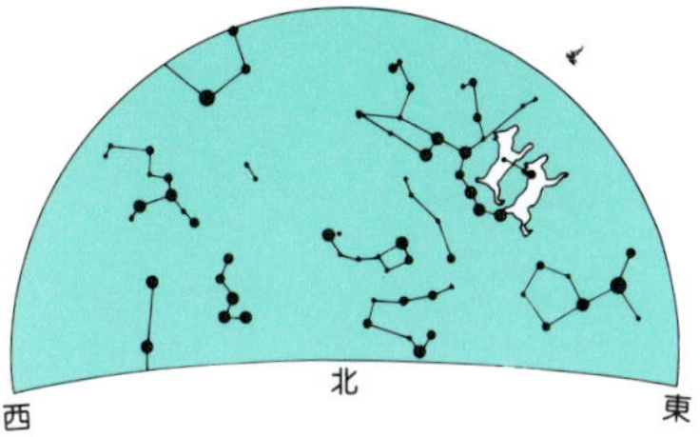

1月1日ごろ	2時	7月1日ごろ	14時
2月1日ごろ	0時	8月1日ごろ	12時
3月1日ごろ	22時	9月1日ごろ	10時
4月1日ごろ	20時	10月1日ごろ	8時
5月1日ごろ	18時	11月1日ごろ	6時
6月1日ごろ	16時	12月1日ごろ	4時

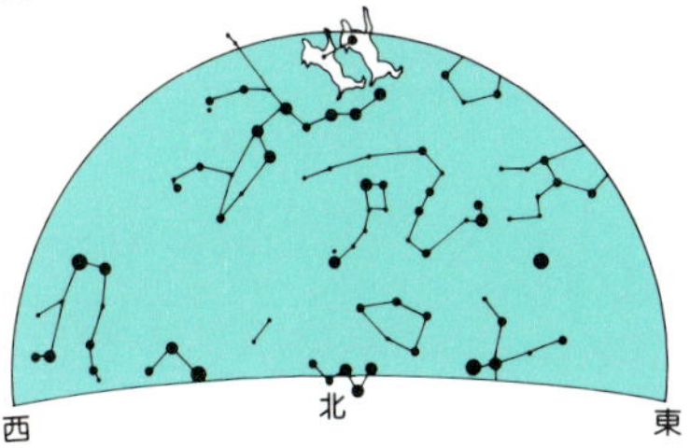

1月1日ごろ	6時	7月1日ごろ	18時
2月1日ごろ	4時	8月1日ごろ	16時
3月1日ごろ	2時	9月1日ごろ	14時
4月1日ごろ	0時	10月1日ごろ	12時
5月1日ごろ	22時	11月1日ごろ	10時
6月1日ごろ	20時	12月1日ごろ	8時

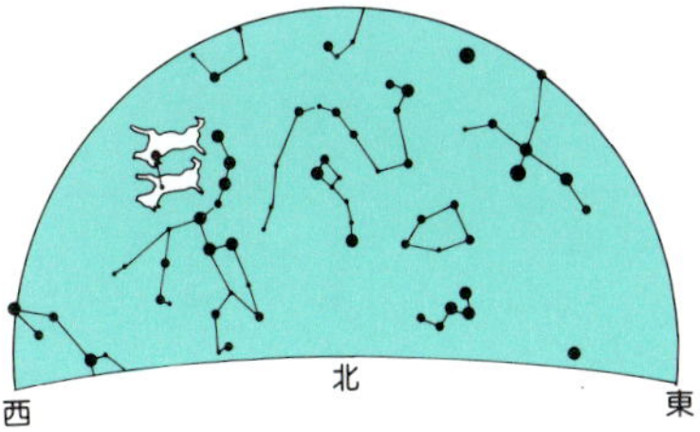

1月1日ごろ	10時	7月1日ごろ	22時
2月1日ごろ	8時	8月1日ごろ	20時
3月1日ごろ	6時	9月1日ごろ	18時
4月1日ごろ	4時	10月1日ごろ	16時
5月1日ごろ	2時	11月1日ごろ	14時
6月1日ごろ	0時	12月1日ごろ	12時

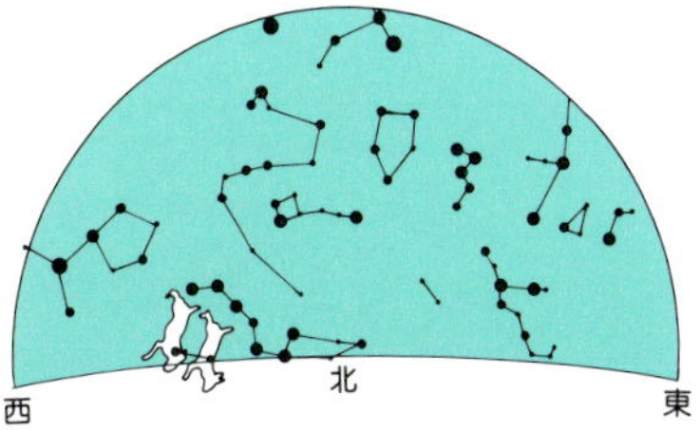

1月1日ごろ	14時	7月1日ごろ	2時
2月1日ごろ	12時	8月1日ごろ	0時
3月1日ごろ	10時	9月1日ごろ	22時
4月1日ごろ	8時	10月1日ごろ	20時
5月1日ごろ	6時	11月1日ごろ	18時
6月1日ごろ	4時	12月1日ごろ	16時

東経137°，北緯35°

りょうけん座の歴史

りょうけん座は，ヘベリウスの新設星座のひとつである．それまではおおぐま座の一部であった．

おおぐま座のまわりには，そのほか“こじし座”“きりん座”“やまねこ座”と，ヘベリウスの新設星座が多い．

いずれもはっきりした星列のない穴うめ的星座だが，りょうけん座はその中では比較的星にめぐまれた星座だ．主星が3等星なのは，穴うめ星座としてはまずまずである．

りょうけん座には2匹の犬がえがかれている．

βとαに1匹，その北側の微光星のあるあたりに1匹，南側の犬はカラ，北側の犬はアステリオンと呼ばれた．

北側の犬は微光星ばかりで，犬らしい姿を想像することはできない．

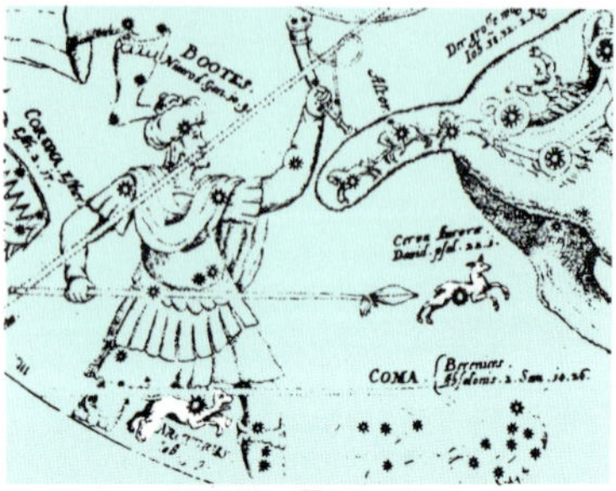

シッカルドの星図にえがかれた「りょうけん座」．うしかい座アルクトウルスが，もう一匹のりょう犬になっている

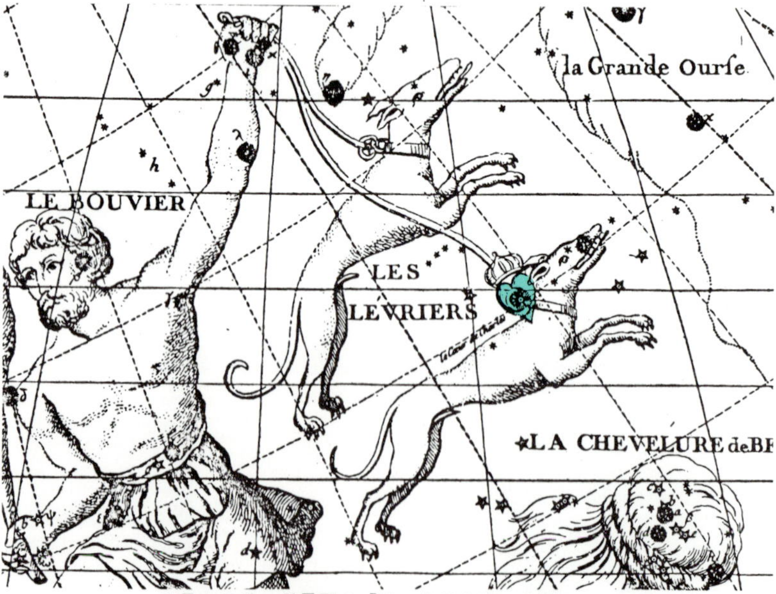

フラムスチード星図の「りょうけん座」．主星コル・カロリに王冠をかぶったハートがえがかれている．

りょうけん座の
星と名前

＊α アルファ
コル・カロリ
（チャールズの心ぞう）

星座絵の多くはβ星が犬の鼻づらに輝き，α星は首に輝く.

チャールズの心臓という呼名は，まったく犬とは関係がなく，イギリスの国王チャールズ二世の心臓のことである.

フラムスチードのえがいた星座絵をよくみると，α星のところにハートがえがかれ，なんとそのハートが王冠をかぶっている.

コル・カロリ Cor Caroli は，チャールズ二世が王位についたことを記念して，ハレーすい星で有名なイギリスの天文学者エドモンド・ハレーが命名したといわれる.

コル・カロリは変光星だが，2.78 等から 2.81 等まで，ほんのすこしだけ明るさをかえるにすぎない.

チャールズ二世が王位についた 1660年に，この星が異状に輝き，王の侍医がそれをみつけた…という話がある．はたしてそれは本当だろうか？

この星が太陽の 100 倍以上という強い磁場をもった異常な星（5.5 日で変化する磁変星）であることはわかっているのだが….

＜ 2.8等　A0型 ＞

＊β ベータ
カラ　（犬の名前）

“かわいい犬”という意味をもつ南側の犬の呼名である.

北側の犬の名前アステリオン（輝く星）もすばらしいが，β星の北側には残念ながらこの名にふさわしい星がない．ハレーには悪いが，できることなら，コル・カロリという妙な名前をすてて，β星をカラ Chara，α星にはアステリオン Asterion という呼名をあたえたい.

＜ 4.3等　G0型 ＞

α
コル・カロリ

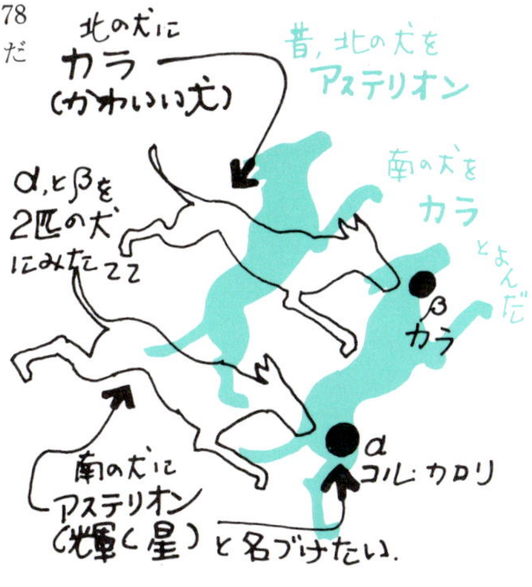
北の犬に
カラ
（かわいい犬）
昔，北の犬を
アステリオン
南の犬を
カラ
とよんだ
α，とβを
2匹の犬
にみたてて
β
カラ
α
コル・カロリ
南の犬に
アステリオン
（輝く星）と名づけたい.

りょうけん座の伝説

イギリスに革命がおこった17世紀に，国王チャールズ一世は処刑された．

その子チャールズ二世 Charles Ⅱはヨーロッパにのがれて各地を転々としたが，12年後の1660年，社会情勢は一変して，自国にかえって王位につくことができた．ときにチャールズは30歳だった．

その夜，りょうけん座のα星が異状に輝いたのを，王の侍医チャールズ・スカボローがみたという．

チャールズ二世は1685年になくなったが，その後，チャールズ王の支持者であった天文学者エドモンド・ハレー Edmund Halley は，スカボローの話にもとづいて，りょうけん座αにコル・カロリ Cor Caroli（チャールズの心臓という意味のラテン名）と名付けた．1725年だった．

グリニッヂ天文台を創設させたチャールズ二世は，天文学者ハレーのよき後援者でもあった．それはハレーがチャールズ王の名を星や星座の名前にとりあげたことと無関係ではない．

ハレーはフラムスチードのあとをついで，グリニッヂ天文台の第二代目の台長に就任している．

りょうけん座の見どころガイド

＊大球状星団 M3

暗い夜なら，たぶん肉眼で恒星状の光点がみつかるだろう．双眼鏡でなら淡い光がやわらかくつつむようにみえるはずだ．

ぎっしり星を集めた球状星団 M3 の姿は，大望遠鏡で撮影した天体写真で十分味わってほしい．太陽をおよそ25万個あつめたくらいの質量をもった，大きく明るい球状星団である．

りょうけん座のα星と，うしかい座のアルクトゥルスを結んで，ほぼ中間あたりに見当をつけてみよう．

ちかくに目ぼしい星がないので，星をたどってさがすことはむずかしいが，だいたいあのあたりというようにズボラに見当をつけると，いとも簡単にみつかる．

＜M3　球状星団　6.4等
視直径16′　32300光年＞

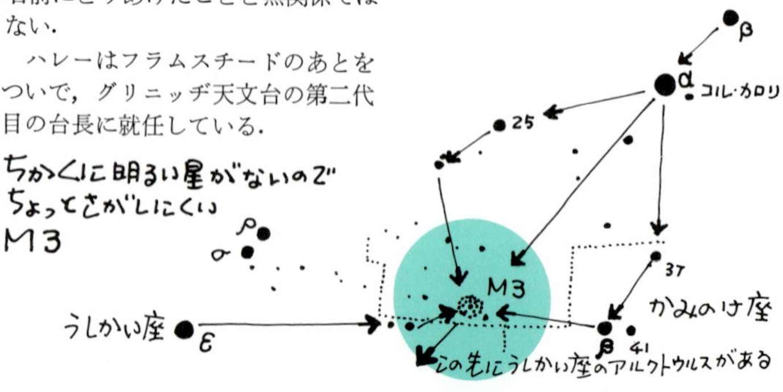
ちかくに明るい星がないので
ちょっとさがしにくい
M3
β
α
コル・カロリ
25
ρ
σ
M3
37
かみのけ座
うしかい座
ε
β
41
この先にうしかい座のアルクトゥルスがある

幻の星座シリーズ

チャールズのかしのき座

ROBUR《ローブル》 CAROLINUM《カロリニウム》

りゅうこつ座のβ星付近につくられた星座だが，いまはない．

1651年，クロムウェルとの戦いにやぶれた，当時のイギリス国王チャールズ二世は，敵に追われて危ういところを，樫の大木の穴にかくれて助かった．

イギリスの天文学者エドモンド・ハレーE. Halleyは，このことを記念して，1679年に樫の木を星座にした．

さて，ハレーはチャールズ王からオックスフォード大学の修士の学位を授けられたし，のちにはグリニッジ天文台長になれた．

この星空のご進物が偉力を発揮したかどうかはわからないが，1個人の名誉のために星空をつかうことはもちろん，反対するものが多く，現代の星座に生きのこることはできなかった．

この星座は，当時のアルゴ座（アルゴ船＝現在は4つの星座に分割されている）の星の一部をつかってえがかれたのだが，同時代のポーランドの天文学者ヘベリュウスの星図をみると，なんと，チャールズの樫の木とアルゴ船が衝突して，メリメリッとさけている．

この無惨な樫の木の姿は，当時のイギリス以外の天文学者たちの心をちょっぴりくすぐったにちがいない．皮肉のきいたユーモアたっぷりの楽しい星図である．

ヘベリウスの星図から
（当時の星図は天球儀にえがくため裏がえしになっている．この図は正しい星の配置にもどすために裏やきした．）

＊子もち銀河？ M51

“Whirlpool Galaxy”の呼名で有名な系外銀河.

みごとに渦巻き状の銀河であることと，となりに小さな伴銀河があって，その姿がまるで“親子銀河”とか“子もち銀河”といった感じでかわいらしいことが，このM 51に多くのファンをつくった.

かくいう私も，“M 51ファンクラブ”の一員である.

さて，このみごとな二重銀河は，おおぐま座のη星（北斗七星の一番先の星）の約2° 西に24番星をみつけ，さらに約2° 南西にある.

肉眼ではむりだが，なれれば双眼鏡で小さな淡い光点がみとめられるだろう．子もち銀河らしい楽しい姿は，残念ながら天体望遠鏡の助けが必要.

M51の親銀河のほうは光度8.4等，子銀河のほうは9.6等，実直径は主銀河が約12万光年なのに対して，伴銀河は約8万光年とすこし小さい（銀河系の直径は10万光年).

ところがである．この二重銀河，実は親子ではないし，兄弟でもなさそうだ.

主銀河(NGC5194)が，太陽の1600億倍の質量をもつのに対して，伴銀河(NGC5195)は，なんとその2倍の質量をもつ楕円銀河である．非常にまれなできごとだが，この巨大な質量をもつ楕円銀河が，たまたま渦状銀河のふちをかすめて通過したためその引力でからまりあっているのでは？　とも考えられている.

親子や兄弟どころか，すれちがいの他人，いやゆきずりの恋人といったところなのだ.

M 51の最初の発見者は1773年10月にフランスのメシエ．その渦巻き構造は1845年にアイルランドのロス卿がはじめてみつけている.

双眼鏡でみえる小さな光のシミの親子には，残念ながら巨大な渦巻き銀河の面影はない.

＜M51　系外銀河　8.4等
視直径11′×8′　2100万光年＞
＜NGC5195　系外銀河　9.6等
視直径5′×4′　2100万光年＞

M51 のさがしかた

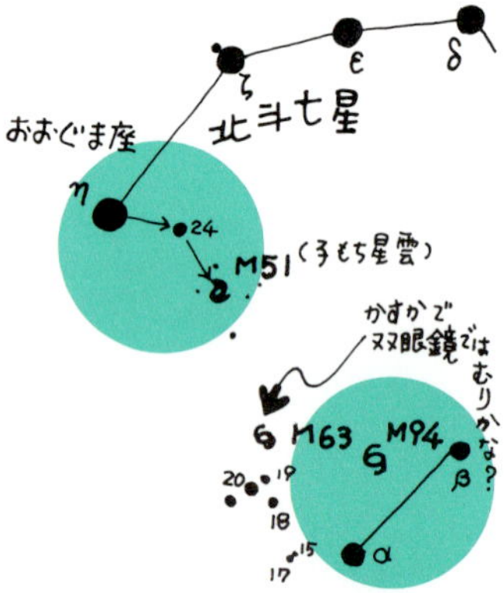

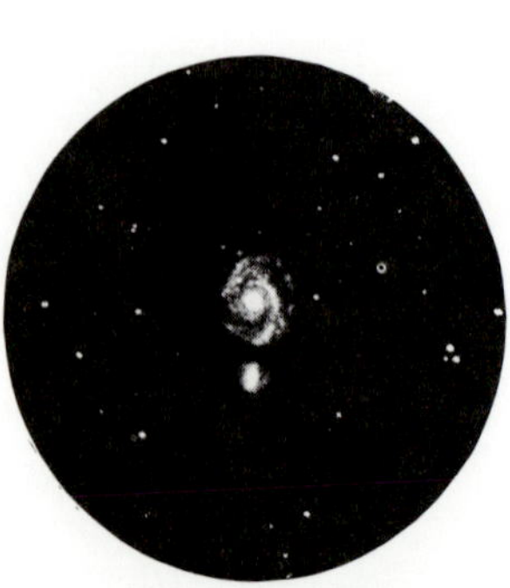

M51　口径10 cm　×80

＊M63とM94とM106

りょうけん座には主人のうしかい座に一つもないM天体が5つもある．

M 3とM 51のほかM 63，M 94，M 106がある．双眼鏡のある人は，一度これらの淡い光点に挑戦してみてほしい．発見はかなりむずかしいと思うが….

M 63とM 94はα星のちかく，M 106はおおぐま座のγ星とχ星から見当をつけるといい．

＜M63　系外銀河　8.6等
視直径12′×8′　2400万光年＞

＜M94　系外銀河　8.2等
視直径11′×9′　1600万光年＞

＜M106　系外銀河　8.3等
視直径18′×8′　2100万光年＞

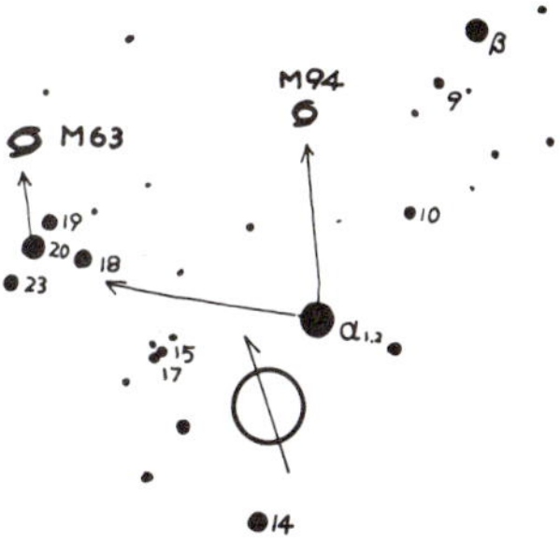
β
M94
9
M63
19
20
18
23
10
α1,2
15
17
14

M63, M94 のさがしかた

M94

M106 のさがしかた

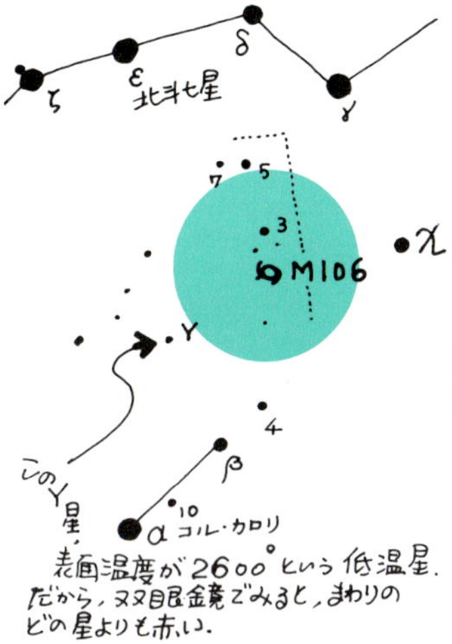
ζ
ε
北斗七星
δ
γ
7
5
3
M106
χ
γ
4
β
この星
10
α コル・カロリ
表面温度が2600°という低温星.
だから，双眼鏡でみると，まわりの
どの星よりも赤い.

M106

N

口径10cm
×60

M63

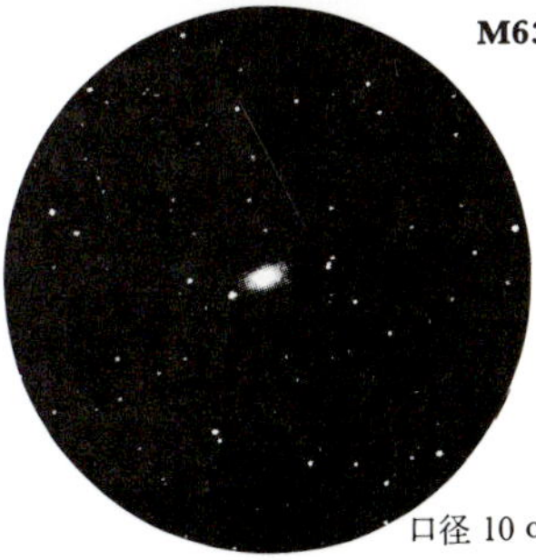

N

口径 10 cm
×60

9 かみのけ座 <日本名>
COMA BERENICES コマ ベレニケス <学名>

かみのけ座のみりょく

いじきたないシシが，カニのにぎりめしをとりあげようとした．

「ヨコセッ」「イヤダッ」「ナンダト，ナマイキナッ」…と，もみあっているうちに，パーッととびちったゴハンツブが，シシのオシリの上あたりに，ペタペタペタッとくっついてしまった．

暗い夜に，しし座の北東(左上)をみると，ひとかたまりの微光星のむれが実に美しい．

もちろん，“ごはん つぶ座”ではない．“かみのけ座”の星群である．

こともあろうに，この美しいかみのけ座を，ゴハンツブにたとえるとはなにごとであるか，という人もあろう．

しかし，こともあろうに，かみのけ座の星群をシシがうっかりもらした“プウ”にみたてた人がいる．それにくらべたら“ゴハンツブ”はまだ罪が軽い．

「こども達にはおおいにうけたけど，仲間のヒンシュクを一身に浴びて，しし座のプウを浴びるよりつらかったですよ，ハッハッハッ」と，某児童館館長の愉快な話がとても楽しかった．

もっとも，月のないすばらしい暗夜にみる“かみのけ 座”のイメージは，だれがみてもゴハンツブやプウではない．

フッともらしたため息で，たちまち飛びちってしまいそうな微光星のむれは，やはり，美しい女性の“かみのけ座”がふさわしい．

すぐ下の“おとめ座”が愛用する“ヘアピース座”では？ と，たのしいみかたもできるのだが….

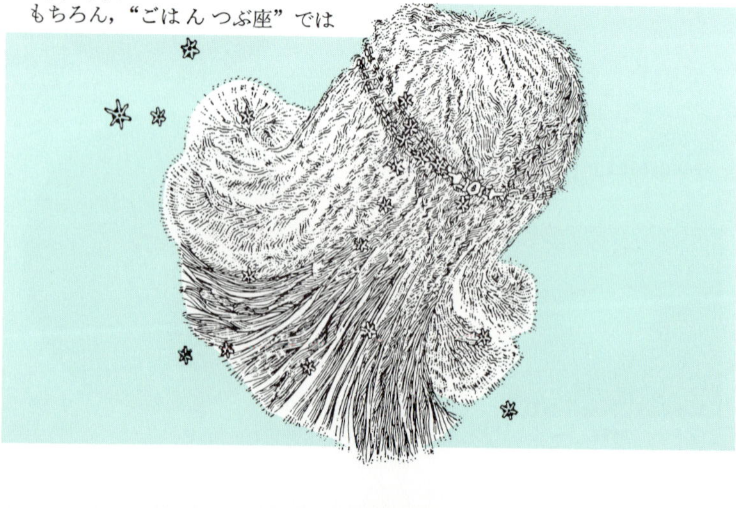

春風になびく
かみのけ座
春風に散る
サクラの花びら
か?
それとも……
とびちる水滴か?
POP
軽快な
“春風の歌”を
かなでる
かみのけ座
β
γ
α ディアデム(かみかざり)
プシュー
ッ
ヘアートニック
COMA《コマ》
BERENICES《ベレニケス》
かみのけ
the Berenice's
Hair
あの美しい星のあつまりを
『しし座のフウ』だなんて
δ
θ
しし座
β デネボラ
つまり、その──
シシが
つい春風にさそわれて……
…気がゆるんだのでしょうか

かみのけ座の星々

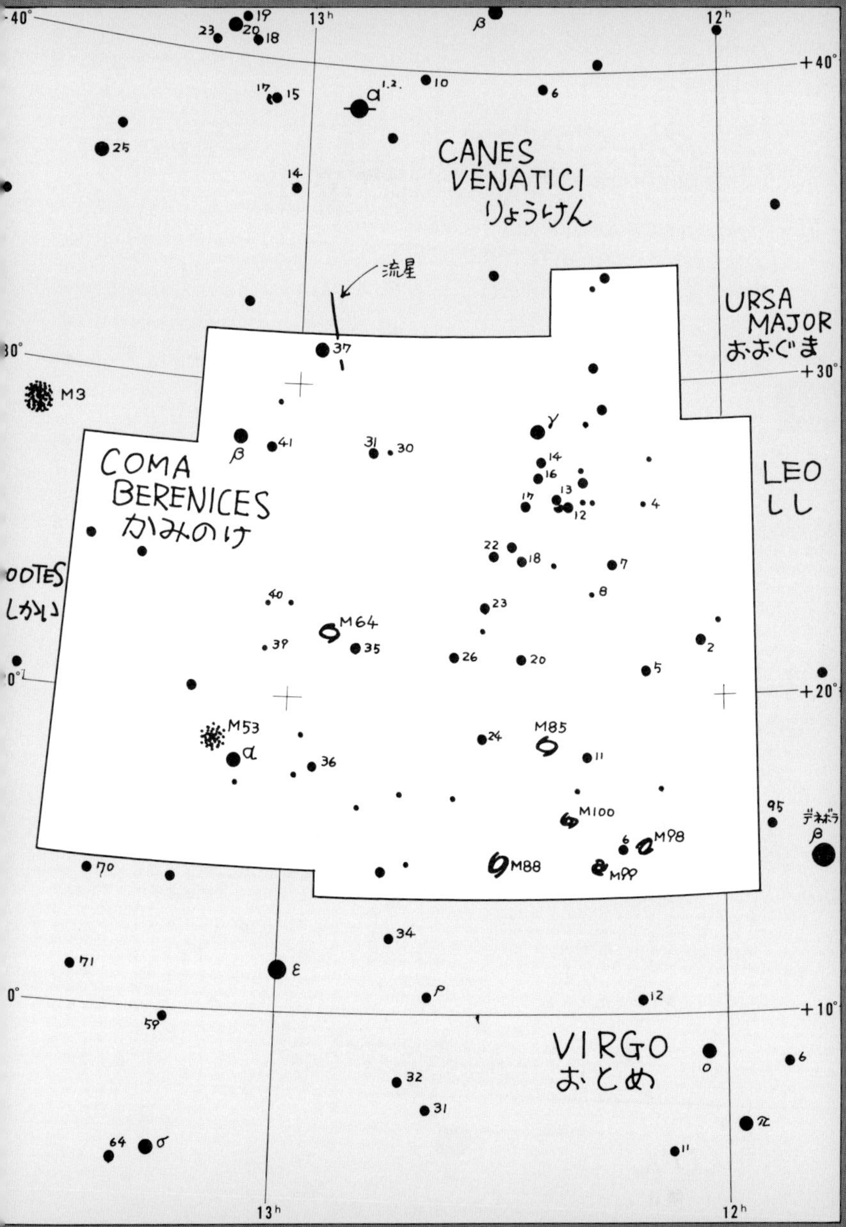

13h
12h
+40°
+30°
+20°
+10°
CANES
VENATICI
りょうけん
流星
URSA
MAJOR
おおぐま
M3
COMA
BERENICES
かみのけ
LEO
しし
OOTES
しかい
M64
M53
M85
M100
M98
M88
M99
デネボラ
VIRGO
おとめ

かみのけ座の星図

かみのけ座のみつけかた

かみのけ座をみつけるのはそれほどむずかしくない．ただし，月のない星の美しい夜という条件が付く．

なにしろ，主星のα星ですら4.3等という微光星だ．すこし目をこらせば15〜16の星がかぞえられるところだが，いずれも5等星以下という微光星だから，その気になってみつけないとみのがしてしまう．

おとめ座の上(北)，しし座のしっぽ(β星)のうしろ(東)に注目してみよう．女性的なやさしい星のむれがみつかるだろう．

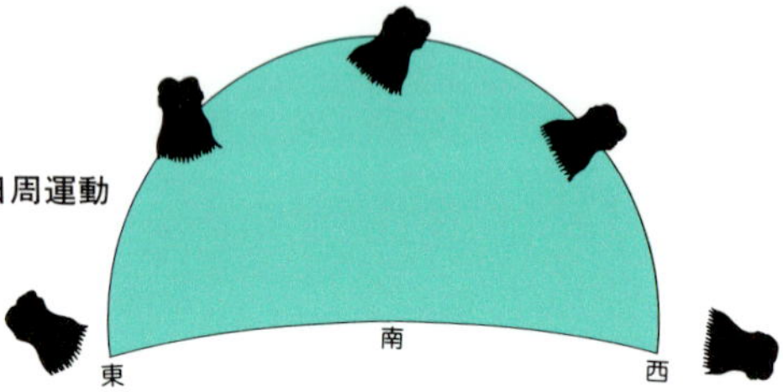

南
東
西

かみのけ座の日周運動

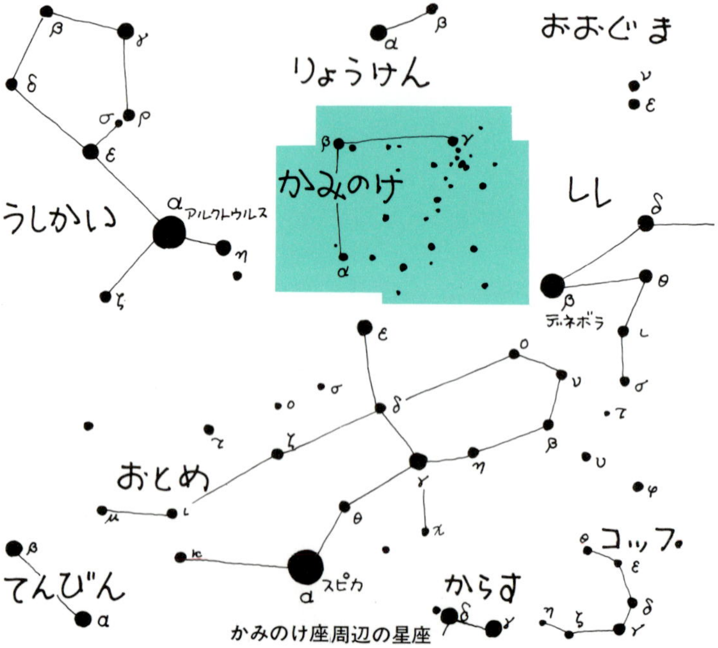

おおぐま
りょうけん
かみのけ
しし
うしかい
アルクトゥルス
デネボラ
おとめ
てんびん
スピカ
からす
コップ

かみのけ座周辺の星座

かみのけ座を見るには（表対照）

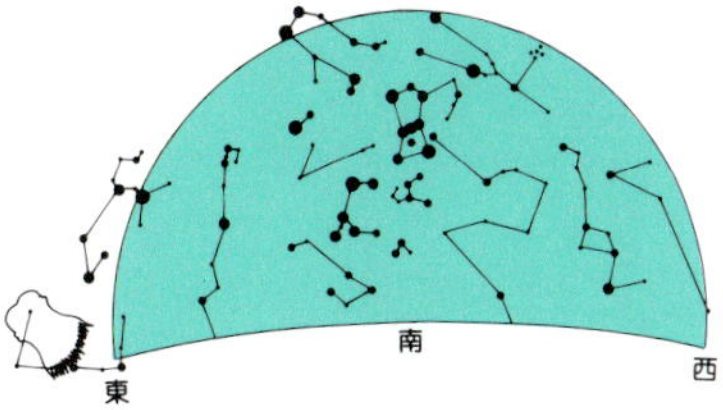

1月1日ごろ	22時	7月1日ごろ	10時
2月1日ごろ	20時	8月1日ごろ	8時
3月1日ごろ	18時	9月1日ごろ	6時
4月1日ごろ	16時	10月1日ごろ	4時
5月1日ごろ	14時	11月1日ごろ	2時
6月1日ごろ	12時	12月1日ごろ	0時

■は夜，■は薄明，□は昼．

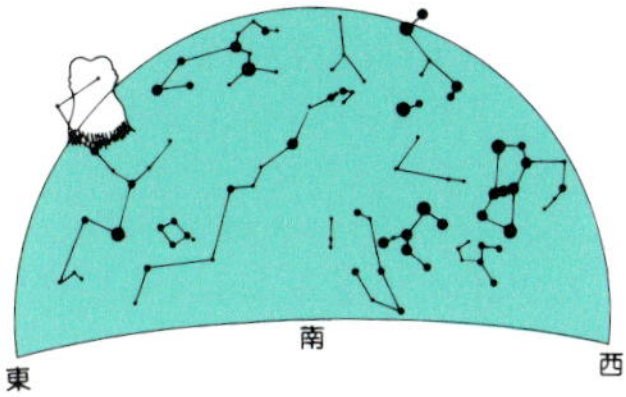

1月1日ごろ	1時30分	7月1日ごろ	13時30分
2月1日ごろ	23時30分	8月1日ごろ	11時30分
3月1日ごろ	21時30分	9月1日ごろ	9時30分
4月1日ごろ	19時30分	10月1日ごろ	7時30分
5月1日ごろ	17時30分	11月1日ごろ	5時30分
6月1日ごろ	15時30分	12月1日ごろ	3時30分

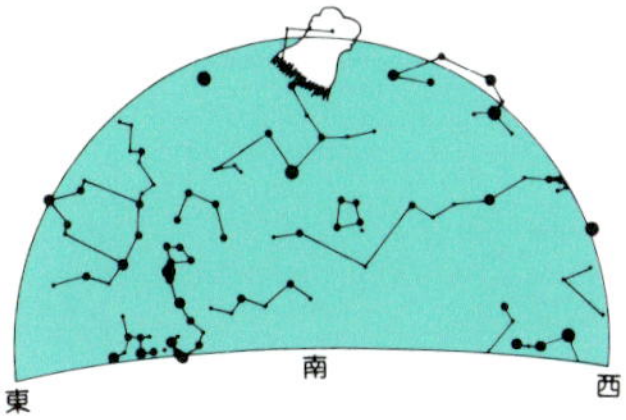

1月1日ごろ	5時	7月1日ごろ	17時
2月1日ごろ	3時	8月1日ごろ	15時
3月1日ごろ	1時	9月1日ごろ	13時
4月1日ごろ	23時	10月1日ごろ	11時
5月1日ごろ	21時	11月1日ごろ	9時
6月1日ごろ	19時	12月1日ごろ	7時

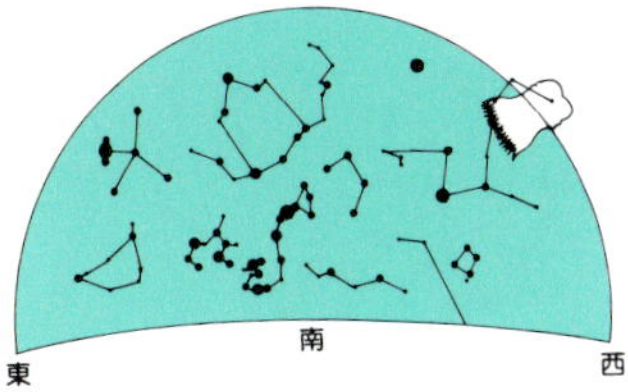

1月1日ごろ	8時30分	7月1日ごろ	20時30分
2月1日ごろ	6時30分	8月1日ごろ	18時30分
3月1日ごろ	4時30分	9月1日ごろ	16時30分
4月1日ごろ	2時30分	10月1日ごろ	14時30分
5月1日ごろ	0時30分	11月1日ごろ	12時30分
6月1日ごろ	22時30分	12月1日ごろ	10時30分

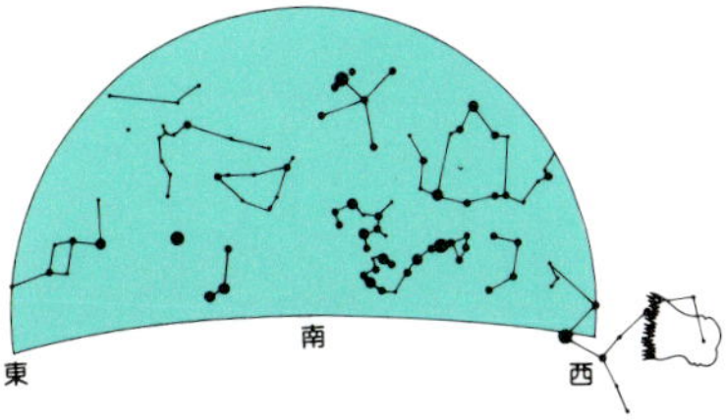

1月1日ごろ	12時	7月1日ごろ	0時
2月1日ごろ	10時	8月1日ごろ	22時
3月1日ごろ	8時	9月1日ごろ	20時
4月1日ごろ	6時	10月1日ごろ	18時
5月1日ごろ	4時	11月1日ごろ	16時
6月1日ごろ	2時	12月1日ごろ	14時

東経137°，北緯35°

かみのけ座の歴史

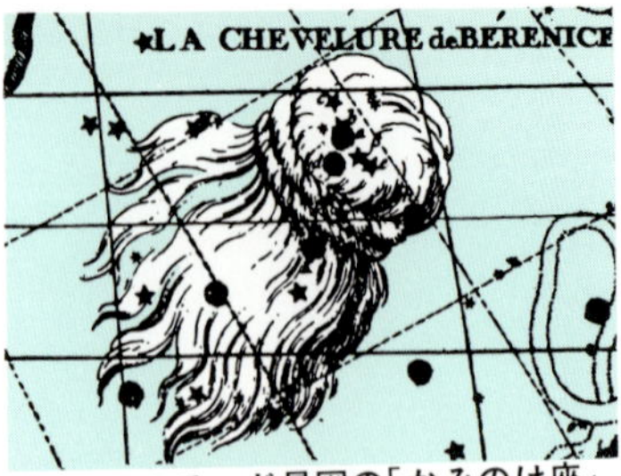

フラムスチード星図の「かみのけ座」

かみのけ座は，なぜかプトレマイオスの48星座（2世紀）にふくまれていない．

かみのけ座の歴史はかなり古く，すでに紀元前3世紀ごろのギリシャ時代にあった星座で，おそらく，この美しい星のむれを，女性の髪の毛にみたてたのは，もっともっと古い昔の人々だったのだろう．

紀元前3世紀には，エジプトの王妃ベレニケ Berenice の美しい髪の毛とむすびつけて“ベレニケのかみのけ”と呼ばれた．

プトレマイオス以来姿を消してしまった“かみのけ座”は，17世紀のはじめ，デンマークの有名な天文学者ティコ・ブラーエが復活させた．

日本名は“ベレニケのかみのけ座”と呼ばれたが，現在は，ただの“かみのけ座”となった．

幻の星座シリーズ

マエナルスさん《山》座
MONS《モンス》 MAENALUS《マエナルス》

ギリシャの南部，アルカディア地方にある山がなぜか星座になった．

ドイツの天文学者ヘベリウスが，うしかい座の足もとに設定したのだが，かつて，このあたりで熊がりがさかんであったのだろうか，それとも，伝説で大グマを追うアルカスの出身地がこのあたりだというのだろうか，あるいは，大グマ伝説の発祥の地であったのだろうか．

マエナルス山は，海抜600メートルそこそこの低い山らしい．巨大な“うしかい座”をささえるには，少々役不足を感じさせる．そのせいでもないが，マエナルス山座は，いまはない．

ヘベリウスの星図にえがかれたマエナルス山．うしかいの足の下にある．

かみのけ座の
星と名前

＊α《アルファ》

ディアデム（ヘアかざり）

王冠とか，髪飾り帯（ヘアバンド）という意味の名前だが，微光星のむれの中のひとつの星を，どうみたらヘアバンドにみえるか，などとなやむことはない．微光星のむれの中から，どれがディアデム Diadem なのかをみつけることすらむずかしいのだから….

<α　4.3等　F5型 >
<β　4.3等　G0型 >

β
γ
7
35
α
36
ディアデム

かみのけ座の
かみかざり

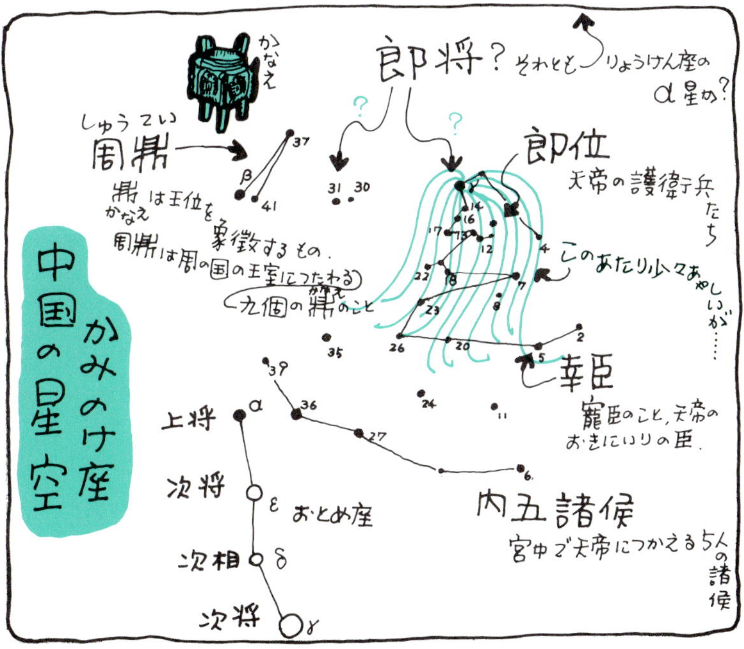
中国の星空
かみのけ座
かなえ
郎将？それとも りょうけん座のα星か？
？
？
周鼎《しゅうてい》
37
β
41
31 30
鼎《かなえ》は王位を象徴するもの．
周鼎は周の国の王室につたわる九個の鼎《かなえ》のこと
郎位
天帝の護衛兵たち
このあたり少々あやしいが……
幸臣
寵臣のこと，天帝のおきにいりの臣．
上将 α
次将 ε おとめ座
次相 δ
次将 γ
39
36
27
6
内五諸侯
宮中で天帝につかえる5人の諸侯

かみのけ座の伝説

王妃ベレニケのかみのけ

紀元前3世紀，エジプト時代の末期，アレキサンドロス大王がエジプトを征服したのちのことだ．

当時エジプトをおさめたプトレマイオス王朝の王プトレマイオス三世の王妃は，ベレニケ Berenice といった．彼女は髪の美しいことで知られていた．

プトレマイオス三世はシリア戦争に勝ってプレトマイオス王朝の黄金時代をきずいたのだが，この戦争は戦前から激しい戦いになることが予測されていた．

王妃ベレニケは「ひょっとするとこの戦いは私を無事に帰さないかもしれない」といい残してでかけた夫のことが気にかかった．

そこで彼女は，美の女神アフロディテ(ビーナス)の神殿で，夫の無事をねがった．そして，「もし夫を勝利にみちびいてくだされば，私のこの髪の毛をあなたにささげます」と約束した．

彼女の願いが神にとどいたのか，夫が勝利をおさめたといううれしい知らせがやってきた．喜んだベレニケは，おしげもなく髪をきって，アフロディテの神殿にささげた．

やがて，大勝利をおさめたプトレマイオス三世がかえってきた．

王は王妃のむざんな頭をみて，おおいに驚き，残念がった．

あくる朝，ふしぎなことがおこった．女神の神殿にささげたベレニケの髪が忽然と消えてしまったのだ．

王は天文学者コノンをよんで「いったい何ごとがおこったのか」とたずねた．コノンは「おそらく王をおもう王妃の心にかんじた神が，王妃の髪の毛の美しさをたたえて，天にあげて星にされたものとおもわれます．昨夜，私は天上に美しい星のむれが新しく現われたのをみました」と答えた．

その夜，王と王妃は空をあおいでその美しい星のむれをみつけた．王妃の心を知った王は，いままで以上にベレニケを愛したという．

（ギリシャ）

＊

この物語は史実にもとづく伝説だといわれる．ひょっとすると，このなかに登場する天文学者コノン自身の創作ではなかったか，という気もするのだが….

中国ではかみのけ座の星々を“郎位”と呼び，天子を守る護衛官達にみたてた．プトレマイオス王を守ったベレニケの髪の話と，どこかなかみが似ていておもしろい．というより，この話の歴史の糸をどんどんたぐると，どこかでもつれあって，東と西の国がつながるところにであうのではないだろうか，という気がする．

星になった
ベレニケの髪

幻の星座シリーズ

つぐみ座
TURDUS SOLITARIUS
ツルダス・ソリタリウス

フランスの天文学者ルモニエが，うみへび座のしっぽのあたりに，一羽の雄のツグミを星座(1776年)にした．

このツグミは，日本のツグミではなくて，南の島にいた大きな雷鳥に似た鳥であったらしい．羽毛を採集するために，らん獲されて絶滅してしまったという．星座もまた，この鳥と同じ運命をたどって絶滅してしまった．

絶滅後，ここに「ふくろう座」をつくった人がいる．作者がわからないフクロウもまた，ツグミ同様消えてしまった．

ルモニエの星図に
Le Monnier
えがかれた
「ツグミ」

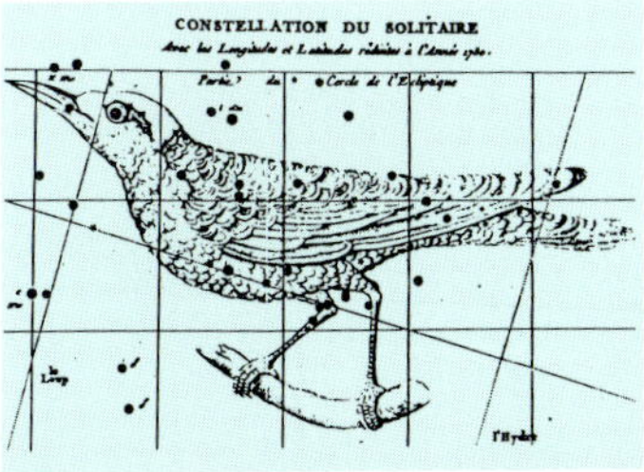

かみのけ座の見どころガイド

＊星のかみのけの正体？ メロッテ111番

かみのけ座のもっとも星がにぎやかなあたりは，メロッテのカタログの111番目に記載された散開星団(Mel. 111) だ．

散開星団 Mel. 111は，ゲンコツを腕いっぱいのばして見たぐらいの大きさにひろがっている．おうし座のヒヤデス星団(150光年)や，プレヤデス星団(410光年)などと共に，比較的近距離にある散開星団(260光年)のひとつだ．

肉眼でもいくつかの星がかぞえられるが，ぜひ一度，双眼鏡で眺めてほしいところだ．

視野いっぱいに，5～6等星がひろがってじつに美しい．直径約5°の視界の中に，40個ほどの微光星があつまっている．いかにもかみのけ座らしい，女性的でやさしい雰囲気をもった星団である．

この星団には，なぜかM番号がない．メシエはこのひろがりすぎた星のむれを星のむれと認めなかったらしい…というより，メシエが彗星と見まちがえる心配がまったくないほどひろがっていたからだろう．

＜Mel.111 散開星団 2.7等
視直径275′ 260光年＞

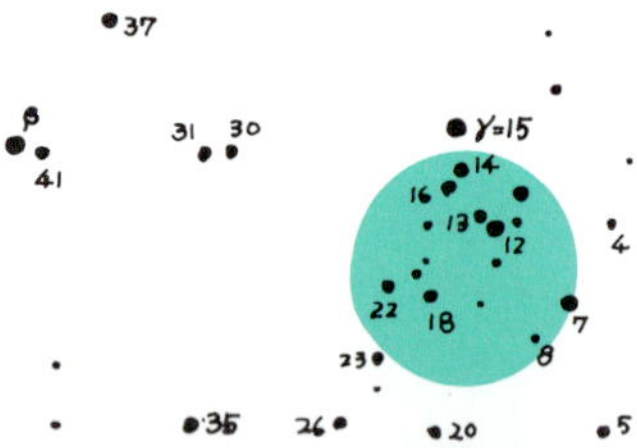

Mel. 111（撮影・村田　充）

＊黒目《ブラックアイ》 M64

Black-eye Nebulaの呼名で有名な系外銀河だが，なにしろ4400万光年（アンドロメダの大銀河は200万光年）という遠距離にあって，とても天体写真でみるような迫力のある“ブラックアイ銀河”の姿をじかにみることはできない．

双眼鏡でならその光点をみつけることはできるはずだ．α星から35番星をみつけて，その約1°北東をさがしてみよう．

天体写真でみられるM64のブラックアイは，暗黒星雲によって星の光がさえぎられている部分なのだ．

M64は，わが銀河系とは比較にならないほど巨大な渦巻銀河である．銀河系の直径10万光年に対して，M64は16万光年はあるだろう．

かみのけ座にはM64のほかM85，M88，M98，M99，M100と，6つのM天体があるのだが，残念ながらいずれも双眼鏡で認めるには暗すぎるようだ．

＜M64　系外銀河　8.5等
視直径9′×5′　1600万光年＞

＊みえるかな？球状星団M53

かみのけ座の微光星のむれの中から，α星をさがしあてることができたら，そのすぐ北東約1°はなれて球状星団M53がある．

双眼鏡でなら，多分小さなにじんだ光点がみつかるだろう．

＜M53　球状星団　7.7等
視直径13′　56000光年＞

黒目星雲M64（山下和彦）

M64

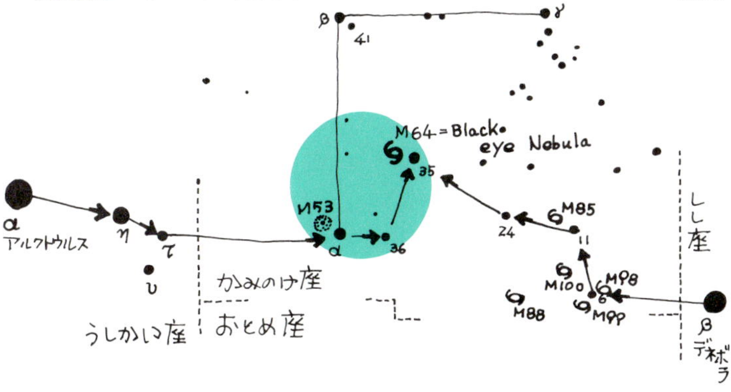

かみのけ座は宇宙の天窓？

我々の銀河系にはおよそ1千億個の恒星があつまっている．そして，そのほとんどすべてが直径10万光年の渦巻き状の円盤のなかに含まれている．

空をあおぐと，銀河系の円盤面の方向にかぎりなく星がかさなって，明るい帯(天の川，銀河)のようにみえる．この銀河面を銀河の赤道とすると，銀河の北極はかみのけ座のβ星のちかくにあたる．

銀河からもっともはなれたところだから，かみのけ座付近の星空に輝星がとぼしいのは当然のことだ．

そのかわり，まばらな星々のすきまから，銀河系の外にある遠くの天体をのぞきみることができる．

かみのけ座はわが銀河系の天窓といえるところだ．天窓からみえる銀河系外銀河の数はかぎりなく多い．やがて，人間はこの天窓から宇宙のはての秘密をかいま見ることになるだろう．

かみのけ座から，おとめ座にかけて，メシエのカタログに収められた比較的明るい系外銀河（小望遠鏡で認められる）だけでも17個もある．このあたりは“銀河の原”とも呼ばれ，まさに系外銀河の宝庫である．

星図をみると，このあたりに望遠鏡をむけたら，系外銀河が視野からボロボロこぼれるんじゃないかとおもえるほど多い．光度11等以上のものだけでもざっと20個はある．

宇宙の天窓からみえる系外銀河たちは，いずれも途方もなく遠い．だから小望遠鏡では迫力のある姿はのぞめない．望遠鏡の口径が大きいほど，みえる銀河はますます数をまして，広大な大宇宙を実感させてくれるにちがいないのだが….

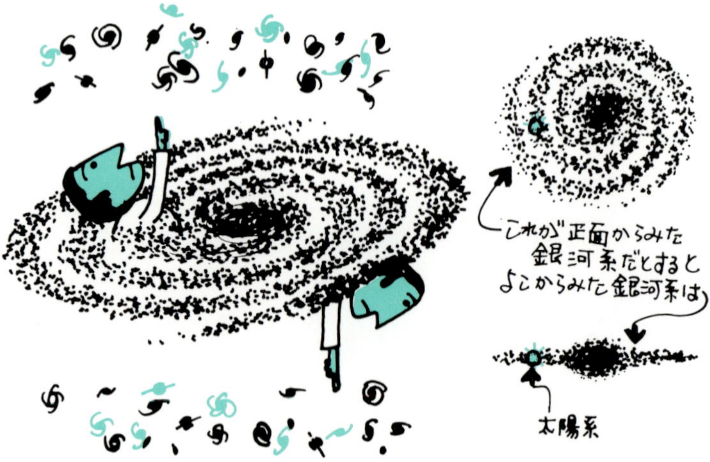
これが正面からみた
銀河系だとすると
よこからみた銀河系は
太陽系

黄道の星座たち 4

もしや　あなたは へびつかい座の生まれでは？

　ところで，現在の占星術では，12宮を星座とは関係なく，あくまで春分点から30°は白羊宮であると頑固に昔のとりきめを守っている．

「ひどいアナクロニズムだ」ときめつける人もいる．「星占いなんぞ，どうせ当ルモ八卦…の遊びなのだからどっちだっていいじゃないか」という意見もある．私はどっちかというと後者のほうだが….

　地球の歳差運動のせいで，星占いでいう黄道12宮と，黄道12星座の位置に，かなり大きなズレができてしまった．

　例えば，３月21日が誕生日の人を星占いでは〝白羊宮の生まれ〟としているが，この日の太陽はおひつじ座ではなくて，うお座で輝くのだ．

　2000年前の太陽の位置で現代を占うのは科学的？ではない．現代の天文学に従った正しい太陽の位置で占うべきだ…という潔癖？な人には，もう一つめんどうなことがある．

　天文学上の星座の境界は，1930年にはっきり決定したのだが，黄道上に並んだ星座は，等分とはほど遠く大小さまざまに分割された．おまけに，さそり座といて座の間に，へびつかい座がわりこんだ．つまり黄道は13星座になってしまった．

　現代の太陽は

①うお座（３月13日～４月19日）
②おひつじ座（４月20日～５月14日）
③おうし座（５月15日～６月21日）
④ふたご座（６月22日～７月20日）
⑤かに座（７月21日～８月10日）
⑥しし座（８月11日～９月16日）
⑦おとめ座（９月17日～10月31日）
⑧てんびん座（11月１日～11月23日）
⑨さそり座（11月24日～11月30日）
⑩へびつかい座（12月１日～12月18日）
⑪いて座（12月19日～１月19日）
⑫やぎ座（１月20日～２月16日）
⑬みずがめ座（２月17日～３月12日）

といった順に移動する

　さて，これでみると，あなたの真実？の誕生日の星座は何座になるだろうか？

　まさか，へびつかい座の生まれでは….

（191ページにつづく）

10 おとめ座〈日本名〉 VIRGO〈学名〉 ビルゴ

おとめ座のみりょく

おとめ座は1等星のスピカがすばらしい．青白い輝きが彼女の清純な印象を強めている．

おとめ座のサインはY.

主星スピカから大きなY字形をつくるのだが，大きいわりに明るい星にとぼしくめだたない．もっとも，それがまた，はじらう乙女を感じさせていいのだが….

さて，このオトメ，晩春の宵には南の空でハシタナク横になってねてしまう．

春の陽気に，さすがの彼女もついうとうとと，春眠にはじらいを忘れてしまうのだ．Yの字がなんと≺の字になる．

おとめ座の目じるしは Y
Y《ワイ》はおとめ座の象徴

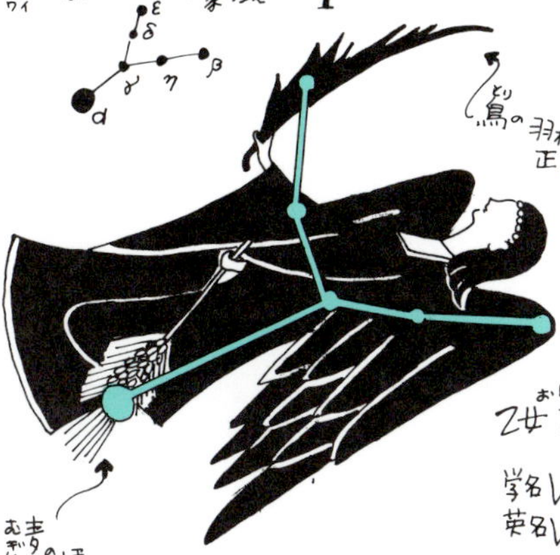
ε
δ
β
γ
η
α

鳥《とり》の羽根は
正義の女神の
象徴

麦《むぎ》のほは
農業の女神の
デメテル
象徴

正義の女神の
てんびんに
あなたの
ハートをのせると
あなたの本当の心が
たちどころにわかる.
女神の羽根より軽いような ハートでは ダメ.
軽い心では 恋人の心を
うごかすことはできない……
ということ

乙女《おとめ》座は純潔《けがれをしらない》
とか処女をあらわす

VIRGO
おとめ
the Virgin

学名VIRGO ヴィルゴ(ビルゴ)
英名VIRGIN ヴァージン(バージン)

おとめの
ダイヤモンド

α りょうけん
コル・カロリ
α うしかい
アルクトゥルス
β しし
デネボラ
α おとめ
スピカ

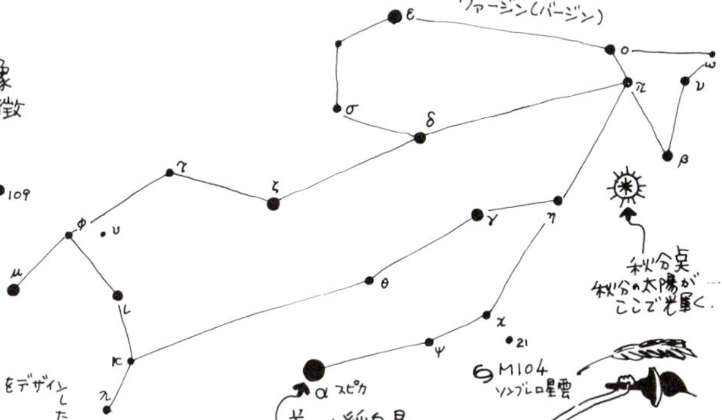
ε
ο
ω
π
ν
σ
δ
β
τ
ζ
109
φ
υ
γ
η
μ
θ
ι
χ
21
ψ
κ
λ
M104
ソンブレロ星雲
α スピカ

秋分点
秋分の太陽が
ここで光輝く.

美しい純白星

おとめの
髪の毛をデザインした

♍ 星占いでは
✪おとめ座生まれ(8月24日～
9月23日)の人は
デリケートで傷つきやすい人
几帳面で整理能力は抜群.
潔癖で不正を憎み,美しい
ものに憧れるおセンチ.
少々ヒステリックで口うるさいのが
玉にきず.
芸術・文学・演劇の世界にいる
人は将来は有望だ……とか.

よこになって
ウッラ
ウッラ

あるときは
農業の女神
あるときは
正義の女神
そして あるときは
自由の女神
そして更に
春の女神,ぶどうつみの女神

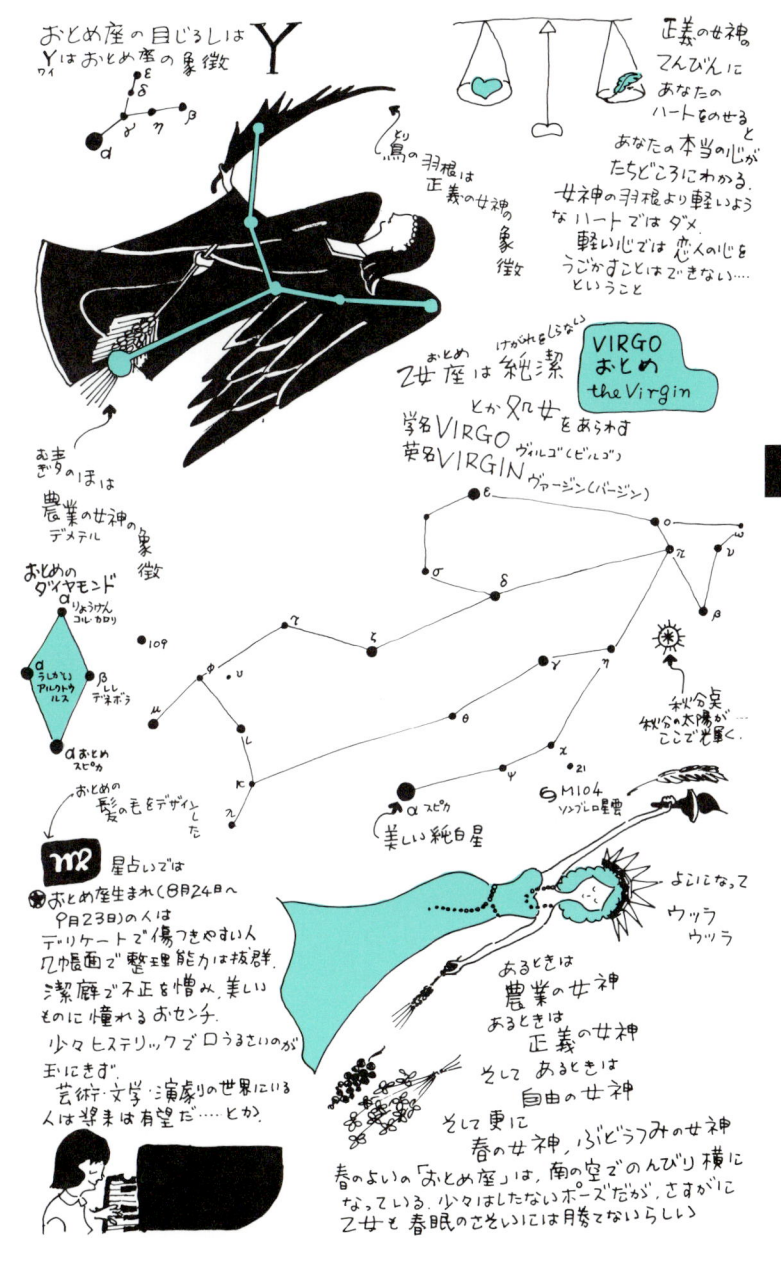

春のよいの「おとめ座」は,南の空でのんびり横になっている.少々はしたないポーズだが,さすがに乙女も春眠のさそいには勝てないらしい

おとめ座の星々

BOOTES
うしかい
VIRGO
おとめ
LEO
しし
CRATER
コップ
スピカ
デネボラ
M49
M58
M59
M60
M61
M84
M86
M87
M89
M90
12h
13h
14h
+10°
0°
−10°

おとめ座の星図

おとめ座のみつけかた

おとめ座をみつけるためには，まず主星スピカをみつけることだ．

スピカ(女星)は，晩春のよいにうしかい座のアルクトゥルス(男星)と共になかよく南中する．

アルクトゥルスは天頂ちかくに輝き，スピカはすこしひかえめに約45°(東京付近で)と低くのぼる．

北斗七星の柄の先から，アルクトゥルス→スピカと結ぶ“春の大曲線”．アルクトゥルス→スピカ→デネボラを結ぶ“春の大三角”．どちらをつかってもスピカは簡単にみつかる．

ただ，星を結んで“おとめ”の姿をえがくことは，なかなかむずかしい．星図をたよりにたどるか，あっさりあきらめることだ．

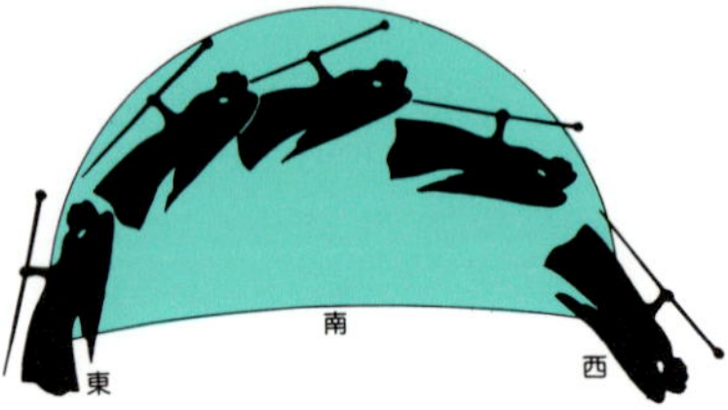

おとめ座の日周運動

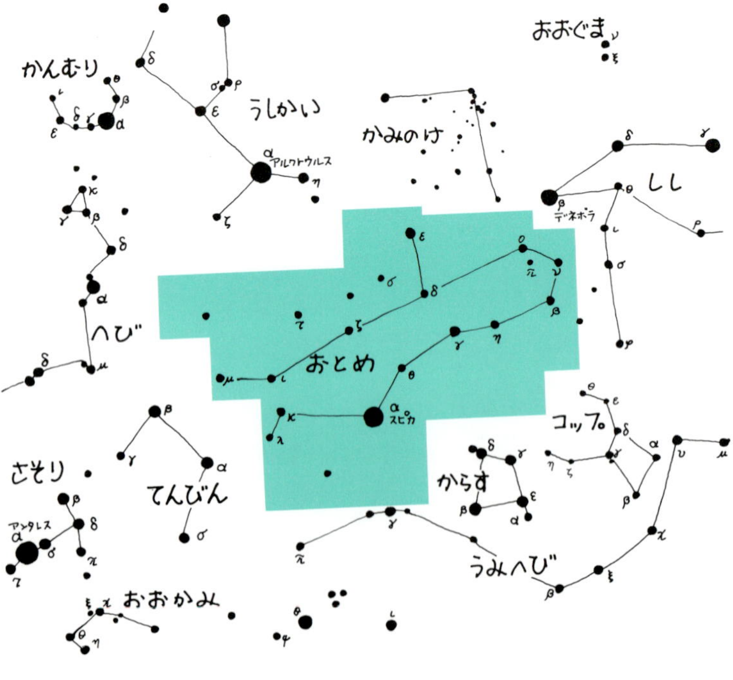

おとめ座周辺の星座

おとめ座を見るには（表対照）

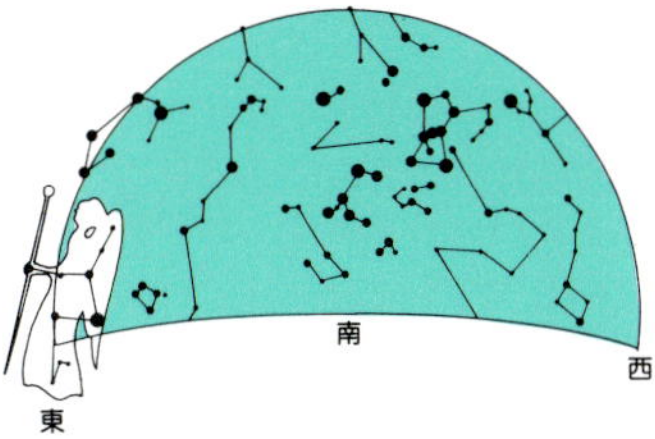

1月1日ごろ	0時	7月1日ごろ	12時
2月1日ごろ	22時	8月1日ごろ	10時
3月1日ごろ	20時	9月1日ごろ	8時
4月1日ごろ	18時	10月1日ごろ	6時
5月1日ごろ	16時	11月1日ごろ	4時
6月1日ごろ	14時	12月1日ごろ	2時

■は夜，▒は薄明，□は昼．

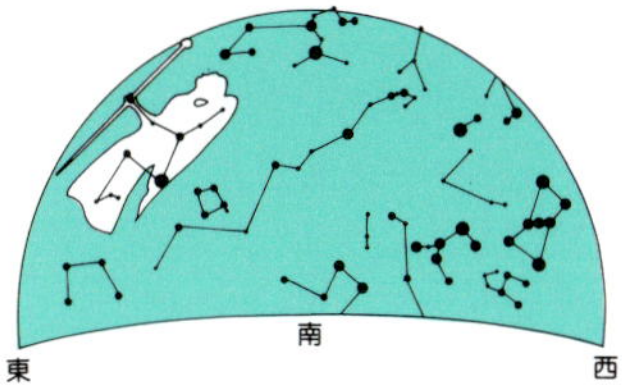

1月1日ごろ	3時	7月1日ごろ	15時
2月1日ごろ	1時	8月1日ごろ	13時
3月1日ごろ	23時	9月1日ごろ	11時
4月1日ごろ	21時	10月1日ごろ	9時
5月1日ごろ	19時	11月1日ごろ	7時
6月1日ごろ	17時	12月1日ごろ	5時

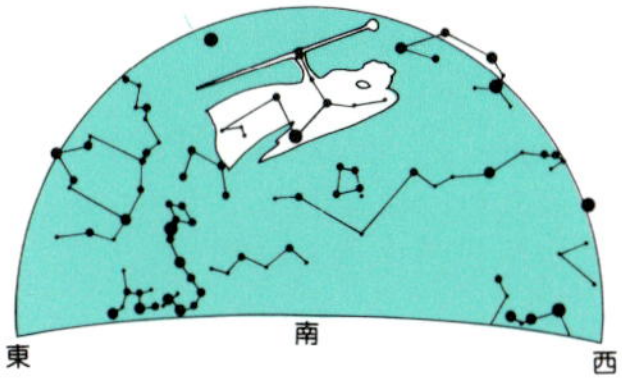

1月1日ごろ	6時	7月1日ごろ	18時
2月1日ごろ	4時	8月1日ごろ	16時
3月1日ごろ	2時	9月1日ごろ	14時
4月1日ごろ	0時	10月1日ごろ	12時
5月1日ごろ	22時	11月1日ごろ	10時
6月1日ごろ	20時	12月1日ごろ	8時

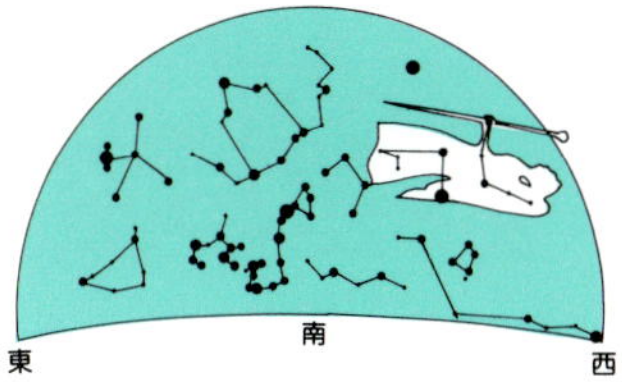

1月1日ごろ	9時	7月1日ごろ	21時
2月1日ごろ	7時	8月1日ごろ	19時
3月1日ごろ	5時	9月1日ごろ	17時
4月1日ごろ	3時	10月1日ごろ	15時
5月1日ごろ	1時	11月1日ごろ	13時
6月1日ごろ	23時	12月1日ごろ	11時

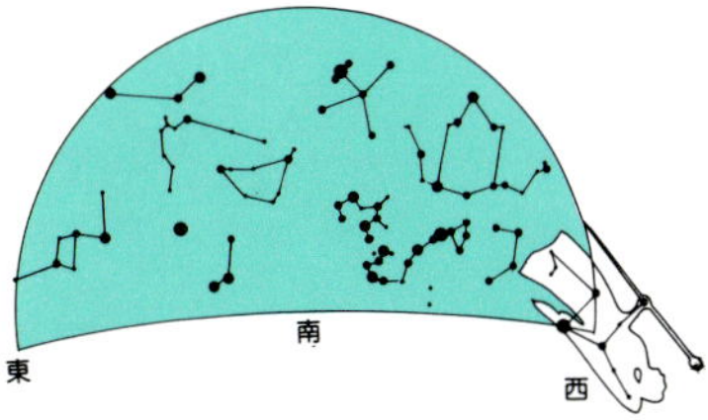

1月1日ごろ	12時	7月1日ごろ	0時
2月1日ごろ	10時	8月1日ごろ	22時
3月1日ごろ	8時	9月1日ごろ	20時
4月1日ごろ	6時	10月1日ごろ	18時
5月1日ごろ	4時	11月1日ごろ	16時
6月1日ごろ	2時	12月1日ごろ	14時

東経137°，北緯35°

おとめ座の歴史

しし座とてんびん座にはさまれた黄道第6番目の星座である.

歴史は古く，もちろんプトレマイオスの48星座のひとつ.

すでに古代ギリシャで“麦の穂をもつ女”や，“女神”の姿をえがいたが，さらに古く古代バビロニア時代には“麦の穂”だけがえがかれたこともあった.

ギリシャ神話では，麦の穂をもつ女神をデメテルという農業の女神，あるいはその娘ペルセホネだとも，あるいは，正義の女神アストライア(あるいはディケ)の姿だという．そして，足もとのてんびん座は，彼女がつかった善悪測定計？だろうというみかたもある.

古代エジプトでは，死者の心臓を正義の女神マアトの天秤にかけて，神々の審判をあおぐのだと考えた．そして，めでたく合格したものは冥界の神オシリスの許しを得て，再びこの世に生れでることができると信じたのだ.

正義のシンボルは，女神のもつ軽い羽毛である.

背中に翼をもつギリシャの正義の女神と関連がありそうだ.

＊

正義の女神アストライアの名は，けがれをしらない純潔という意味にもつながる．したがって，おとめ座はけがれをしらないおとめを象徴するとされている.

おとめ座の学名（ラテン名）はビルゴ Virgo という．処女や童貞という意味をもち，英語の Virgin バージン（処女，純潔…）の語源でもある.

主星スピカのとぎすまされた青白い輝きが，けがれをしらない純潔な乙女を象徴するにふさわしい.

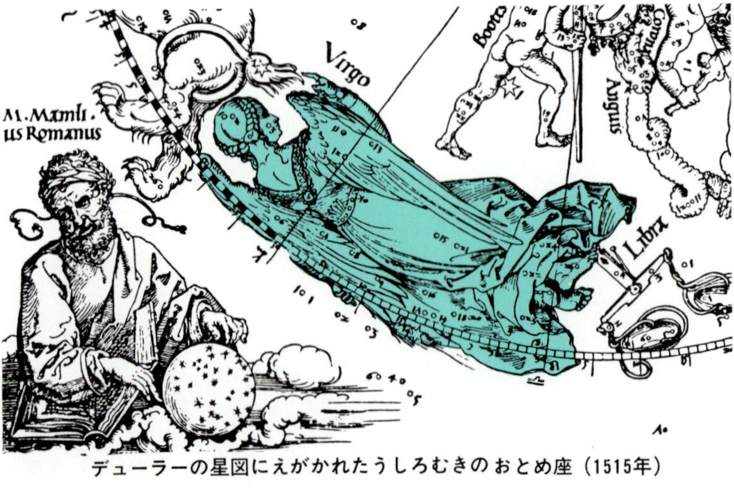

デューラーの星図にえがかれたうしろむきのおとめ座（1515年）

おとめ座の
星と名前

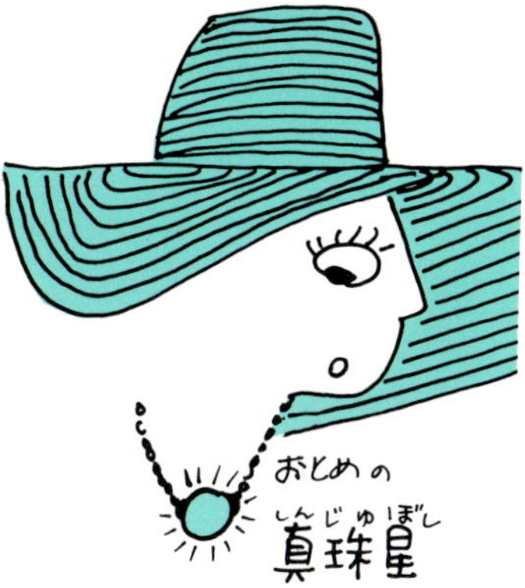

＊α アルファ

スピカ（ムギのほ）

おとめ，あるいは女神が手にもった“ムギの穂”をあらわす．

麦の穂が色づいて収穫のときをむかえるころ，宵空のスピカ Spica がもっとも高くのぼるからだろう．

いろづいた麦の穂にふさわしい星が，もうひとつ同じころに天頂ちかくで輝く．アルクトウルスである．

なんとアルクトウルスの日本名は“むぎぼし”なのだ．初夏の宵に輝く2星を，東西共に“むぎぼし”と呼んでいたというのもおもしろい．

スピカは黄金色の麦の穂ではなく“とがった麦の穂先”をあらわす．

つめたく青白い輝きが，細く長い麦の穂先にふさわしい．実は野球や陸上競技につかう，靴底にとがったクギのついたスパイク・シューズ Spiked Shoes のスパイクと同意語なのだ．

日本では青白い輝きのイメージから“しんじゅぼし”という呼名があった．おとめ座の主星としては，とがった麦の穂より真珠星のほうがふさわしいように思うがいかが？

おもいをよせる彼女に，おもいきって「あなたは私のスピカ」「スピカのようなあなた」とささやいてみよう．

はたして，彼女の胸は感激にうちふるえるだろうか？　それとも「なんですって！　私はそんなにトゲトゲしてますか」とスピカのような青白い顔をひきつらせるだろうか？ それはスピカをみるあなたの心しだい，といったところだ．

中国では“角《かく》”といい，大きな青竜の角《つの》にみたてた．アルクトウルスを“大角《だいかく》”とよんで一対の角にみたのだが，ギリシャのとがった麦の穂が，なぜか中国でとがった竜の角になった．

スピカはとがった麦の穂

ところで，このスピカの正体は，ひかえめなみかけとちがって，太陽の直径の約600倍，アルクトゥルスの25倍もある巨大な星で，しかも2万度をこえる高温で輝いている．

みかけがアルクトゥルスより暗いのは，アルクトゥルスの36光年に対して，スピカは250光年のかなたにあるからだ．

これだけの実力がありながら，男星アルクトゥルスに，みかけのすべてをゆずって，ひかえめに輝くあたり，なかなかどうして，ニクイ心くばりというか，スピカは頭のいいかわいい女星さんである．

＜1.0等　B1型＞

●男星さん女星《おなご》さん

織姫星には彦星がいるように，スピカの“女星さん”には“男星さん”がいる．

男星は，もちろん女星の上で，たくましい小麦色のはだをして胸をはるアルクトゥルスのことだ．

男星のホットなオレンジ色の輝きに対して，女星のクールなブルーの輝きもまたいい．男星の0.0等に対して，女星が1.0等と，すこしひかえめなところがまたいい．男星の南中高度が約75度と高いのに，女星は約45度と，ひかえめに低くのぼるところはまたまたいい．この2星，まとめて“めおとぼし(夫婦星)”という呼名もある．

ここに男女の2星座が生まれたのも，この2星の対照的な輝きが，たくましい男性と，つつましやかな美しい女性を想像させたせいであろう．

ところで，現代の子どもたちに「どっちが男星で，どっちが女星にみえるかな」とたずねると，結果は予想に反して，6対4でスピカを男星とみる子のほうが多かった．

ちかごろの男性観，女性観はかわったな，というのはすこし考えすぎだろうか？

“ひかえめでつつましやかなのが女性の魅力，というのは古きよき時代の幻想である”なんていうことにならなければいいが….

さて，あなたにとってスピカは？

アルクトゥルスは
男星さん

スピカは
女星さん

＊β ベータ
ザビジャバ（かど）

おとめの肩に輝くが，昔のアラビアではこのあたりを犬小屋にみたてた．ザビジャバ Zavijava は犬小屋のすみという意味なのだろう．

アラビア星座の 28 宿中第 13 番目の宿は“叫ぶもの”といって $\beta, \eta, \gamma, \delta, \varepsilon$ を含んでいる．叫ぶものとは，おそらくシシを追うりょう犬だったのだろう．

＜ 3.6等 F8型 ＞

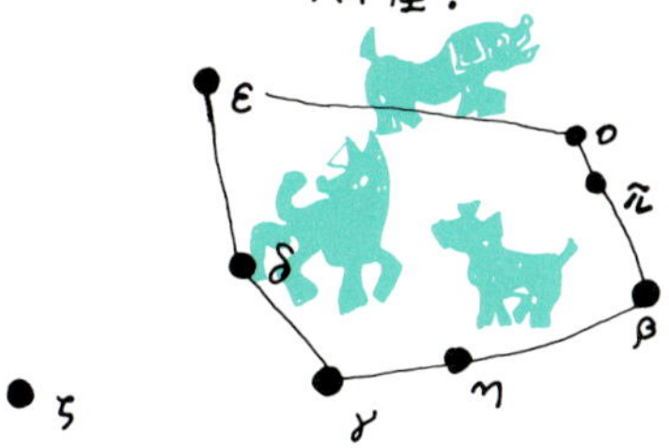

＊γ ガンマ
ポリマ（女神の名前）

おとめのサイン“Yの字”の中心星，おとめのへそにあたる星．

ポリマ Porrima，あるいはアンテボルタ Amtevorta といって，“予言の女神”あるいは“女性たちの崇拝する女神”の名前で呼んだ．

中国では，η から $\gamma \to \delta \to \varepsilon \to$ かみのけ座 α と結んで，天帝の南宮をまもる東側の城壁にみたてた．古代アラビア人が同じところを犬小屋のかこいにみたてたこととと，どこか似ていておもしろい．

ところで，このかこいに囲まれたあたり，実はかぞえきれないほど多くの銀河系外星雲がある．もちろん肉眼では認められないが，犬小屋に閉じこめられた野犬の群れにみたてるのもわるくない．

のどかな晩春の星空から，野犬のむれの遠吠えが聞こえるような気がする．

＜ 2.8等 F0型 ＞

＊δ デルタ
ミネルバ

ミネルバ Minerva はローマ神話の“知恵の女神”，あるいは“技術(職人)の女神”といわれ，ギリシャ神話の女神アテナにあたる．

＜ 3.4等 M3型 ＞

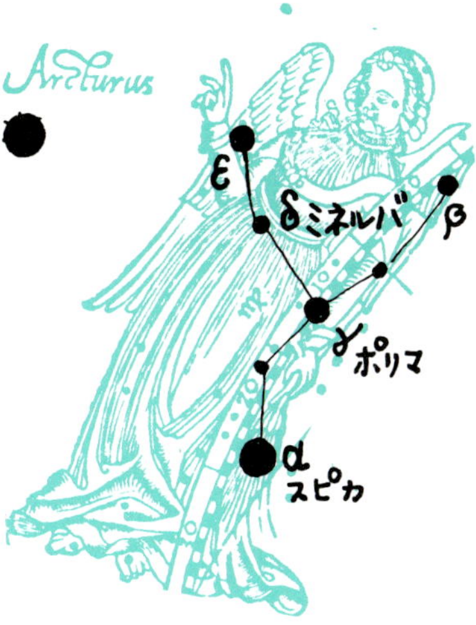

＊ε エプシロン

ビンデミアトリックス
（ぶどうつみの乙女）

Vindemiatrix の最初の部分がワイン（ぶどう酒）の語源である．

ブドウつみの時期をこの星が知らせたというのだろう．収穫の女神デメテルの左手には“麦の穂”，そして，右手に“ブドウのふさ”をもたせたいところだ．この呼名はもともとこの星座全体をさすものだったらしい．

＜ 2.8等　G9型 ＞

＊η エータ

ザニア （かど）

β星のザビジャバと同じ意味で，“かたすみ”とか“かど”をあらわすのだが，同じように犬小屋のかたすみの星ということなのだろう．

＜ 3.9等　A2型 ＞

ζ《ゼータ》＜3.4等　A3型 ＞

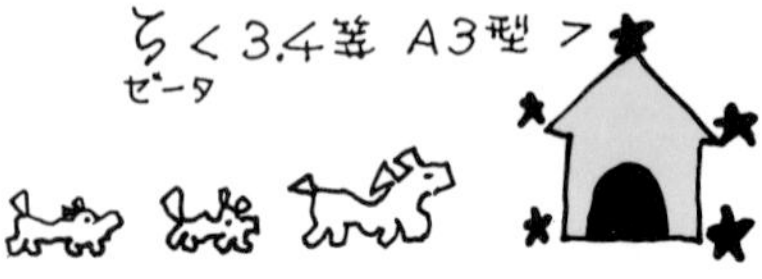

乙女のダイヤモンドと春の大三角

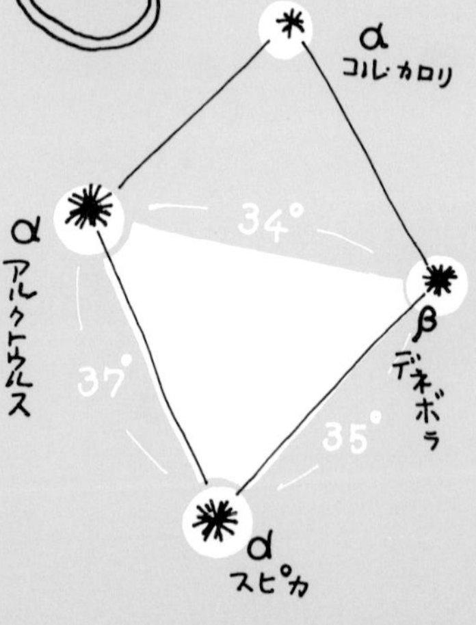

明るいアルクトゥルス（0.0等）と，おとめ座のスピカ（1.0等）と，しし座のデネボラ(2.1等）を結ぶと大きな三角形ができる．

春の宵空を代表するこの三角形を“春の大三角”と呼び，夏や冬の大三角と共に，星空めぐりの灯台の役わりをはたしている．

春の三角は，一辺約35°のほぼ正三角形であること，明るさが1等きざみで三つとも違うところがおもしろい．

この三角に，もうひとつ3等星を加えると大きな菱《ひし》形ができる．この菱形は“春のダイヤモンド”あるいは“乙女《おとめ》のダイヤモンド”という．

ダイヤモンドの一角を受けもつ3等星は，りょうけん座の主星α＝コル・カロリ（2.8等）なのだが，スモッグの都会でうまくダイヤが発見できるかどうか？

首尾よく発見できたあなたは「今夜も元気だ，タバコがうまい」といえるほど，体調十分にちがいない．

おとめ座の伝説

おとめ座は，一説では正義の女神アストライア Astraia の姿だといわれる．

大神ゼウスと，掟《おきて》の女神テミスとの間に生まれた三人娘は，ホライの女神と呼ばれた．一人は秩序（エウノミア Eunomia），もう一人は正義（ディケ Dike），そしてもう一人は平和（エイレネ Eirene）をつかさどる女神である．

アストライアは，この正義の女神ディケと同一視されている．

星乙女アストライア

むかしむかし，世界は人間にとって黄金の時代だった．秩序も正義も守られ，平和ないい世の中だった．自然のめぐみも豊富で，人々は毎日働くこともなくのんびり生きることができた．しかし，人間の世界はだんだんきびしくなった．人の数はどんどん増して，自然の恵みも十分ではなくなり，さらに，季節の変化があらわれる銀の時代になると，人間は収穫のために働かなければならなくなった．

当然，秩序，正義，平和をつかさどる三人の女神の仕事もハードになった．人間のみにくい欲望が各地で争いをひきおこしたからだ．

人間をみかぎった女神たちは天にのぼってしまった．しかし，正義の女神ディケだけは，地上にのこって正義を守るために努力した．

女神は，人の善悪をはかるのに天秤をつかったという．現代でいう裁判官の役わりをはたしたのだろう．

時代はさらに進んで銅の時代をむかえた．自然はいよいよきびしく，人間の争いはますます激化した．ついに人間が集団で争う（戦争）ことをはじめると，さすがのディケも，とうとう堕落した人間に愛想をつかして星になった．

星になった正義の女神は，アストライア（星の乙女）と呼ばれるようになったという．（ギリシャ）

こぼれた麦が天の川に……

アストライア Astraia の Astr アストルは星(Star)のことで，アストロノミイAstronomy(天文学)のAstrと同じ意味をもつ.

アストライアの足もと(東側)にある“てんびん座”は，彼女が人間の善悪正邪を調べるのにつかった天秤が星になったものだ.

彼女は天秤をつかうとき，一方の皿に正義を象徴する軽い羽毛をのせたという．彼女の背中の翼から抜いた一本なのだろう．おとめ座は左手に“麦の穂”をもち，右手に“正義の羽根”をもっている.

人間に愛想をつかした女神は，袋にいっぱいつめこんだ麦の穂をもって天にのぼった．しかし，どこまでも悪くなった人間どもは，彼女の袋に穴をあけてしまった．麦の穂はぼろぼろとこぼれ落ちて，天についたとき，袋の中に残った麦の穂はたったひとつだった.

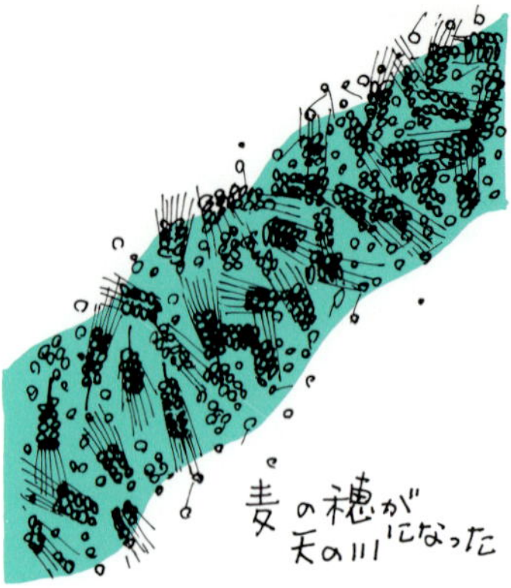
麦の穂が
天の川になった

天にのぼる途中，彼女がこぼした麦の穂は，長い長い天の川になったという.

（ギリシャ）

死の国の王とペルセホネ

ホライ Horai （Hora の複数）は，植物をそだて，花をさかせ，自然をつかさどる季節の女神たちだともい

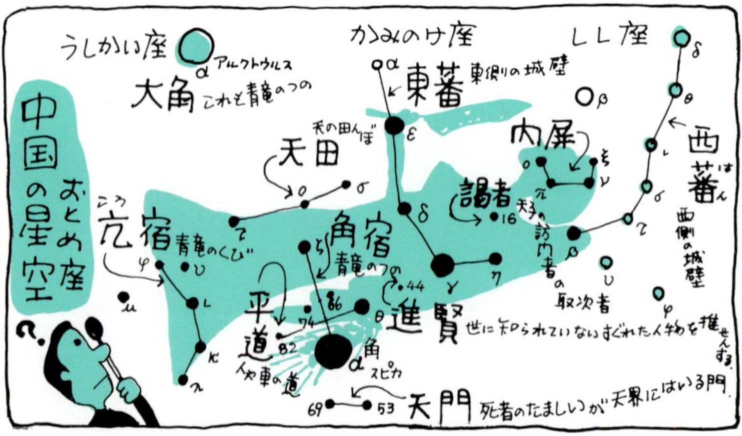
中国の星空
おとめ座
うしかい座
α アルクトゥルス
大角 これも青竜のつの
かみのけ座
LL座
東蕃 東側の城壁
天の田んぼ
天田
内屏
謁者
天子の訪問者の取次者
西蕃《はん》
西側の城壁
亢《こう》宿 青竜のくび
角宿 青竜のつの
平道
人や車の道
進賢 世に知られていないすぐれた人物を推せんする.
角 スピカ
天門 死者のたましいが天界にはいる門.

われた．

つまり，ホライには，人間世界の秩序を守る女神と，自然の秩序（季節）を守る女神，というふた通りのみかたがあったようだ．

おとめ座を農業(収穫)の女神デメテルDemeterの姿だとするみかたがある．

デメテルと，天の大神ゼウスとの間にペルセホネPersephoneという娘が生まれた．

ペルセホネは美しい娘であった．ところが，不幸なことに美しいペルセホネに恋をしたのは，死の国の支配者ハデスHadesであった．

ハデスは，なんとか彼女を妻にむかえたいと，兄の大神ゼウスにたのんだ．

大神ゼウスのはからいで，ハデスはニューサの野で花摘みをするペルセホネを，突然黒塗りの馬車で現われてさらってしまった．娘は甲高い声で助けを呼んだが，その声は暗闇に吸いとられ，神にも人にもまったく聞えなかった．

母デメテルは，燃えるたいまつをもって，消えた娘をさがして世界をめぐった．しかし，娘をみつけることはできなかった．大神ゼウスにえんりょして，誰も本当のことを彼女に教えなかったからだ．

娘をあきらめて何日もたったある日，デメテルは，太陽の神ヘリオスから意外な事実を聞かされた．娘ペルセホネはハデスに奪われ，今は彼の妻になっていること，そして，この計画に，父親のゼウスが一枚加わっていたということだった．

それを知ったデメテルは，身を震わせて怒った．彼女は黒い衣をまとった老女に変身して，天上から姿をかくしてしまった．

収穫の女神が姿を消してしまったので，地上は暗くて実りのない冬がいつまでもつづき，人々は大いに困った．このままでは，人間はすべて飢餓のために滅びてしまうだろうとおもわれた．

大神ゼウスは，この事態を重くみて，ペルセホネを母親にかえすようハデスに命じた．ハデスはしかたなく彼女を馬車にのせてかえすことにした．

ペルセホネをうばう
死の国の王ハデス

見送りにでたハデスは「途中口がかわいたらこれをお食べ」と，美しい真紅の実をつけたザクロを手わたした.

母親と再会できる期待で彼女の胸はふくらみ，ハデスの小さなたくらみにはまったく気がつかなかった.

＊

馬車は宙をとぶように疾走した. やがて，前方に地上の光がみえてきた. もうすぐ母親のもとにかえれると思ったとたん，ほっとしたペルセホネは,急にのどの乾きをおぼえた. ふと自分の手にあるザクロの実に気がつき，無意識のうちに4粒ほど口に含んでしまった. 宝石のように美しいザクロの実だった.

デメテルの神殿につくと，母と娘は抱きあってよろこんだ. 地上にふたたび暖かい春がおとずれた.

母は娘に「ひょっとして，ハデスのところでなにか食物を食べはしなかったか？」とたずねた. ペルセホネはうっかりザクロの実を口に含んだことを思いだした.

デメテルはそれを聞いて大へん残念がった.

死者の世界の食物をたべたら，かならず死者の世界でくらさなければならない，という掟があったのだ.

ペルセホネは，一年の2/3を母のもとで暮すと，あと1/3はハデスのもとへかえらなければならない.

娘がいなくなると，母デメテルもそれを悲しんで姿をかくしてしまう. 娘が地上に帰ってくると，母デメテルと共に暖かい春もかえってくるのだ. （ギリシャ）

＊

ペルセホネがザクロの実を4粒だけたべたので，一年のうち4カ月だけ，死者の国の女王としてハデスのもとに帰るのだ，ともいう.

おとめ座が宵空にみられるのは，春から夏(秋)にかけてで，冬の間だけ地平線の下にかくれてみえない. デメテルが，農業(収穫，あるいは大地と豊穣)の神とされたことと,大いに関連があるわけだ.

娘のペルセホネは，おそらく冬のうち地中にもぐる植物の種子のことだろう. 春になって芽をだすようすを，母のもとに帰ったペルセホネという表現になったのだろう.

さて，この女神デメテルだが，古事記の天照大神が天の岩戸のなかにかくれる話に似ているような気がする.

遠い昔，なんらかの形でギリシャの神話と日本の神話との間に，文化的交流があったのだろう.

ところで，女神デメテルも，娘のペルセホネも，素足のくるぶしがたいへん美しい女性だ，ということになっている.

いったいそれは，何を意味しているのだろうか？

話題

おしゃれな乙女《おとめ》座

おとめ座のまわりに，かわいい星座がたくさんある．それが“オシャレなおとめ”の小道具にもみえておもしろい．

頭上にヘアピース（かみのけ座）と，ペットの子犬が2匹（りょうけん座）．左手の下にはハンドバック（からす座），そして，足の下にはなんと体重計（てんびん座）がある．

近ごろ少々ふとり気味な彼女は，体重が気になるのだろう．ボーイフレンド（うしかい座）に好かれたいおとめ心なのだ．

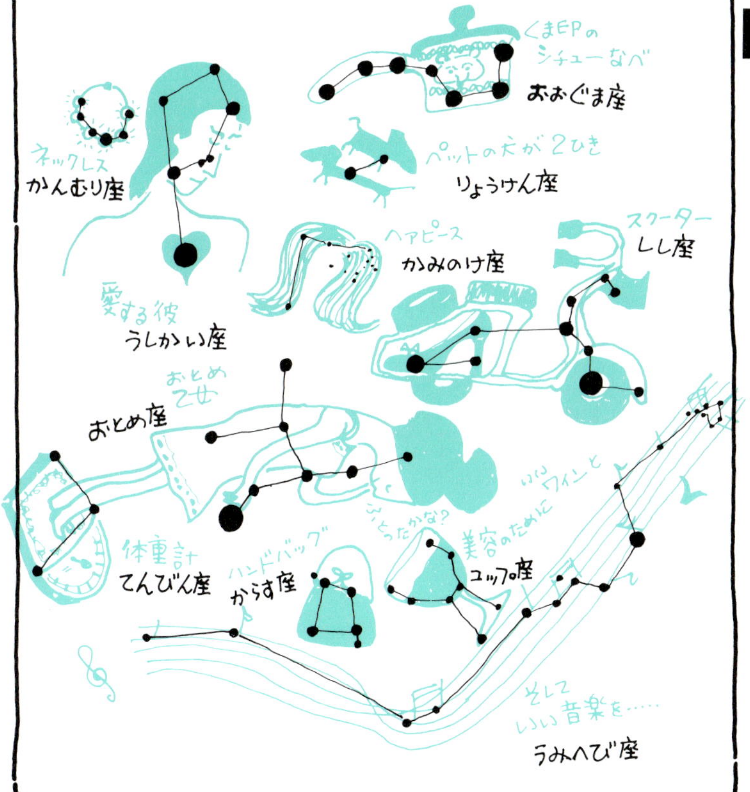
くま印の
シチューなべ
おおぐま座
ネックレス
かんむり座
ペットの犬が2ひき
りょうけん座
ヘアピース
かみのけ座
スクーター
しし座
愛する彼
うしかい座
乙女《おとめ》
おとめ座
体重計
てんびん座
ハンドバッグ
からす座
ふとったかな？
美容のために いいワインと
コップ座
そして
いい音楽を……
うみへび座

おとめ座の見どころガイド

＊銀河の荒野？

星図をみると，かみのけ座とおとめ座の境界あたりは，系外銀河が足の踏みばもないほどひしめきあっている．

小天体望遠鏡でみつかるＭ（メシエ）天体だけでも，M49，M58，M59，M60，M61，M84，M86，M87，M89，M90，M104と11個もあるが，いずれもごく淡い光点にしかみえない．双眼鏡程度では残念ながら力不足で，せっかくの“銀河の原”も“銀河の荒野”になってしまう．

＊荒野のソンブレロ M104

銀河の荒野？からすこし南に離れた，からす座との境界付近に，ソンブレロ銀河 Sombrero Nebula の呼名で有名なM104がある．

円盤状の渦巻き銀河をま横から見た姿が，メキシコ人のかぶるつばの広い帽子，つまりソンブレロに似ているというのだ．ソンブレロなんぞにえんのない私には，“ハンバーガー銀河”か，“空飛ぶ円盤”にみえるのだが….

からす座のδ星かη星から上(北)へたどるか，おとめ座のγ→25→x→21→と下(南)へたどるか，あるいは，スピカの西(右)をさがしてもいい．

双眼鏡で位置の確認ぐらいはできるので，ぜひ一度さがしてみてほしい．天体写真でみられる見事なM104を想像しながら，淡い淡い光点に感激してほしいのだ．

紡錘状のM104をみるためには，口径10 cmクラスの天体望遠鏡の力をかりなければいけない．中央のふくらみもみえて，きれながの美人の目のようにチャーミングだ．ときにはサンドイッチされた中央の暗黒のおび(実は暗黒星雲)がみとめられることもある．

さて，このチャーミングな美人の目の正体だが，なんと太陽の1兆3000億倍もの質量をもつ巨大渦巻銀河なのである．

＜M104　系外銀河　8.3等
視直径9′×4′　4600万光年＞

M104　口径10 cm×60

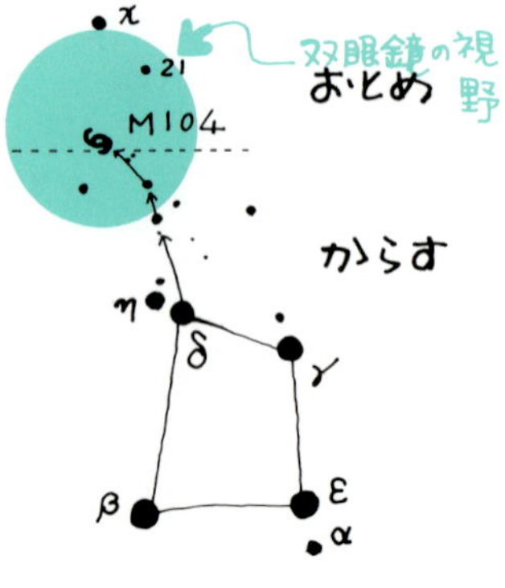

黄道の星座たち 5

四神と十二次と二十八宿

中国でも，黄道12星座によく似た方法で星空を12等分して，**十二次**といった．十二次は黄道ではなく，どちらかというと，**天の赤道**を分割したものだが，更にこまかく，28の星座に分割して**二十八宿**と呼んだ．

十二次が毎月の太陽の位置をあらわすのに対して，二十八宿は毎日の月の位置を知るためのものだったと考えられる．月は星空の中を約27.3日（1恒星月）で一周するからだ．

二十八宿は，アラビアにも，インドにも似たものがあった．おたがいに独自に生まれたものとはおもえないほど，いくつかの共通点があるのだが，遠い昔，おたがいに文化の交流があって生まれたものなのか，あるいはそうでないのか，そのあたりはよくわかっていない．

中国の二十八宿は，七宿ずつ，東西南北の四方に分割して，それぞれを蒼竜（そうりゅう），白虎（びゃっこ），朱雀（すじゃく），玄武（げんぶ），と呼ぶ4匹？の怪獣神を配した．これを**四神**（ししん）という．

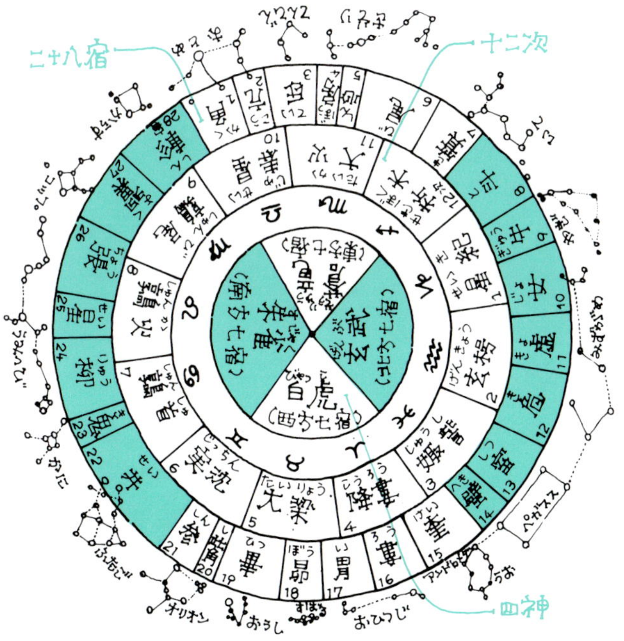

11 ケンタウルス座 <日本名>

CENTAURUS《ケンタウルス》 <学名>

おおかみ座 <日本名>

LUPUS《ルプス》 <学名>

ケンタウルス座 おおかみ座のみりょく

馬の姿をした下半身をみられるのがはずかしいのだろうか.

日本からみるケンタウルス座は，お上品に下半身を海の下にかくしている．残念なことは，ケンタウルス座のもっとも魅力的な部分が，かくされた下半身にあることだ.

ケンタウルス座のα星とβ星は，横に並んで下半身で輝く．この2星は，光度が−0.3等と0.6等という輝星なので，誰の目にもとまるみごとな輝きをみせてくれること，$\alpha \to \beta \to$を先へのばすと“南十字星”がみつかるので南極のポインターになること，α星がもっとも我々の太陽に近いとなりの太陽であること，いずれも，一度は見てみたい星の条件として十分な内容をもっている.

にもかかわらず，2星は共におとめ座のスピカの下の，海に沈んででてこない.

下半身の見えないケンタウルスなんて，なんとかのないコーヒーか，“ワサビのきかないスシ”のようにつまらない.

ぜひ，いつの日にか，ケンタウルスの下半身のために，南への旅を企画されるようおすすめする．

ケンタウルス座とさそり座にはさまれて，きゅうくつそうなオオカミがいる．

きゅうくつだけならまだいい．星座絵では，ケンタウルスの槍《やり》にノドを突かれて息もたえだえ，といったみじめな姿をさらしている．

逃げだそうにも，サソリが立ちふさがってそれもできない，カワイソウな“おおかみ座”である．

“前門の虎《トラ》，後門の狼《オオカミ》”というが，そのオオカミが“前門のケンタウルス，後門のサソリ”にであって，とんだ災難に苦しんでいる．

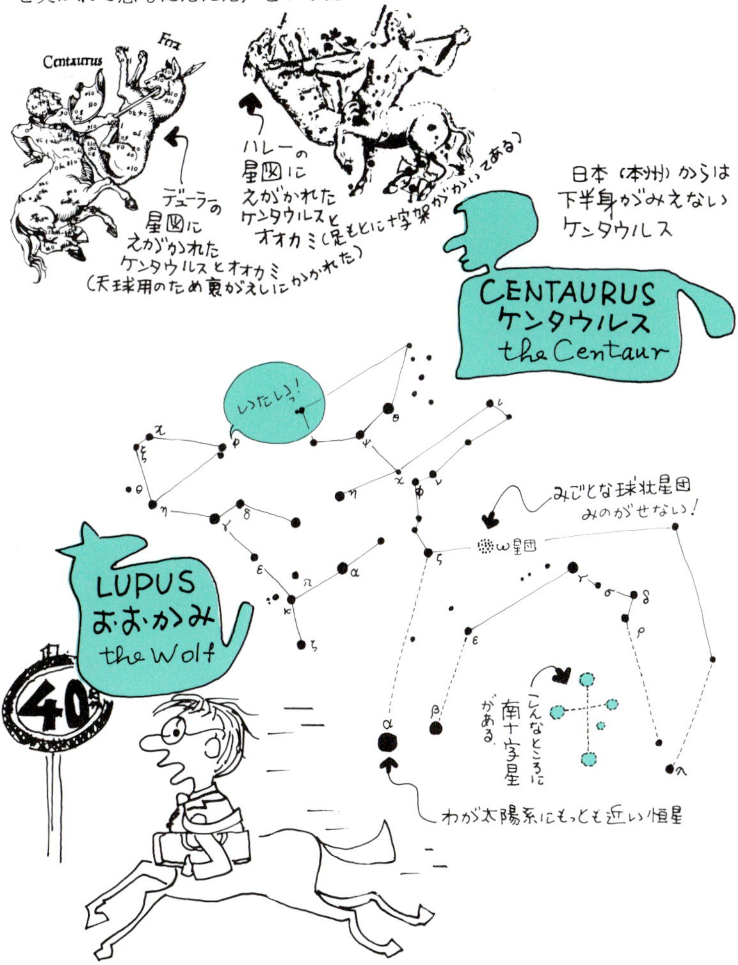
Centaurus
Fera
デューラーの星図にえがかれたケンタウルスとオオカミ
(天球用のため裏がえしにかかれた)
ハレーの星図にえがかれたケンタウルスとオオカミ(足もとに十字架がかいてある)
日本(本州)からは下半身がみえないケンタウルス
CENTAURUS
ケンタウルス
the Centaur
いたいっ!
みごとな球状星団みのがせない!
ω星団
LUPUS
おおかみ
the Wolf
40
こんなところに南十字星がある．
わが太陽系にもっとも近い恒星

ケンタウルス座・おおかみ座の星々

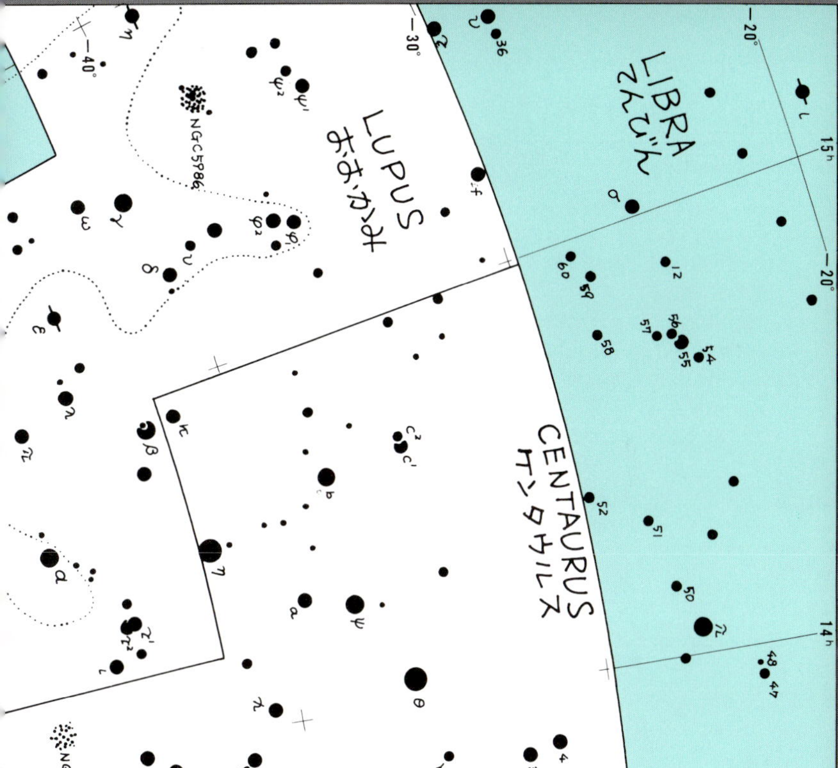

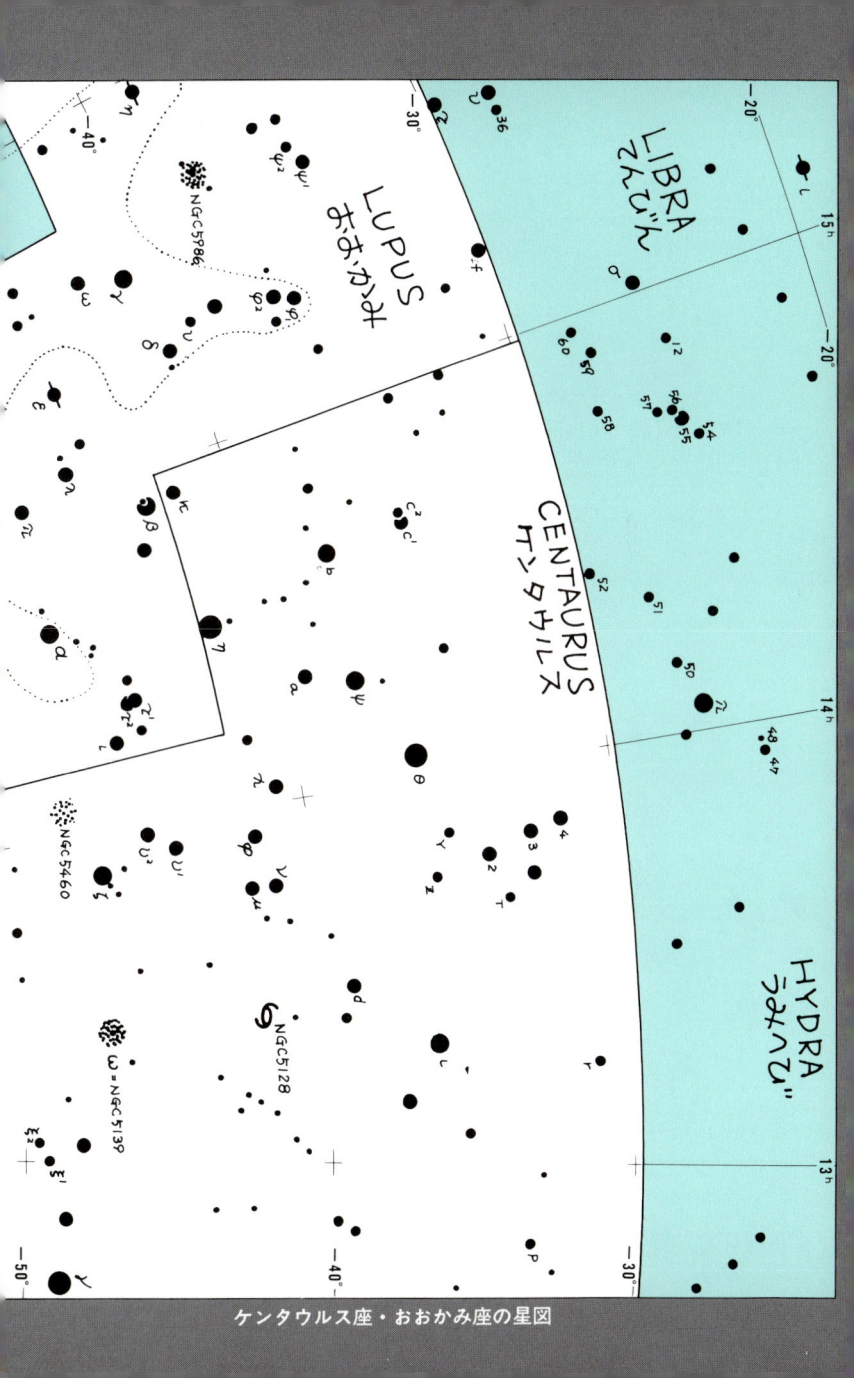

ケンタウルス座・おおかみ座の星図

ケンタウルス座おおかみ座のみつけかた

さそり座が南東から姿を見せはじめ，おとめ座のスピカが南中するころ，スピカの下，すこし左(東)よりの地平線上に“ケンタウルス座”の上半身がある.

地平線近くまでよく晴れた夜，このあたりからさらに左(東)にかけて，星がにぎやかに感じられるブロックが見える．左半分はてんびん座の下になるが，このあたりに“ケンタウルス座”の槍で串ざしにされた“おおかみ座”がある.

ケンタウルス座・おおかみ座の日周運動

どちらも，星をむすんでそれらしい形をえがくことがむずかしい．あなたのセンスでなんとかうまくデザインできないだろうか.

まずは星図片手に，梅雨時の晴間をねらって，主な星をひとつずつたどってみるよりしかたがあるまい.

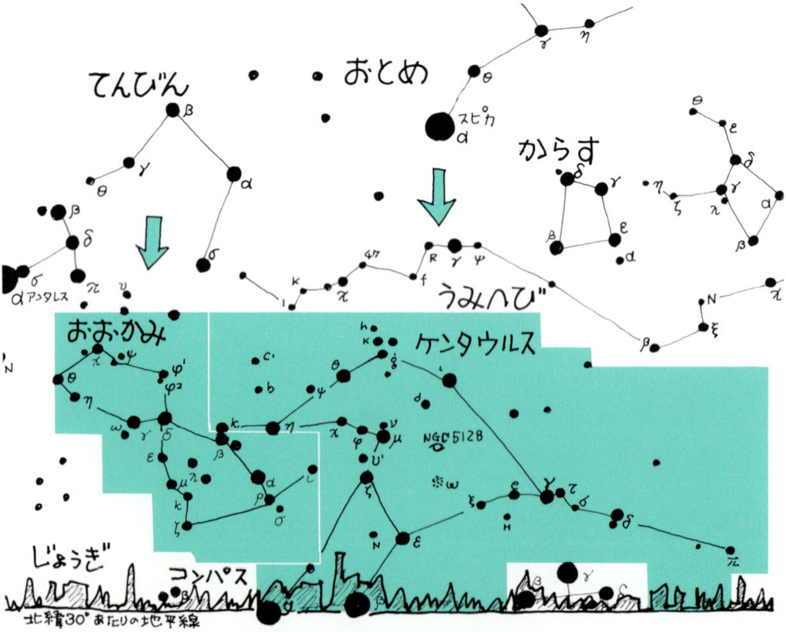

ケンタウルス座・おおかみ座周辺の星座

ケンタウルス座・おおかみ座を見るには（表対照）

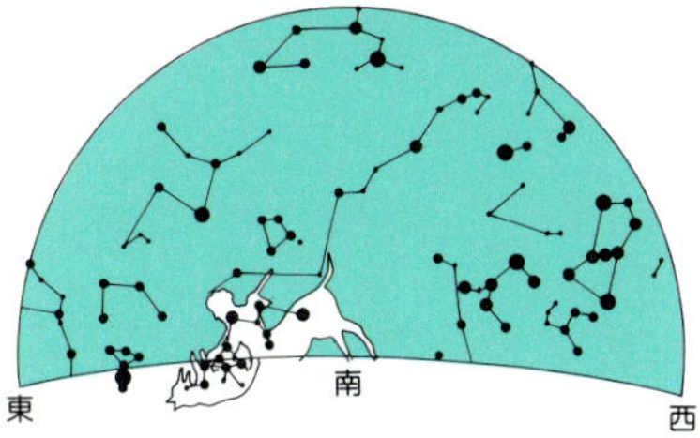

1月1日ごろ	5時	7月1日ごろ	17時
2月1日ごろ	3時	8月1日ごろ	15時
3月1日ごろ	1時	9月1日ごろ	13時
4月1日ごろ	23時	10月1日ごろ	11時
5月1日ごろ	21時	11月1日ごろ	9時
6月1日ごろ	19時	12月1日ごろ	7時

■は夜，▒は薄明，□は昼．

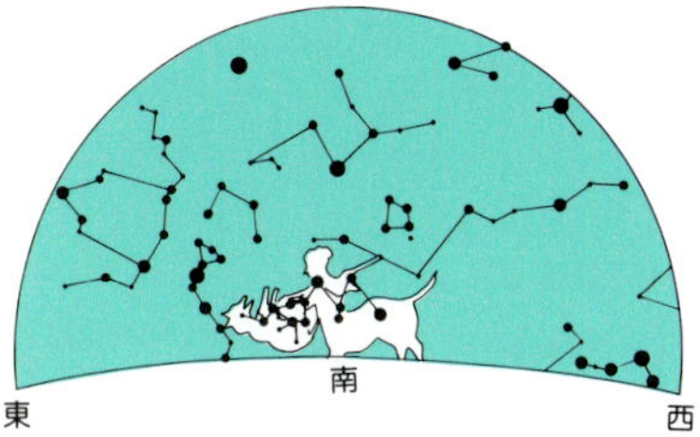

1月1日ごろ	6時30分	7月1日ごろ	18時30分
2月1日ごろ	4時30分	8月1日ごろ	16時30分
3月1日ごろ	2時30分	9月1日ごろ	14時30分
4月1日ごろ	0時30分	10月1日ごろ	12時30分
5月1日ごろ	22時30分	11月1日ごろ	10時30分
6月1日ごろ	20時30分	12月1日ごろ	8時30分

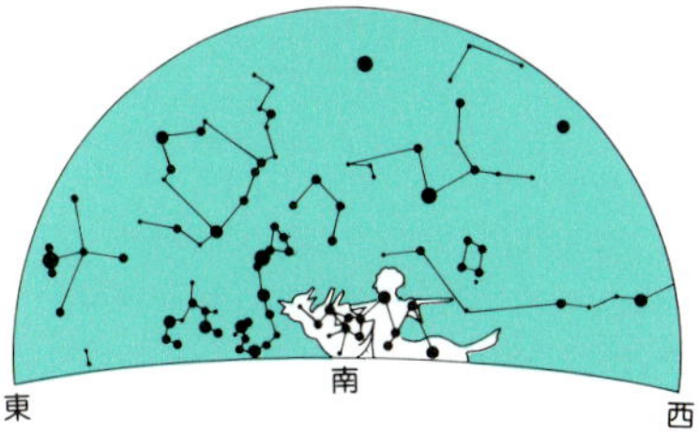

1月1日ごろ	8時	7月1日ごろ	20時
2月1日ごろ	6時	8月1日ごろ	18時
3月1日ごろ	4時	9月1日ごろ	16時
4月1日ごろ	2時	10月1日ごろ	14時
5月1日ごろ	0時	11月1日ごろ	12時
6月1日ごろ	22時	12月1日ごろ	10時

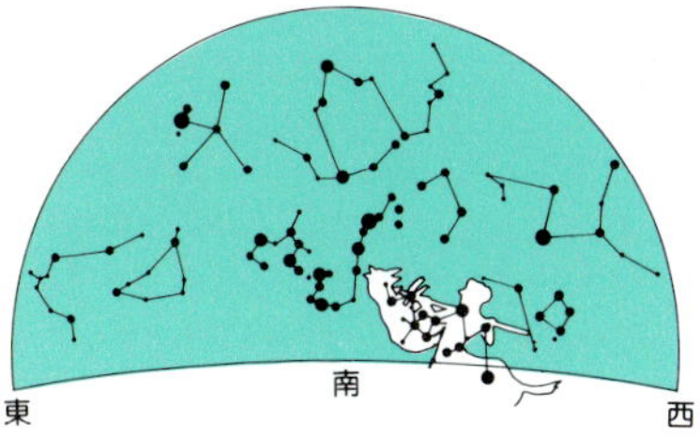

1月1日ごろ	9時30分	7月1日ごろ	21時30分
2月1日ごろ	7時30分	8月1日ごろ	19時30分
3月1日ごろ	5時30分	9月1日ごろ	17時30分
4月1日ごろ	3時30分	10月1日ごろ	15時30分
5月1日ごろ	1時30分	11月1日ごろ	13時30分
6月1日ごろ	23時30分	12月1日ごろ	11時30分

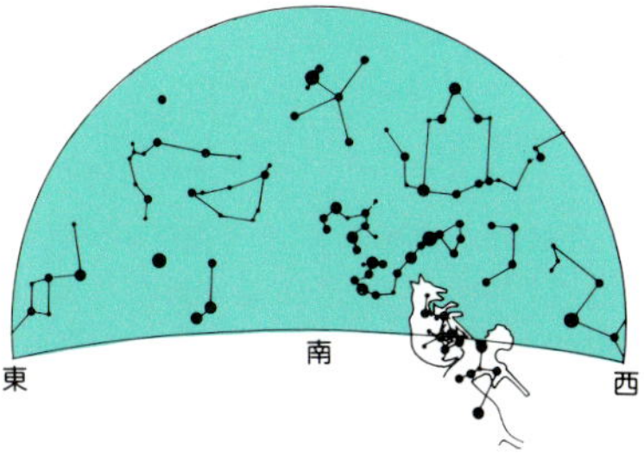

1月1日ごろ	11時	7月1日ごろ	23時
2月1日ごろ	9時	8月1日ごろ	21時
3月1日ごろ	7時	9月1日ごろ	19時
4月1日ごろ	5時	10月1日ごろ	17時
5月1日ごろ	3時	11月1日ごろ	15時
6月1日ごろ	1時	12月1日ごろ	13時

東経137°，北緯35°

ケンタウルス座の歴史

ケンタウロス Kentauros は，古代ギリシャ人の頭の中でうまれた想像上の動物？　いや人物？である．

おそらく，ギリシャ人がしばしば痛い目にあわされた，北方の山岳地帯(テッサリア)からの侵入者たちを表現したものだと考えられる．

半人半馬の姿は，人馬一体をおもわせるほど，馬をうまくのりこなした北方民族の騎馬兵をあらわしたのだろう．

したがって，ケンタウロスが星座になったのはギリシャ時代だ．星座名はラテン名を採用したので，ケンタウルス Kentaurus座．

ケンタウルスはふたつの星座になった．もうひとつは“いて座”である．

ケンタウルス族は野ばんで乱暴といわれるが，いて座になったのはケンタウルス族の中では，生まれも育ちもすこしちがう．礼儀をわきまえ，学術，医術，武術のすべてにすぐれた，異色のケンタウルス族ケイロンの姿だといわれる．

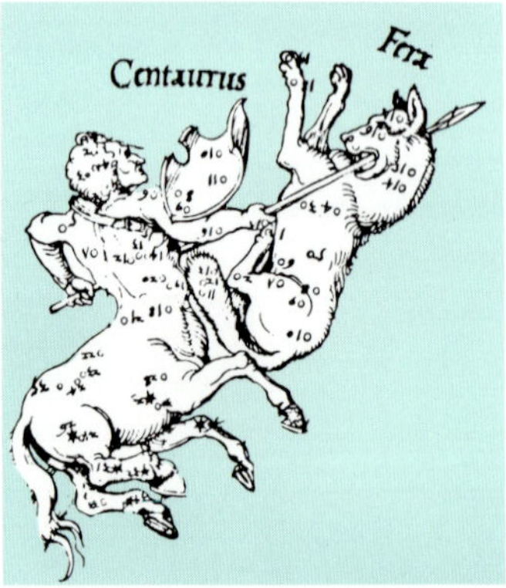

デューラー星図の「ケンタウルス座」

星になったケンタウルスは，ヤリでオオカミののどを突いている．

ケンタウルス座も，おおかみ座(けもの座？)も，プトレマイオスの48星座に含まれた古典的星座なのである．

おおかみ座の歴史

おおかみ座の前身は，ケンタウルス座にとらえられた獲物にすぎず，独立した星座としてみとめられてはいなかった．

おまけに，フェラ Fera (野獣) とか，クアドルペス Quadrupes (四足の獣)，あるいは，ベスティア・ケンタウリ Bestia Centauri (ケンタウルスの猛獣)， ホスティア Hostia (犠牲の獣)などと呼ばれ，獣の種類についてはまったく言及されていない．

いったい古代ギリシャの人々は，どんなケモノを想像したのだろう？

野性のオオカミ (Fera Lupus)，めすヒョウ (Panthera)，おすウマ (Equus Masculs)，めすライオン (Leaena)，めすオオカミ (Lupa)，めすヒツジ (Bela) などと，のちに多くの想像が多くの人によってなされたのだが….

1603年に発表されたバイエルの星図に“おおかみ”としるされたことから，以後“おおかみ座”としておちついたといわれる．

ケンタウルス座の

星と名前

*α アルファ

リギル（足）

リギル Rigil は，オリオン座のリゲル Rigel（足）と同じ語源をもつ名前で，ケンタウルスの足のことだ．

左（東）向きのケンタウルスを想像すると，α 星も β 星も共に前足にあたる．

リギルという呼名は，耳なれない人が多いとおもう．一般にアルファ・ケンタウリ（ケンタウルス座の α 星）とバイエル名で呼ぶことのほうが多いからだ．

みかけの光度－0.3等，恒星仲間ではシリウス，カノープスについで，全天第3位という輝星である．

残念なことは，このすばらしい輝星がケンタウルス座の最南端にあって，簡単にはお目にかかれないことだ．

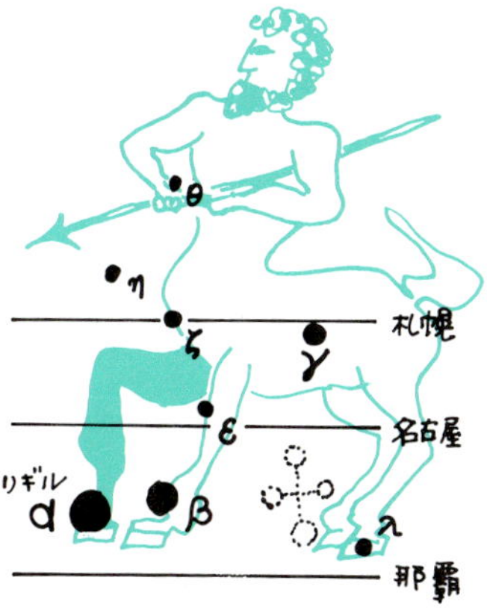

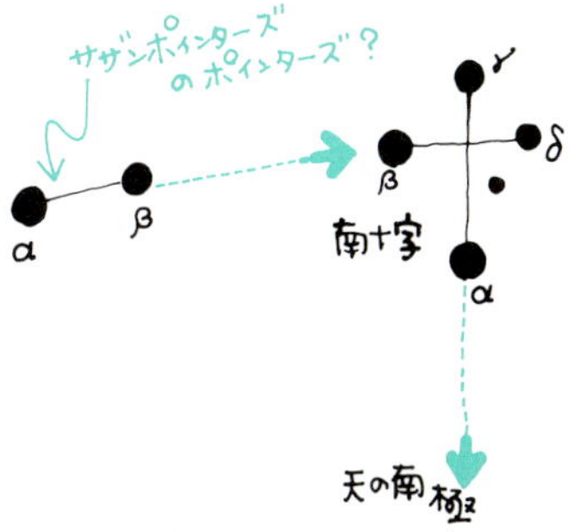

日本で，ケンタウルス座の全容がなんとかみられるのは，沖縄，奄美そして，東京ぐらいだろう．

東京と聞いてびっくりしないでほしい．東京都小笠原村○○島ということだ．

リギル（ケンタウルス座）のみごとな輝きをみるチャンスに恵まれた人は，もうひとつすばらしいオマケにありつける．

リギルのすぐ右に，もうひとつ1等星 β が並んでいる．

並んだ α, β は光度－0.3等と0.6等で，明るさでは冬のふたご座のカップルを上まわる．しかし，オマケとはこのカップルのことではない．これはオマケのオマケ．

α 星から β 星にむかってまっすぐ線を引いてのばしてみよう．なんとあのあこがれの南十字星が発見できるのだ．

南十字星の長軸方向に天の南極がある．北斗七星で北極星（天の北極）がみつけられるように，南十字は天の南極点を教えてくれる．

その南十字を教えてくれるケンタウルス座の α, β 星は“サザンポインターズ Southern Pointers（南の指極星）”という．

α, βが直接南極点を教えてくれるわけじゃないのだから，サザンポインターのポインターと呼ぶべきかもしれないが….

おそらくサザンクロスのポインターという意味なのだろう.

α星とβ星は，およそ5度はなれてなかよくならんでいる．南天のふたご座といったところだ.

< −0.3等　G2+K1型 >

α^1 0.0等+α^2 1.4等

＊βベータ

ハダル（大地）

なぜこの星がハダル Hadar なのかはわからないが，足もとにある星だからだろうか？

ワズン Wazn (重さ，重量)という別名も，おそらく出どころはハダルと同じなのだろう.

β星は，となりのα星のように近い星ではない．なんとα星の4.3光年に対して，β星は450光年も離れた遠くで輝いている.

みかけは同じでも，β星の正体はα星とはくらべようもないほど巨大で，高温な星なのである.

< 0.6等　B1型 >

＊プロキシマ

もっとも近い星

α星から2°ほど離れたところに，みかけの光度が10.7等の赤い星がある．もちろん，肉眼ではまったくみえないし，双眼鏡でもむずかしい微光星だ.

そんなに暗い星なのに，この星には特別に固有名がある．特別扱いをうける理由は，この星がα星と共にもっとも近い星の一つだからだ.

この星は1915年にヨハネスブルグのインネスによって発見されたが，α星よりさらにもうすこし近いということで“プロキシマ Proxima”と名付けられた.

最近の観測ではほぼα星と同じ距離にあるらしいが，もっとも近い星であることにはかわりない.

このプロキシマはα星と連星関係にあると考えられている．もしそうだとしても，主星αとの距離が1/4光年もはなれているので，動きが非常にのろいし，おまけに暗すぎるせいで，これぞキメテという観測データをみつけることはとてもむずかしい．プロキシマの公転周期は4～50万年，あるいはそれ以上ということになる.

連星説が正しいとすると，α星自身が二重星だから，α星の惑星からみると，三つの太陽がみえる奇妙な光景が眺められるわけだ.

< 10.7等　M5型 >

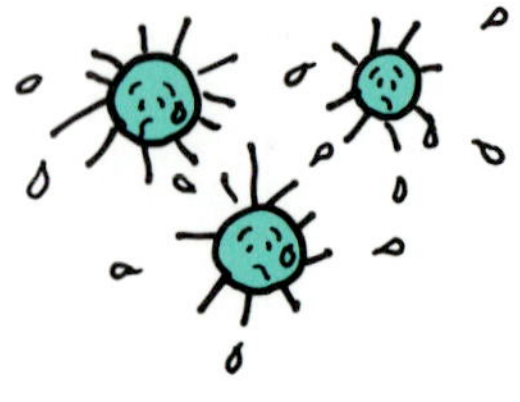

ケンタウルス座の

伝説

ケンタウルスの誕生

テッサリヤの王プレギュアスにはイクシオン Ixion という乱暴な男の子がいた.

彼は父のあとをついでテッサリヤの王となったが，自分の妻の父親を殺すという大罪をおかしてしまう.

親族殺しという大罪に，彼のまわりのものは，だれもイクシオンを許そうとしなかったが，ただ一人天の大神ゼウスだけは，彼を憐れんで天上にあげて罪を許してやった.

ところがイクシオンは，その恩をあだで返すようなことをしてしまった．こともあろうに，ゼウスの妻である女神ヘラに恋をした．イクシオンがヘラを襲うことを知ったゼウスは，雲でヘラそっくりの人形をつくって，すりかえていた.

雲のヘラを襲ったイクシオンは怒ったゼウスによって，回転する火の車にしばりつけられた．イクシオンはアムブロシア（ネクタルと共に不老不死の薬）をのまされたので死ぬことができず，この火焔車の刑は永遠につづくことになった.

やがて，雲でつくったにせもののヘラは，下半身が馬の姿をした奇妙な子（ケンタウルス）を生んだ.

（ギリシャ）

雲から生まれたケンタウルス

知性と教養のケンタウルス族 フォロス

ケンタウルス座は，他の野蛮なケンタウルス族とちがって，フォロス Pholos という知性と教養の持主であったともいう.

フォロスの父は，シレノスという山野の精で，すばらしい知能をもち酒の神ディオニュソス（バッコス）を教育するほどであった．下半身は馬の姿をして，馬の耳をもち，低い鼻とひげもじゃのみにくい顔をしていたが，彼の知識の魅力が，ネリコの木の精をひきつけた.

フォロスは，シレノスとネリコの木の精との間に生まれた．彼は他のケンタウルス族たちと共にテッサリアの山中に住みついた.

頭がよくて，やさしいフォロスは，すべてのケンタウルスたちにしたわれたという.

フォロスの死（ヘルクレスの冒険）

ヘルクレスの4番目の冒険は，エリュマントスのイノシシを生けどることだった.

フォロスはイノシシ退治にやってきたヘルクレスを歓待した.

ヘルクレスには焼肉をあたえ，自分は生肉をたべるというように，心からヘルクレスを接待した．おまけに，酒神ディオニュソスがケンタウルス族にあたえた大切な酒つぼの封をきって，英雄のために提供した.

ところが，ふたをあけた酒つぼのにおいを，ケンタウルス達がかぎつけてしまった.

酒に目のない彼らは，共有の酒つぼの封を勝手にきるとはなにごとだと，てんでに木の棒や，石や，たいまつなどをもって，フォロスの洞穴を襲った.

ヘルクレスは，最初の二人？を火のついたたきぎを投げつけて追いはらったが，それにもこりず，つづいて襲ったケンタウルス達には，ヒドラの毒をぬった矢を放って殺してしまった.

ケンタウルス達が逃げさったあとで，フォロスは死んだ仲間のうけた矢を抜きとってやった.

「この矢のどこにあの恐ろしい毒がぬってあるんだろう」とためつすがめつしているうちに，うっかり，自分の足に矢を落してしまった.

死んでしまったフォロスは，大神ゼウスが星にして天に上げた.

（ギリシャ）

＊

ヘルクレスが放った矢の一本が，ケイロン(いて座)にあたってしまった，という話もある.

ケイロンは不死身だったので，死ぬことができず，永遠に毒矢の痛みに耐えなければならなくなった.

とうとうケイロンは，痛みをがまんできなくなって，自分を死なせてほしいと神に願った. それを知ったゼウスは，自分の后ヘラをおそったプロメテウスを身がわりにした.

ケイロンは希望どおり不死身をとかれ，天にのぼって星(いて座)になった.

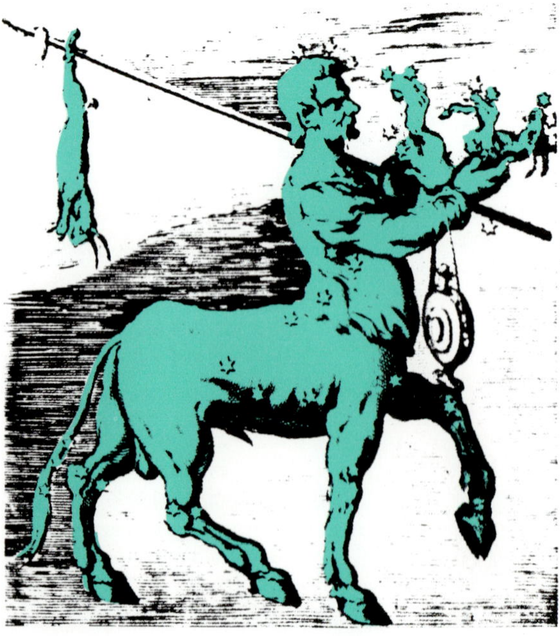

オランダの画家ゲインの星図にえがかれたケンタウルスとオオカミ（1600年）

ケンタウルス座の見どころガイド

*バイエルの勘ちがい

ケンタウルス座は，星団や星雲の多いところだが，いずれも日本からは低すぎて楽しめない．

ただひとつ，“ケンタウルス座のω星団”だけは，なんとしてもみのがせない．

北緯35度の土地で，南中高度が8度しかないので，よほどめぐまれた夜に出合うか，すこし南へ旅をしたときでなければ，みごとなω星団はみられない．

“もっとも美しく，もっとも大きい球状星団”と，ハーシェルが絶讃したスバラシイ星団なので，辛抱強くチャンスを待つだけの価値はある．

肉眼でも4〜5等星くらいにみえるし，双眼鏡ではボーッとした光のかたまりがみえる．

もちろん，この星団の最高の姿は天体望遠鏡のたすけが必要だ．大きくて明るい，キメのこまかなみごとな球状星団が，あなたのタメ息をさそうだろう．

星団にオメガ(ω)という呼名はおかしいが，昔，バイエルがこの星団を光度4等の恒星と勘《かん》ちがいして，ω星と命名してしまったのだろう．

＜ωオメガ＝ＮＧＣ5139　球状星団
3.7等　視直径36′　17000光年＞

*ケンタウルスの華麗な下半身

ケンタウルス座の下半身が地平線上にみられるのは，北緯25度以南である．北緯25度では，南中時にやっとぎりぎり地平線上を通過するにすぎない．じっくり観察するためには，すくなくとも北緯20度付近まで南下したほうがいい．

そしてもうひとつ，宵空のケンタウルス座をみようとするなら，おとめ座のスピカの南中するころ，4〜5月ごろにでかけるといい．

ケンタウルスの下半身は，ちょうど銀河に足をつっこんでいて，星がたいへんにぎやかなところだ．

主星αとβ星の二つ並んだ1等星もみごたえがあるし，そのすぐ西どなりの“みなみじゅうじ座”の十字架もまたみのがせない．

かつて，α星とβ星はケンタウルスの前足，そして，南十字星はケンタウルスの後足だった．

1607年フランスの天文学者オーギュスティヌ・ロワエ Augustine Royer が“みなみじゅうじ座”をつくるために，後足をもぎとってしまった．

南十字をつくるα,β,γ,δは，もともとケンタウルス座のε,ζ,ν,ξの4星だった．もし，後足をもぎとられていなかったら，ケンタウルスは前足に1等星が二つ，後足にも1等星を二つもつわけだ．これほど豪華な下半身をした星座はほかになかったろうに…．

南へ旅をしたら，ケンタウルスの華麗な下半身をみのがしてはならない．

話題

わが太陽にもっとも近い星

主星αは“もっとも近いとなりの太陽”ということで知られている.

この星の距離がはじめて測定されたのは1839年で，イギリスのヘンダーソンが視差1″.0(1秒)という小さな数値の測定に成功した.

恒星の視差とは，年周視差のことをいう.

年周視差は，地球が一年かかって太陽のまわりをまわるためにおこる恒星のみかけの位置の変化を，基準点となる太陽からみた位置との視差（角度）であらわすことにしている.

厳密にいうと，どの恒星もごくわずかな年周視差があるはずだが，非常に小さいので測定がむずかしい.

16世紀のコペルニクスの地動説以来，恒星の視差の測定は，すべての天文学者が期待し，挑戦したのだが，恒星は想像以上に遠く，視差が小さすぎて観測できなかった.結局，19世紀にはいって初めて測定に成功したのだ.

最初は1838年にドイツのベッセルが“はくちょう座の61番星”の視差0″.31(現在の測定では0″.30)を，ロシアのプルコバ天文台長ストルーベは“こと座のベガ”の視差0″.26(現在の測定値は0″.12)を測定した.

もっとも近いαケンタウリの測定がすこし遅れをとったのは，この星が北半球のほとんどの地から観測がむずかしいという悪条件のせいだろうと想像できるのだが，実は，そうではない.ヘンダーソンはαケンタウリがよく見えるアフリカの南端ケープタウンの天文台でこの星を観測していたのだ.そしてなんと，彼はすでに1833年にこの星の視差を測定していたという.

彼が第1発見者の名誉をのがしたのは，測定値に自信がなくて発表を遅らせたためではないだろうか.

視差の測定に成功したということは，その星までの距離をはかることに成功したということになる.地球太陽間を基線にしたスケールの大きい三角測量だと考えればいい.

それにしても，もっとも近いαケンタウリでさえ，視差はわずか1″以下にしかならないのだから，かなり精度の高い観測が要求される.したがって，この方法で夜空の星の距離がすべて測定できるわけではもちろんない.それどころか，現在までにこの三角測量で直接距離を測定できた星は，かぞえきれないほどの星のなかで，わずか6000個ほどにすぎないのだ.

*

もっとも近いといっても，アルファ・ケンタウリは，わが太陽系から4.3光年も離れたはるかかなたで輝いている.おいそれと，探査機を打上げてなんとかなる相手ではない.

いまのところ，それができるのは気のはやい空想科学小説だけだ.SFの世界では，4.3光年どころか，200万光年の彼方にあるアンドロメダ星雲ですら，いとも簡単に征服してしまう.

もう何年も前に，宇宙家族ロビンソンと題したテレビの人気番組があった.おぼえている人もあるかと思

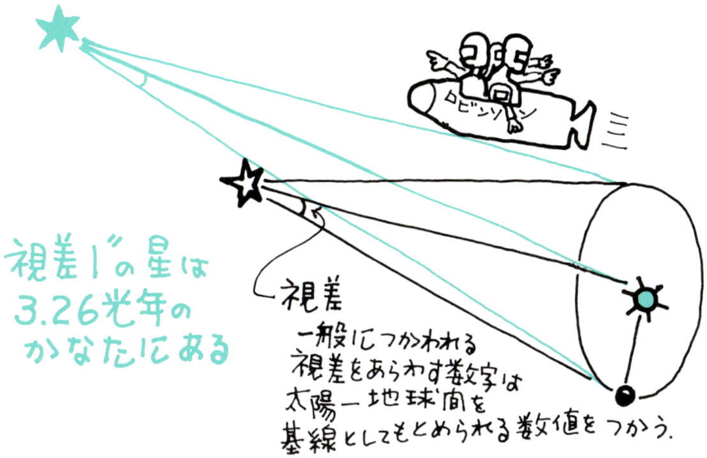
ロビンソン
視差1″の星は3.26光年のかなたにある
視差
一般につかわれる
視差をあらわす数字は
太陽ー地球間を
基線としてもとめられる数値をつかう．

うが，αケンタウリをまわる地球に似た惑星にむかって，ロビンソン一家が宇宙移民として旅をする…という筋書だった．

はたして，ロビンソン一家はα星のまわりに，住みやすい地球のような惑星をみつけることができるだろうか？

答はノーだ．

αケンタウリは，わが太陽のように真中にどっかと腰をすえて，まわりの惑星に規則正しくエネルギーを供給するというタイプの星ではないからだ．

0.0等のG型星と，1.4等のK型星が，重力の手で引きあいながら，共通重心のまわりを約80年の周期でまわる連星なのだ．

しかも，この連星は，離心率0.5というかなり細長い楕円軌道をまわる．もっとも遠ざかったときは，もっとも近づいたときの3倍以上も離れてしまう．

もし，この連星系に惑星があったとしても，ふたつの太陽にふりまわされた複雑な環境で，生物にとってたいへんきびしい条件をもつことになる．おそらく，ロビンソン一家は途中で移民をあきらめて，早々に地球へ引きあげただろう．

＊

さて，この連星を自分の目でたしかめてみたいという人は，いまがチャンスだ．80年の周期でまわるこの連星が，みかけのうえでもっとも離れるのが1980年で，角距離は約22″になる．ここしばらくは双眼鏡でみわけることもできる．むろん，この星がみえる南へ旅をすること…という条件がついている．

G2型（クリーム色）と，K1型（うす赤色）の色の対照の美しさが，あなたに“きてよかったな”とおもわせるにちがいない．

南へ旅をするとき，星図と双眼鏡はお忘れなく．

12 うしかい座 <日本名> BOOTES <学名> ボォーテス

うしかい座のみりょく

牛飼いボォーテス Bootesは，自分の牛を守るために猟犬をつれて大熊を追いかける．おおぐま座，りょうけん座，うしかい座と続く大パノラマは，初夏の夜空の半分を占めてくりひろげられる．

この追いかけっこ，北極星のまわりをめぐって，大熊が北の地平線で冬眠を始めるまでつづく．

β星を頭にして，δ―γを肩，ε―σ―ρをひきしまった腰にみると，逆三角形のたくましい上半身がえがける．

ひときわ明るい主星は，牛飼いのひざっ小僧あたりに輝くが，牛飼いを現代流にカウボーイにみたてるなら，早射ちボォーテスの腰にぶらさがった自慢の拳銃にもみえてくる．

おそらく，南東の地平線からのぼるさそり座にむかって，華麗なガンさばきをみせようというのだろう．

彼は，さそり座にねらわれたおとめ座が無事に姿をかくすのをみとどけて，あたりに冬の気配が感じられる頃，やっと北西の地平線にしずむ．西部男の心意気である．

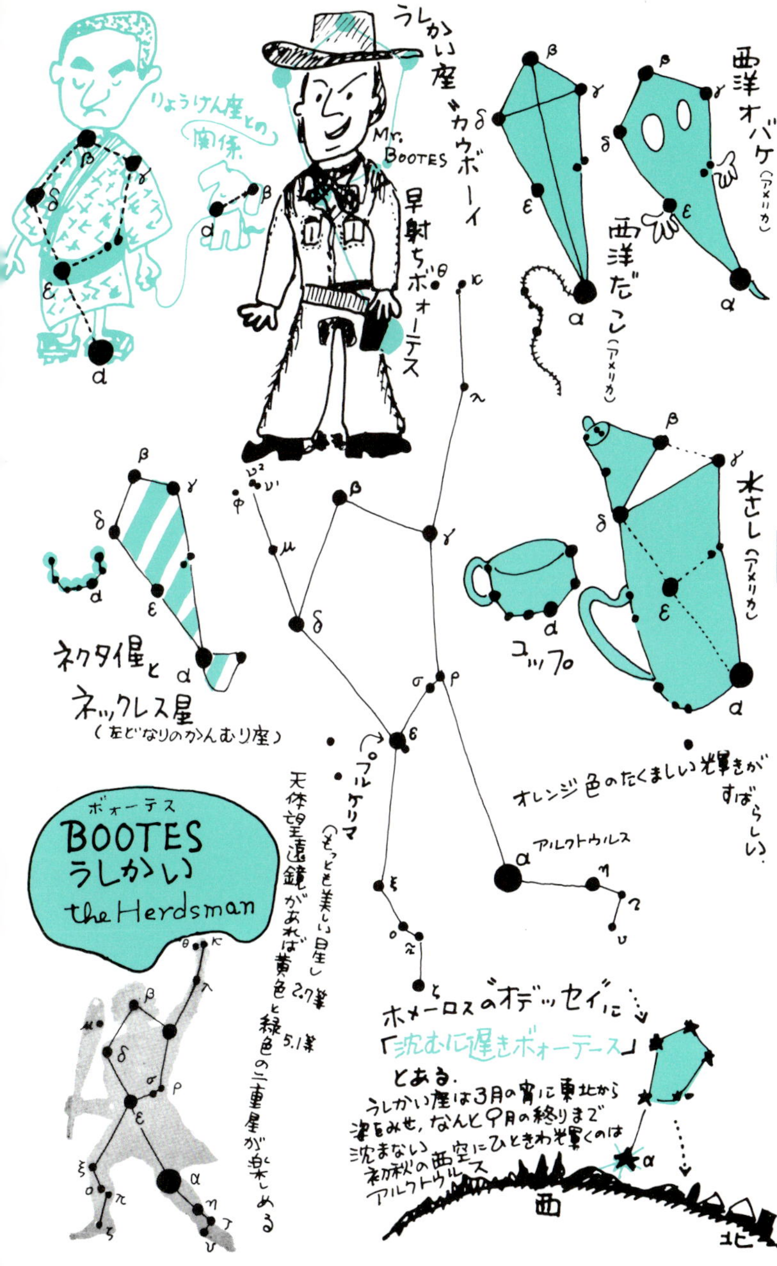

うしかい座〃カウボーイ
Mr. BOOTES
早射ちボォーテス
りょうけん座との関係
西洋オバケ（アメリカ）
西洋だこ（アメリカ）
水さし（アメリカ）
コップ
ネクタイ座と
ネックレス星
（左どなりのかんむり座）
BOOTES《ボォーテス》
うしかい
the Herdsman
プルケリマ（もっとも美しい星）
天体望遠鏡があれば黄色2.7等と緑色5.1等の二重星が楽しめる
オレンジ色のたくましい光輝きがすばらしい。
アルクトゥルス
ホメーロスの"オデッセイ"に
「沈むに遅きボォーテース」
とある．
うしかい座は3月の宵に東北から姿をみせ，なんと9月の終りまで沈まない
初秋の西空にひときわ光輝くのは
アルクトゥルス
西
北

うしかい座とかんむり座の星々

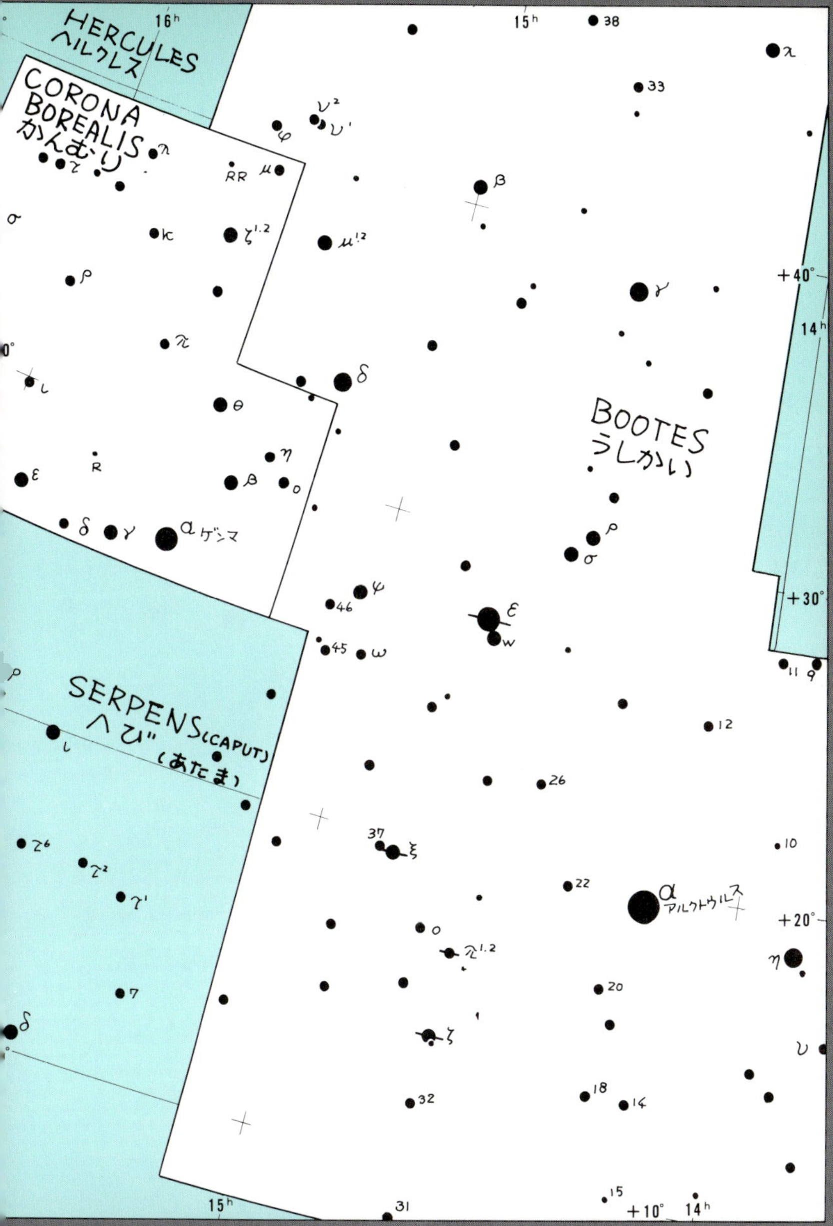

うしかい座・かんむり座の星図

うしかい座の みつけかた

うしかい座は主星アルクトウルスのオレンジ色の輝きがみつかればいい.

アルクトウルスは，すでに春の初めの宵に東の地平線から顔をだし，晩秋の宵に西の地平線に沈む.

たっぷり半年以上もその魅力的な輝きをみせてくれるのだ.

5〜6月の宵のアルクトウルスは，ほとんど天頂ちかくにあって，よごれた都会の空でも人目をひく.

春の大曲線や，春の大三角をつくるアルクトウルスは，春の宵空にかかすことのできない重要な星である.

アルクトウルスから ε—δ—β—γ—ρ—と結んでできるネクタイ風の星列がたどれたら，そこはまちがいなくうしかい座である.

うしかい座の日周運動

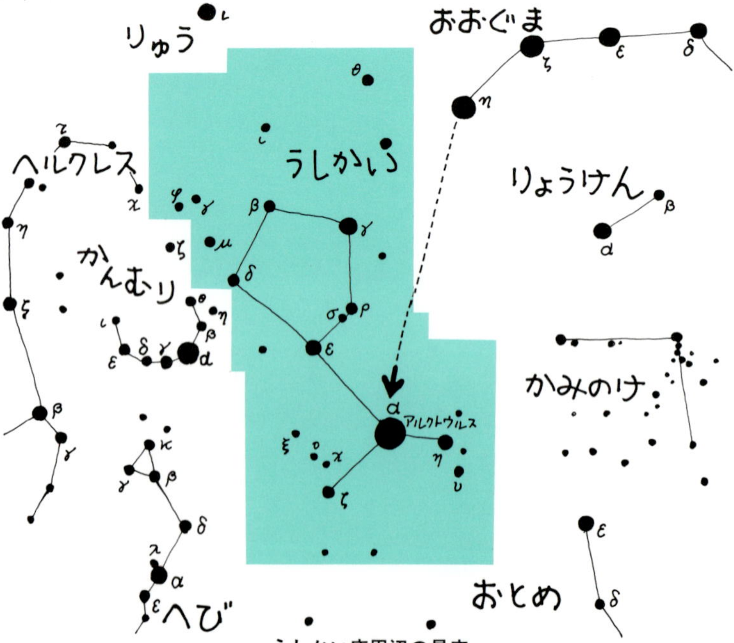

うしかい座周辺の星座

うしかい座を見るには（表対照）

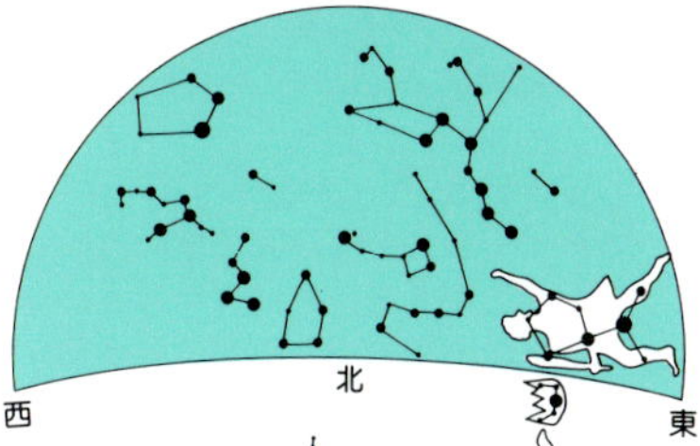

1月1日ごろ	1時	7月1日ごろ	13時
2月1日ごろ	23時	8月1日ごろ	11時
3月1日ごろ	21時	9月1日ごろ	9時
4月1日ごろ	19時	10月1日ごろ	7時
5月1日ごろ	17時	11月1日ごろ	5時
6月1日ごろ	15時	12月1日ごろ	3時

（黒）は夜，（灰）は薄明，（白）は昼．

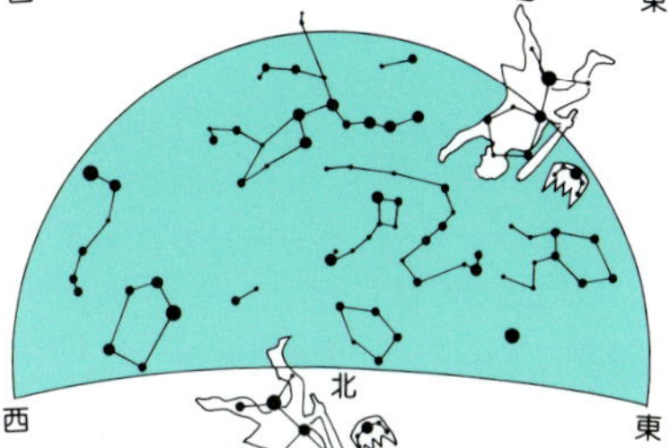

1月1日ごろ	4時30分	7月1日ごろ	16時30分
2月1日ごろ	2時30分	8月1日ごろ	14時30分
3月1日ごろ	0時30分	9月1日ごろ	12時30分
4月1日ごろ	22時30分	10月1日ごろ	10時30分
5月1日ごろ	20時30分	11月1日ごろ	8時30分
6月1日ごろ	18時30分	12月1日ごろ	6時30分

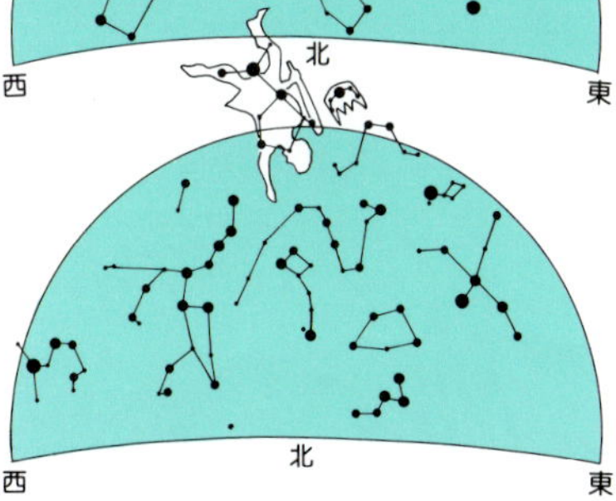

1月1日ごろ	8時	7月1日ごろ	20時
2月1日ごろ	6時	8月1日ごろ	18時
3月1日ごろ	4時	9月1日ごろ	16時
4月1日ごろ	2時	10月1日ごろ	14時
5月1日ごろ	0時	11月1日ごろ	12時
6月1日ごろ	22時	12月1日ごろ	10時

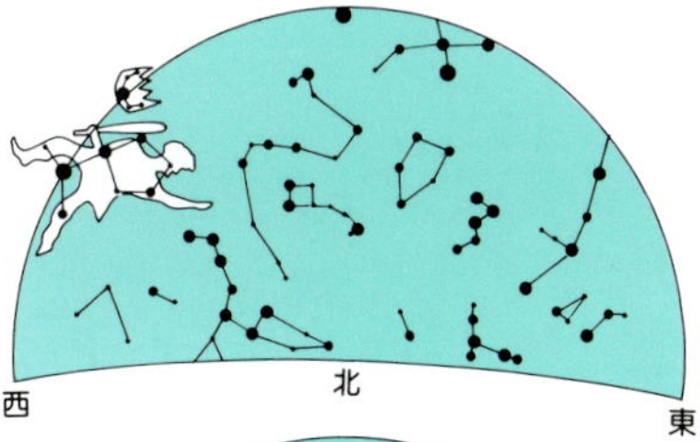

1月1日ごろ	11時30分	7月1日ごろ	23時30分
2月1日ごろ	9時30分	8月1日ごろ	21時30分
3月1日ごろ	7時30分	9月1日ごろ	19時30分
4月1日ごろ	5時30分	10月1日ごろ	17時30分
5月1日ごろ	3時30分	11月1日ごろ	15時30分
6月1日ごろ	1時30分	12月1日ごろ	13時30分

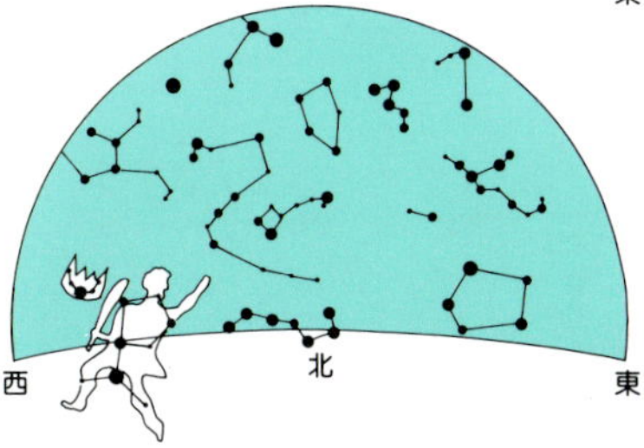

1月1日ごろ	15時	7月1日ごろ	3時
2月1日ごろ	13時	8月1日ごろ	1時
3月1日ごろ	11時	9月1日ごろ	23時
4月1日ごろ	9時	10月1日ごろ	21時
5月1日ごろ	7時	11月1日ごろ	19時
6月1日ごろ	5時	12月1日ごろ	17時

東経137°，北緯35°

うしかい座の 歴史

ここには古くから熊を追う男の姿を想像したらしい．すでにアラートスの星座詩にうたわれてギリシャ星座のなかに登場する．プトレマイオスの48星座に含まれる古典星座の一つ．

主星アルクトゥルスの0.0等という輝きが注目されないわけがない．そのアルクトゥルスが，いつも大熊のしっぽ(北斗七星)のうしろで輝くことからの連想にちがいない．

“牛飼い座”なら，追いかけるのは牛であったほうがそれらしくなるのだが，牛飼いが自分の牛を守るために熊を追う姿といったところなのだろう．

ラテン名Bootesボォーテスの意味については定説がない．英名が家畜番，牧人Herds-manとなっているので，日本でも“牧夫座”と呼ばれたことがある．そのほかにも，北斗七星を荷車にみたてて“荷車の御者Wagoner of the Wain”．“牛追いOx-drive.”，“熊の番人Bear-Watcher, Bear-driver”，“熊狩り人Hunter of the Bear”などがある．

更《さら》に古く，バビロニア時代(5000年ほど昔)には，このあたりにイノシシの姿を想像したらしいが，あまり確かではない．イノシシは，おおぐま座(バビロニアでは荷車だった？)を追うのではなく，もっと南(下)のライオン(しし座)を追いかけていたらしい．

イギリスのベビスの星図にえがかれた「うしかい座」
彼は医者だったが，熱心なアマチュア天文家でもあった

うしかい座の

星と名前

＊α アルファ

アルクトゥルス
(熊の番人)

いまから3000年も昔からつかわれた古い呼名だ.

アルクトゥルスArcturusには“熊の番人”という意味がある. なるほど, いつも“おおぐま座”のシッポにぶらさがっている.

6月, 麦の穂が黄金色に輝く刈入れの頃, アルクトゥルスは宵空の天頂ちかくで黄金色に輝く. そのせいだろうか, 日本に“むぎ星”“むぎかり星”という呼名がある.

麦の刈入れで忙しい一日をおくって, 気がついたらもう日が暮れてしまった. ウーンと, つかれた腰をのばして空をあおぐと, 頭上にムギ色をした一番星がみつかって「ああ, ムギボシサマだ」

むぎ星が高くのぼると, 都会ではビルの屋上のビヤガーデンが恋しくなるシーズンである.

キューッと一杯,「ウマイデスネー」と見上げた空にビール色をした一番星が輝いている. 現代の大人たちには“むぎ星”より“ビール星”がふさわしいアルクトゥルスである.

「ビール星に乾杯!」

都会の空のビール星は, いささか酩酊《めいてい》ぎみで, すこし赤みをおびている.

麦のとり入れと前後して, 日本にながい梅雨がやってくる. 梅雨時のシンボル星“アルクトゥルス”には“さみだれ(五月雨)星”という風情のある呼名もある.

中国ではこの星を“大角《だいかく》”そしておとめ座のスピカを“角《かく》”と呼び, さそり座付近の星列とつないで大きな青竜をかんがえた. 青竜の二本のツノは, 南中時にほとんどたてに並び“大角”の下に“角”がある.

アルクトゥルスが大角なのに対して, スピカが角になったのは, ツノの長さが短いこともあるが, それよりおそらくスピカの輝きが1.0等で, アルクトゥルスの0.0等にくらべると, 明るさの点ですこし見劣りするせいだろう.

この一対の星を日本では“夫婦星《めおとぼし》”と呼んだ.

<-0.0等 K2型>

＊β ベータ

ネッカル Nekkar（牧人）

α 星の“熊の番人”と同様，この星の名前も“うしかい座”全体をあらわす呼名である．

ネッカルは牛飼いの頭に輝く．ネッカル（β）から→γ→ρ→ε→δ→と結んでできる五角形が，牛飼いの上半身．

＜ 3.5等　G8型 ＞

＊γ ガンマ

セギヌス（？）
ハリス Haris（北の番兵）

牛飼いの左肩に輝く 3 等星だが，セギヌス Seginus は意味不明．

＜ 3.0等　A7型 ＞

＊δ デルタ

＜ 3.5等　G8型 ＞

＊ε エプシロン

イザル（腰）
プルケリマ Pulcherrima（もっとも美しいもの）

イザル Izar，ミンタカ Mintaka，ミザル Mizar と，いずれも“腰帯”とか“腰”という意味の呼名だ．

このε，σ，ρ の三星は，いずれも牛飼いの腰に輝く．

ところで，このε星には，“プルケリマ Pulcherrima”というすばらしい呼名がある．プルケリマとは“もっとも美しいもの”という意味をもつのだが，この星の美しさに感激したロシアの天文学者ストルーベが命名したという．

残念なことは，ε星のもっとも美しい姿は，優秀な天体望遠鏡の力をかりなければみられないということである．

プルケリマは，オレンジ色の 2.7 等星のすぐちかく（約 3″ はなれて）に，緑色？の 5.1 等星が，くっつくようによりそった二重星．その色の対比は，まさにプルケリマなのだが….

＜2.4等（2.7等＋5.1等）
（K0型＋A0型）
視距離 2.″9 ＞

＊η エータ

ムフリド Mufride（槍《ヤリ》かつぎの槍《やり》）

＜ 2.7等　G0型 ＞

望遠鏡でみるプルケリマはたくましいオレンジの星にかわいいグリーンの星がよりそっている

うしかい座の伝説

うしかい座は，誰の目にもとまりやすいハデな星座なのに，なぜか伝説らしい伝説がない．

熊を追うアルカス

うしかい座の主星アルクトウルスは，大熊にされた母親カリストを，母とも知らず弓をひいて追いかける息子アルカスの姿だとも，天をかつぐ大男アトラスの姿だともいう．なぜか，どちらも牛飼いとの関連がない．頭上高くのぼるアルクトウルスの力強い輝きは，牛飼いというより天をかつぐ大男のイメージにふさわしい．

天をかつぐアトラス

アトラス Atlas は巨人神ティタン族の一人である．ティタン族はゼウスのひきいるオリンポスの神々とたたかって敗れてしまった．

ゼウスは巨人アトラスに，天をかつぐことを命じた．以来，アトラスは永遠に天を肩にかつぐことになった．

あるとき，勇士ペルセウスが彼に道をたずねるために立ちよった．

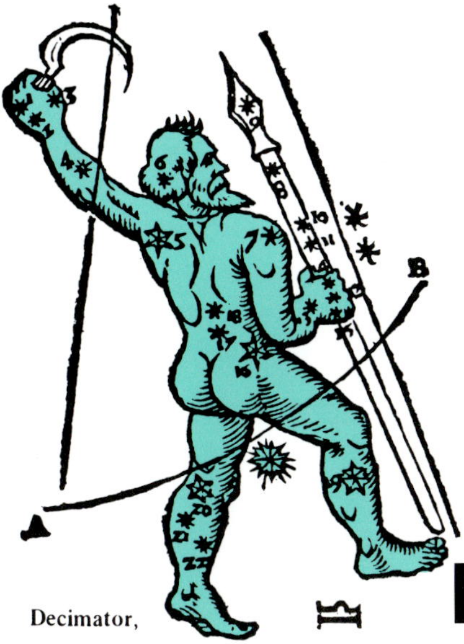

ペルセウスはメドゥサの居場所を彼にたずねた．メドゥサはその恐しい顔をみたものをすべて石にかえてしまう怪物だ．

アトラスは，居場所を教えるかわりに，メドゥサ退治に成功したら，その首を自分に見せてくれるようにたのんだ．彼は天をかつぐことにあきあきしていたので，石になってしまいたいと思ったのだ．

ペルセウスは，約束どおりメドゥサの首をもってかえってきた．

石になった巨人アトラスは，いまもその肩の上に巨大な天をかついでいる．

アフリカ大陸の北西にあるアトラス山脈は，石になったアトラスの姿だという．

アトラスがみおろす海は“アトラスの海”つまり“アトランティックオーシャン Atlantic Ocean（大西洋）”と呼ばれるようになった．

話題 はしれアルクトゥルス

―高速度星のはなし―

アルクトゥルスは，明るい星のなかでは，群をぬいて固有運動が大きい．

ハレー彗星の名で有名なイギリスの天文学者エドモンド・ハレーは，プトレマイオスの星表（2世紀）とフラムスチードの星表（18世紀）をくらべて，二つの星表のアルクトゥルスとシリウスの位置がくいちがっていることに気がついた．

天井のふし穴のように，天球上の位置を永遠にかえないとおもわれていた恒星が，実はすこしずつ動いていたのだ．

ハレーの“恒星の固有運動”の発見は，これまでの宇宙観を大幅に改訂させる大ヒットであった．

ところで，我々に初めて恒星の固有運動を知らせてくれたアルクトゥルスは，位置をかえるというより，天球上をつっぱしっている高速度星である．

いまアルクトゥルスは，おとめ座にむかって1年に2″.3ずつ，ちかづいている．1500年でほぼ1°（月の視直径は0.5°）も位置をかえてしまうのだ．

来年のアルクトゥルスが，おとめ座で輝くということではないが，約5万年後には，あこがれのおとめ座のスピカのちかくで，オレンジ色の顔をさらに紅潮させてプロポーズしているにちがいない．

もっとも，彼女もいまの位置でじ

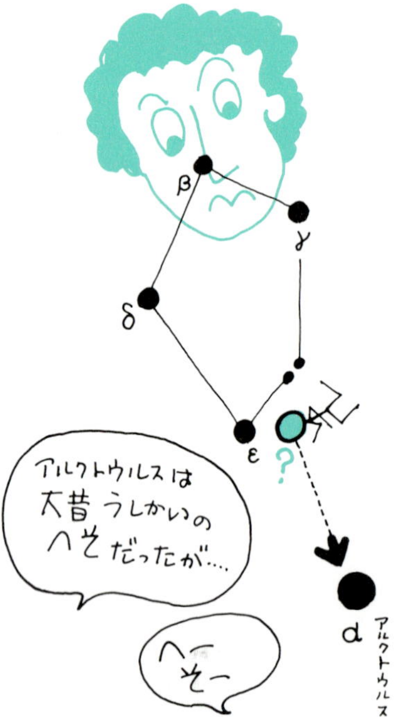

っと彼を待っている訳ではない．彼女(スピカ)は，ゆっくりからす座に向って移動し，彼(アルクトゥルス)の気をひいている．もちろん快足の彼から逃げられるとはおもっていないようだ．

話はかわるが，アルクトゥルスは今，うしかい座のひざっ小僧で輝くが，かつては，もっと北東にあって，牛飼いのヘソではなかったのか？ いやいや，男性のシンボルであったのでは…？ といったすこしバカげた愉快な想像ができる．もっともそれは今から1万年以上も昔のことになるのだが….

＊

アルクトゥルスは36光年のかなたを，猛スピードでつっぱしっている．

我々太陽系や，近くのほとんどの恒星は，銀河系の回転にそって，秒速250 km で同じ円軌道をはしっている．したがっておたがいの相対速度は，せいぜい秒速50～60kmどまりなのだが，アルクトゥルスをふくむ一部のへそまがりな星たちは，太陽系に対して秒速60～70km以上の高速度ではしっている．

このへそまがりな星たちを“高速度星”というが，事実は小説より奇なり，その正体は，高速度星は名ばかりで，秒速 250 km の団体旅行を横目に，かなり離心率の大きい楕円軌道をのんびりとはしる低速度星？だった．

したがって，これらの星々は，太陽系にぐんぐん追いぬかれて，みかけ上高速度ではしっているかように みえるのだ．

実は低速度星だった高速度星たちは，その運動だけがかわっているのではない．円運動をする太陽の仲間にくらべて，いずれも古い世代の星ばかりで，どうやら昔の銀河系の動きにしたがっているらしい．

これら年老いた高速度星たちのふしぎな運動と性質は，我々銀河系の生いたちについて何かを教えてくれそうだ．

若者たちの疾走を横目に，マイペースでゆうゆうと歩く初老のアルクトゥルスは，“高速度星”と呼ばれることに，いささか抵抗があるのだろう．アルクトゥルスは，毎年北東の地平線からゆっくりのぼって，のんびり南西の地平線にむかう．

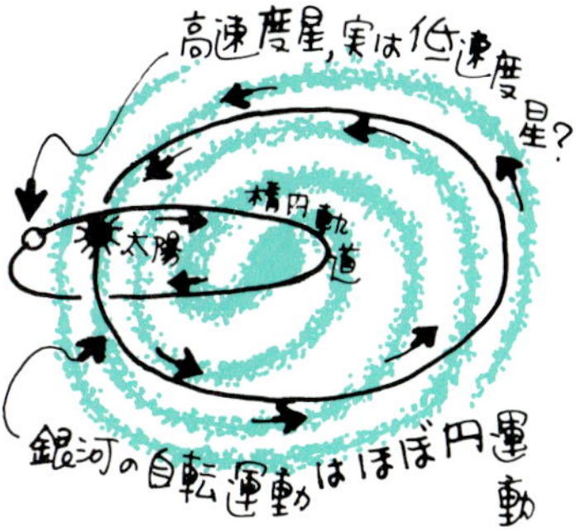

13 かんむり座 <日本名>
CORONA BOREALIS <学名>
コロナ・ボレアリス

かんむり座のみりょく

梅雨あけの宵空たかく，小さなかわいい“かんむり座”がある．

半円形に並んだ星列は，ひとつの2等星をのぞくと，あとの6つは4等星以下と暗い．

小さくて暗いわりに目にとまりやすいのは，主星ゲンマを中心に小さくまるくならんだ可れんな姿のせいだろう．

7個の星は，王冠にちりばめられた各種の宝石にも，愛する恋人の胸をかざる“真珠のネックレス”にもみえる．

うしかい座とヘルクレス座にはさまれたかんむり座は，たくましい二人の男性に愛されるかわいい恋人といったふうでもある．そして，食欲のあなたには，カンムリがドンブリにみえるだろう．すこし深めのこのドンブリにふさわしい中身は，ウナギ？　それとも親子？

梅雨あけのかみなりの声を聞いた夜，てっぺんにかんむり座がみつかる．だから“カミナリさんのたいこ星”ともいう．あわてた雷神の忘れ物らしい．

かみなりさんのタイコ
かんむり
CORONA《コロナ》
BOREALIS《ボレアリス》
かんむり
the Northern
Crown
こうもり傘
パラシュート
クモ
クモの神
Spider God
(アメリカ)
ターバン
α ゲンマ
かま
馬の足のうら
欠け皿
かまど
?
オワン
ネックレス
首かざり星

かんむり座のみつけかた

7月の宵，うしかい座のアルクトゥルスがすこし西にかたむくころ，南からおもいきってあおぐと，ほとんどてっぺんにみつかる．

半円形に並んだ“七つ星”としてより，まず明るいゲンマがみつかるだろう．すこし目をこらすと，ゲンマを中心に ι—ε—δ—γ—α—β—θ と並んだ星列をたどることができる．

一度みつけたら，おそらく忘れることはない．小さな半円形に並んだ配列の美しさのせいだろう．

すぐ下（南）に，かんむりの宝石をつけねらうかのように，ウミヘビのかま首がある．

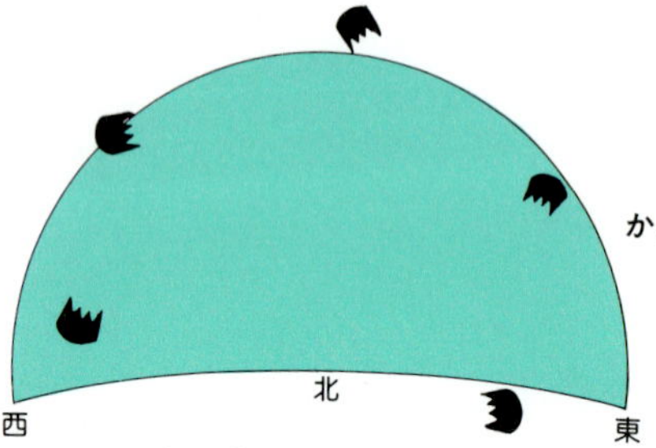

かんむり座の日周運動

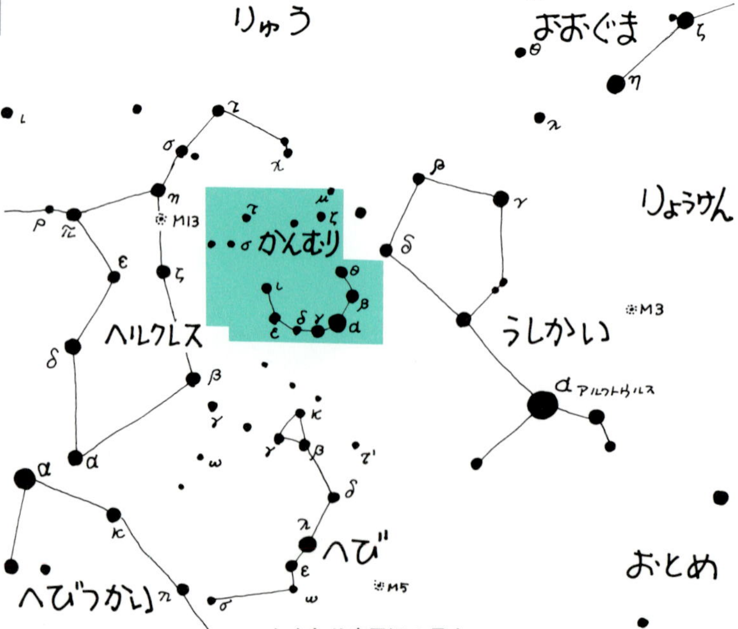

かんむり座周辺の星座

かんむり座を見るには（表対照）

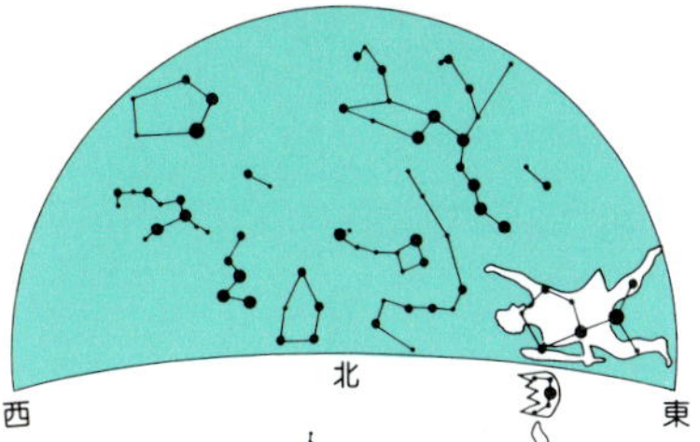

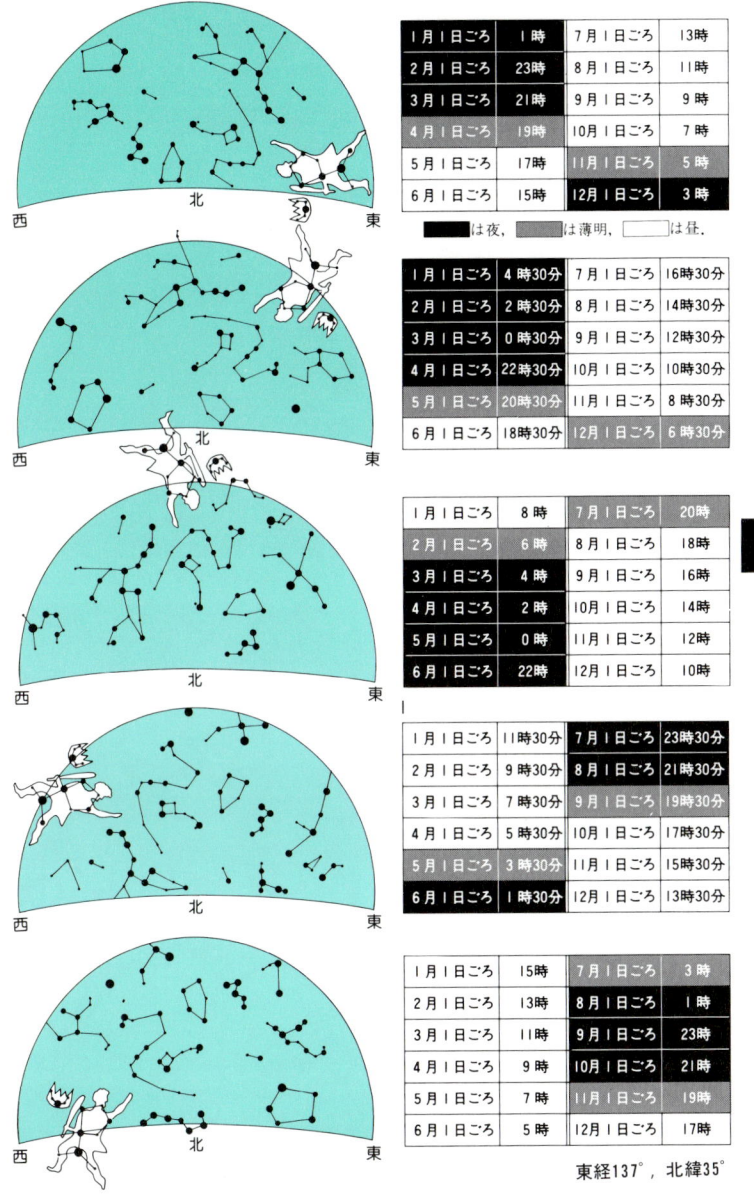

1月1日ごろ	1時	7月1日ごろ	13時
2月1日ごろ	23時	8月1日ごろ	11時
3月1日ごろ	21時	9月1日ごろ	9時
4月1日ごろ	19時	10月1日ごろ	7時
5月1日ごろ	17時	11月1日ごろ	5時
6月1日ごろ	15時	12月1日ごろ	3時

は夜，は薄明，は昼．

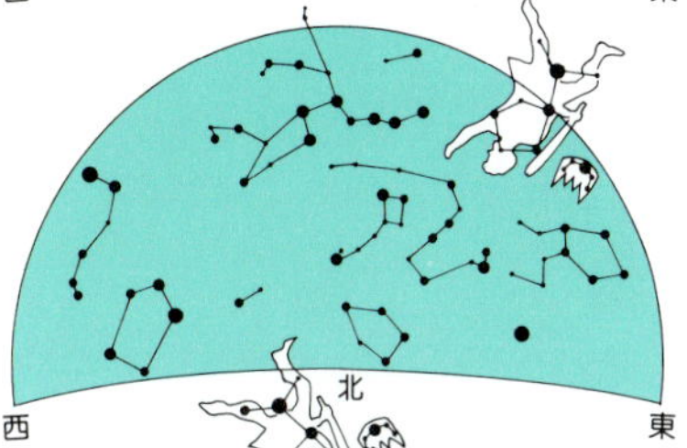

1月1日ごろ	4時30分	7月1日ごろ	16時30分
2月1日ごろ	2時30分	8月1日ごろ	14時30分
3月1日ごろ	0時30分	9月1日ごろ	12時30分
4月1日ごろ	22時30分	10月1日ごろ	10時30分
5月1日ごろ	20時30分	11月1日ごろ	8時30分
6月1日ごろ	18時30分	12月1日ごろ	6時30分

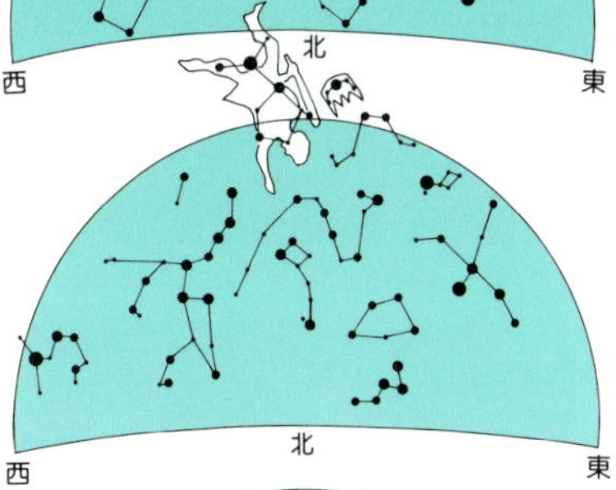

1月1日ごろ	8時	7月1日ごろ	20時
2月1日ごろ	6時	8月1日ごろ	18時
3月1日ごろ	4時	9月1日ごろ	16時
4月1日ごろ	2時	10月1日ごろ	14時
5月1日ごろ	0時	11月1日ごろ	12時
6月1日ごろ	22時	12月1日ごろ	10時

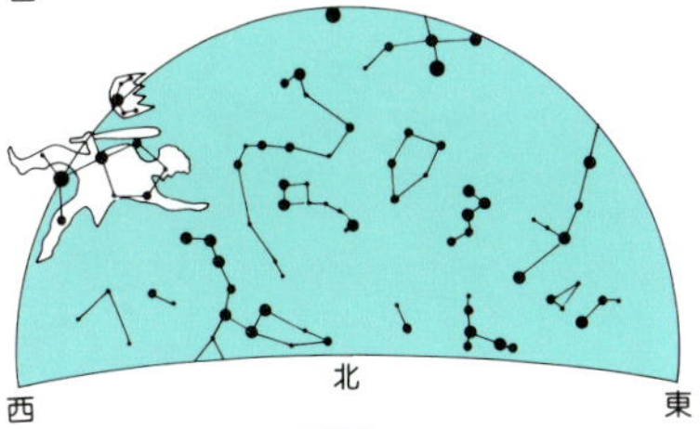

1月1日ごろ	11時30分	7月1日ごろ	23時30分
2月1日ごろ	9時30分	8月1日ごろ	21時30分
3月1日ごろ	7時30分	9月1日ごろ	19時30分
4月1日ごろ	5時30分	10月1日ごろ	17時30分
5月1日ごろ	3時30分	11月1日ごろ	15時30分
6月1日ごろ	1時30分	12月1日ごろ	13時30分

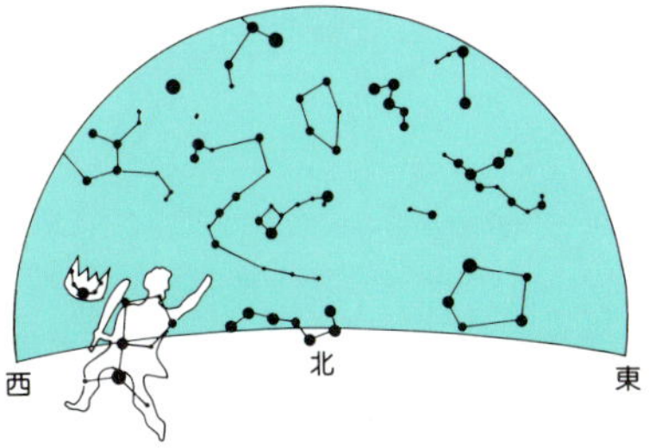

1月1日ごろ	15時	7月1日ごろ	3時
2月1日ごろ	13時	8月1日ごろ	1時
3月1日ごろ	11時	9月1日ごろ	23時
4月1日ごろ	9時	10月1日ごろ	21時
5月1日ごろ	7時	11月1日ごろ	19時
6月1日ごろ	5時	12月1日ごろ	17時

東経137°，北緯35°

かんむり座の歴史

南のかんむり座に対して，北のかんむり座（Corona Borealis　コロナ・ボレアリス）が正式名.

どちらも，かなり古い歴史をもちプトレマイオス48星座のひとつ.

かんむりといっても，イギリス国王やローマ法王の頭をかざるきらびやかな王冠とちがって，かわいい恋人の頭をかざる花輪か，英雄の頭にのせた，オリーブの枝をまるく編んだ素朴なかんむりだったのだろう.

伝説から，王女アリアドネの王冠（Corona Ariadonae）とも呼ばれた.

フラムスチードの「かんむり座」

シッカルド星図の「かんむり座」

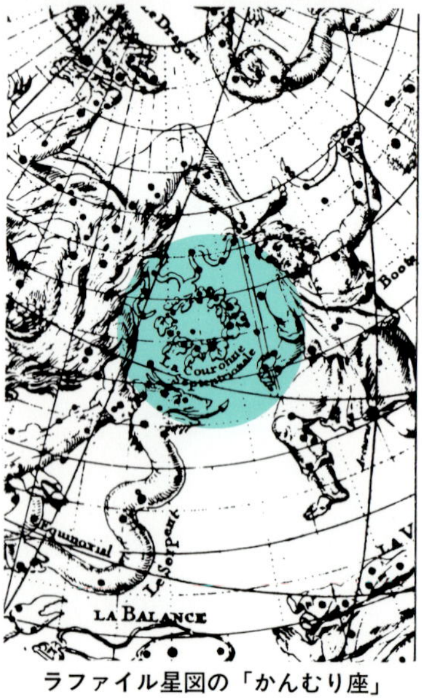

ラファイル星図の「かんむり座」

かんむり座の 星と名前

*α アルファ ゲンマ（宝石）

かんむり座では，このαだけが目だって明るい．

王冠の宝石にみたてたのだが，マルガリータ・コロナエ（かんむりの真珠）ともいう．U字形に結んだ星列は，王冠というより，“真珠の首かざり”と呼ぶほうがふさわしいのだが…．

＜ 2.3等　　A0型 ＞

*θ-β-α-γ-δ-ε-ι くびかざりぼし

半円の七つ星は，多くの人の目をひきつけたらしい．日本にも多くの呼名がある．

“へっつい星”，“くど星”，“かまど星”など，土を盛ってつくったカマドの形を連想したものだ．“長者のかまど”といって，この星が七つ数えられたら長者になれるとか，これとは逆に“鬼のかまど”とか“地ごくのかまど”というおそろしい呼名もある．

かまどは，ときには“オカマ（釜）”のことであったかも知れない．“石川五えもんの釜ゆで”といったところだ．

“たいこ星”，“どひょう星”，“かさ星”，“きんちゃこ（布着）星”，“ゆびわ星”などは，すこし欠けたところは目をつむって，円形にみたて呼名である．

たいこ星は，大鼓の皮をはった鋲（びょう）にみたてたのだが，私は小さな大鼓を七つ，紐でつないだ“カミナリさんのたいこ”のほうが楽しい．

アルヘッカ（欠けた皿）というアラビア名もあるが，これは半円形の星列を，欠けた皿にみたてたのだ．

アラビアの“欠け皿”，“貪乏人の皿”をはじめ，U字形にみたてた名前はまだある．

“かご星”，“馬のひずめ”，“にじ星”，“首かざり星”，オーストラリア土人の“ブーメラン”，中国では“貫索（かんさく＝牢のこと）”．

“ばくち星”もおもしろい．車座になって花札に興じる男達，ひときわ明るいα星が胴元にちがいない．

＜θ4.2等，β 3.7等，α2.3等，γ3.9等，δ4.7等，ε4.2等，ι4.9等 ＞

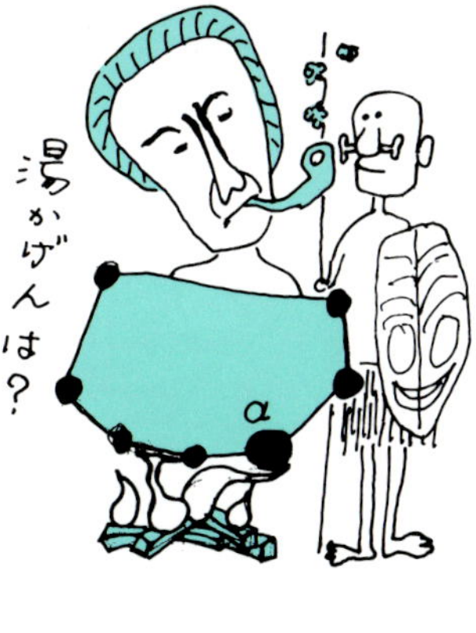

かんむり座の伝説

●悲しきアリアドネの恋

昔々，クレタ島はミノス王に支配されていた．

ミノス Minos は，この王国を手に入れるために，すばらしい牡牛を神にささげると約束した．ところが，国を手中におさめると，急にその牛が惜しくなって，別の牛でごまかしてしまった．

それを知った海の神ポセイドンは怒った．そこで彼の牡牛を兇暴にすると共に彼の妻パシファエがその牡牛に恋心をいだくようにしむけた．

パシファエは，やがて牛の頭をした怪人ミノタウロス Minotauros（ミノスの牛）を生んだ．

驚いたミノス王は，アテナエ（アテネ）の名工ダイダロスに，一度入ったら絶対出られない迷宮ラビュリントスをつくらせ，ミノタウロスを閉じこめた．そして，当時支配下にあったアテナエから，毎年，美しい少年少女を7人ずつ貢がせて餌食にした．

アテナエの王子テセウス Theseus は，犠牲者を救うために怪物退治をおもいたった．

犠牲者の少年少女にまぎれこんでクレタ島にわたったテセウスのりりしい姿は，なんとミノス王の娘アリアドネ Ariadone の心をうばってしまった．

テセウスに恋をした彼女は，彼と

結婚を約束して，怪物退治に協力した．

テセウスは，彼女にもらった糸玉の先を，迷路の入口に結びつけてなかに進んだ．目的を果したあと，糸をたぐって無事脱出すると，アリアドネと助けた少年少女たちを船にのせて海にのがれでた．

テセウスを
たすける
アリアドネ

途中，ナクソス島に立ちよって休むが，どうしたことか，彼はアリアドネが眠っているあいだに，置きざりにして出発してしまうのだ．

恋人にすてられた悲しいアリアドネに，すてきなかんむりを贈ってなぐさめたのは，酒神ディオニュソス（バッコス）だった．

テセウスは，なぜ愛するアリアドネをおきざりにしたのだろう？

実は，アリアドネが好きだったディオニュソスが，彼にたち去るように命じたのだった．

テセウスも悲しかった．

彼は黒い帆をはってアテナイの港にかえったが，それをアクロポリスから見た彼の父アイゲウス王は，てっきり息子が死んだものと思い，断崖から海に身を投げてしまった．

星になったアリアドネのかんむりは，悲しく哀れな二人の恋心のようにふるえる．（ギリシャ）

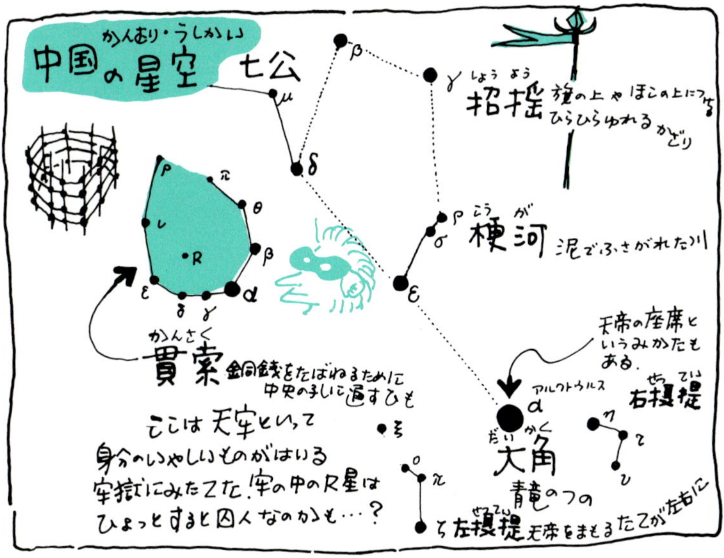
かんむり・うしかい
中国の星空
七公
招揺《しょうよう》 旗の上やほこの上につけるひらひらゆれるかざり
梗河《こうが》 泥でふさがれた川
貫索《かんさく》 銅銭をたばねるために中央の孔に通すひも
ここは天牢といって
身分のいやしいものがはいる
牢獄にみたてた．牢の中のR星は
ひょっとすると囚人なのかも…？
天帝の座席というみかたもある．
アルクトゥルス
大角《だいかく》
青竜のつの
右摂提《せってい》
左摂提《せってい》 天帝をまもるたてが左右に

かんむり座の見どころガイド

＊ふしぎな変光星R

かんむり座の半円の中に，Rというふしぎな変光星がある．

5.7等から14.8等に変光する“かんむり座R型”の変光星だ．

このR，いつもは6等星だが，ある日突然暗くなって姿をくらましてしまう，珍しい変光星として知られている．

この種の変光星は，比較的炭素を多く含むので，自分のはきだした炭素のコロイド粒子（スス？）の雲につつまれて急に暗くなるのではないかと考えられている．

まるで，児雷也（じらいや）の忍術のように，ドロンと煙の中に消えるところがおもしろい．

突然の減光をみつけるには，時折双眼鏡をつかって観察しなければいけない．興味のある人は，児雷也の正体に挑戦を….

＊Rは囚人の星？

中国で，かんむり座の円形を“貫索（かんさく）”といって，牢にみたてたが，この牢の中の星が明るいときは，天下に囚人がふえ，暗いときは少ないという．

牢の中の星というのは，ひょっとするとこのRのことだったのかもしれない．

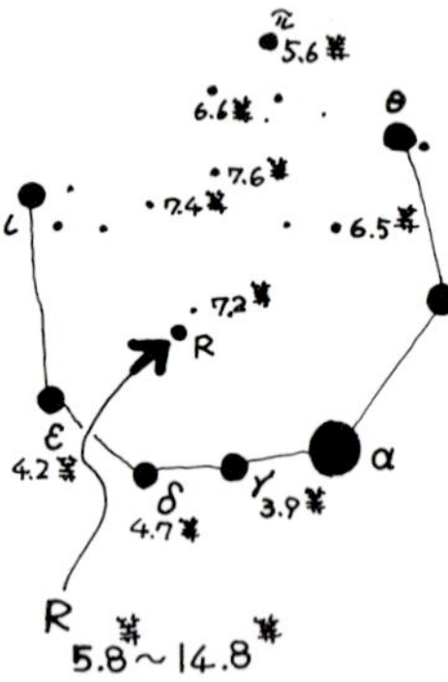

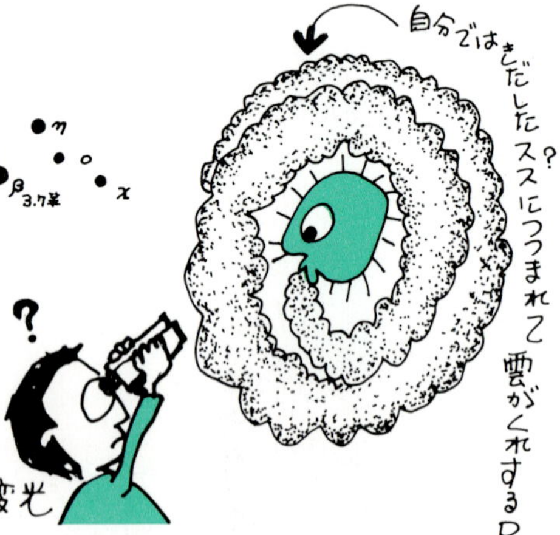

不規則なかんむり座Rの変光

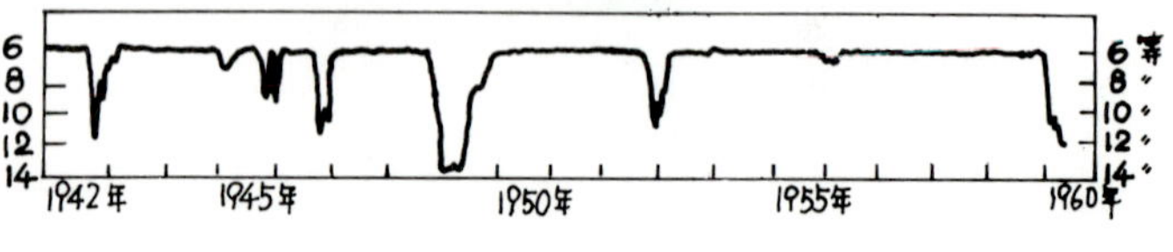

春の夜空を嬉しそうに駆けのぼるおおぐま座

あとがき

再会の楽しみ

道ばたのどこにでもころがっている石っころのように，あなたにとってなんでもなかったただの星が，いや石っころよりはるかに遠い，まったく自分とは無縁な別世界の星が，ある日突然，その星の名前を知っただけで，親しい友か恋人のように身近にやってくる．

なんどもその星に出会ううちに，星はあなたの心をとらえてしまう．

いままで，星はどれも同じ顔にみえたのに，ちゃんと見わけがつくようになる．

しばらく顔をみせなかった星を，ひさかたぶりに，東の地平線の上にみつけたとき，なつかしさのあまりおもわず声をあげてしまう．

一年ぶりの再会に興奮して，誰かれとなくこの心のたかぶりを知らせたいとおもう．

毎年の再会は，いつも新鮮で季節の移り変わりが喜びとなる．

ある日，夜明け前の空に，季節はずれの友を発見することもある．おもわぬ出会いは，あなたをひどく驚かせ，感動させるにちがいない．

あなたにとって路傍の石にすぎなかった星を，いつのまにか，あなたは宝石にかえてしまったのだ．

春の星座博物館《新装版》

Yamada Takashi の Astro Compact Books ①

2005年 6月20日　初版第1刷

著　者　山田　卓
発行者　上條　宰
発行所　株式会社地人書館
162-0835 東京都新宿区中町15
電話　03-3235-4422　　FAX 03-3235-8984
郵便振替口座　00160-6-1532
e-mail chijinshokan@nifty.com
URL http://www.chijinshokan.co.jp
印刷所　ワーク印刷
製本所　イマヰ製本

ISBN4-8052-0760-4 C3044

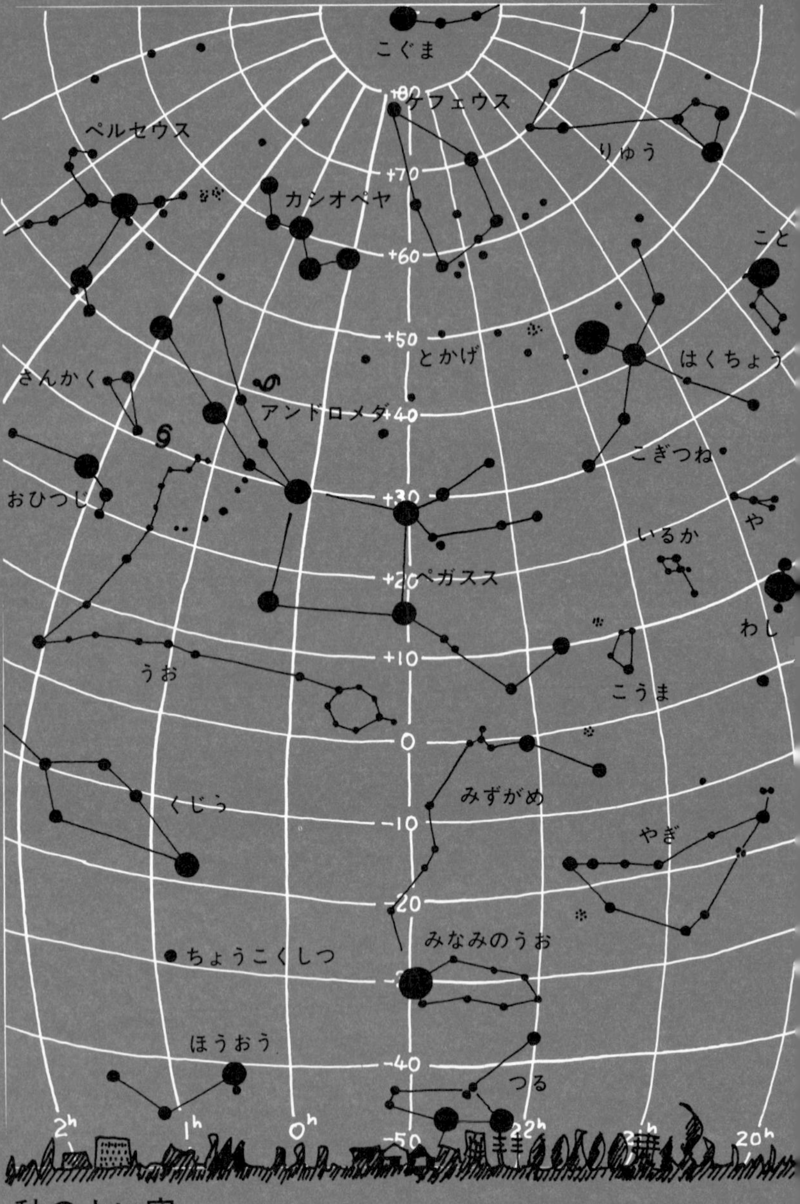
こぐま
ケフェウス
ペルセウス
りゅう
カシオペヤ
こと
はくちょう
とかげ
さんかく
アンドロメダ
こぎつね
おひつじ
や
いるか
ペガスス
わし
うお
こうま
くじら
みずがめ
やぎ
みなみのうお
ちょうこくしつ
ほうおう
つる
+80
+70
+60
+50
+40
+30
+20
+10
0
-10
-20
-40
-50
2h
1h
0h
22h
20h

秋のよい空